U0960038

國家藝術基金
CHINA NATIONAL ARTS FUND

彩画千年

——中国官式彩画图案艺术传承与创新

故宫博物院 编
杨红 编著

天津大学出版社
TIANJIN UNIVERSITY PRESS

授课教师

（按姓氏音序排列）

晁小练	陈　捷	陈　彤	崔　岩	丁　垚	董健菲	高业京
顾思宁	郭华瑜	胡道道	纪立芳	晋宏逵	雷　勇	李路珂
李玉虎	梁家年	林　源	刘　畅	任晓东	尚国华	沈　磊
宋国晓	宋建明	苏　怡	孙　淼	王光宾	王孔刚	王晓燕
韦　兵	吴　迪	杨　红	杨　虹	杨晓波	张　昕	张志国
赵　鹏	钟　华					

唐

唐·西安碑林大智禅师碑边·海石榴花间迦陵嫔伽线刻敷色

魏伟 临创作品

序

中国官式建筑彩画是历史的艺术，每一笔、每一色，都蕴含着深厚的文化内涵，如同一部无声的史诗，诉说着中华文明的辉煌与传承。故宫作为明清两代的皇家宫殿，可谓中华文明的集大成者，它跨越广阔地域，融合多元民族文化，成为中华优秀传统文化的重要象征。故宫官式建筑彩画更是古代劳动人民的智慧与艺术的结晶，它们需要在新时代被创造性地转化与创新性地发展。2024 年，我很高兴见证了由故宫博物院主办、陕西师范大学协办的“中国官式彩画图案艺术设计创意人才培训”顺利举办。2025 年百年院庆之际，我又欣喜地看到了“彩画千年——中国官式彩画传承与创新”展览的举办和图书的出版，可喜可贺。

培训班通过专家学者的引领，激发了青年同人的活力与创造力，将故宫的文化内涵与当代社会需求紧密结合，实现文化的传承与创新。因此，这样的培训班既是保护与传承文化遗产的需要，也是推动传统文化在新时代焕发生机的关键举措。本书前半部分以“守正”为主题，汇集了故宫博物院及其他相关机构近 40 位专家学者的研究成果。这些专家学者长期深耕于古代艺术研究与价值阐释领域，他们的研究成果经过整理编写，形成了涵盖汉唐到明清、官式到地方彩画艺术特征的系统理论课程；同时结合官式彩画图案的创意，在文创、数字、展示、装饰等领域为学员们带来了宝贵的知识与经验。后半部分则聚焦于“创新”。培训班的 30 位学员来自文博机构、教育院校、文保企业以及文化创意单位。经过 60 天的系统培训，学员们将专家学者们多年积累的宝贵经验转化为创意设计，积极践行“守正创新”，这一理念也在本书中得到了充分体现。本书不仅是近 40 位专家学者多年研究传统建筑彩画成果的集中展示，也是学员们学习成果的全面呈现，更是我们在文化遗产保护与艺术传承道路上行稳致远的重要一步。

以上这些成绩的取得，要特别感谢国家艺术基金管理中心对这个项目的大力支持，感谢国家文物局长期以来在文化遗产保护传承与活化利用等领域给予故宫博物院的悉心指导，也要感谢几代故宫人对中国官式建筑彩画持之以恒的研究与传承热情。

最后，我要特别感谢我的同事杨红，以及故宫博物院古建部等各部门组成的团队，还有我们的合作伙伴陕西师范大学，正是因为他们的辛勤付出和不懈努力，才有今天从培训到展览再到出版物的一系列成果。学员们是幸运的，能与如此杰出的师资团队共学。我希望此次展览的举办及书籍出版，不仅有助于进一步推动文化旅游融合发展，也能为文化遗产的保护与传承注入新的活力，让我们共同为文化遗产事业贡献力量。

常务副院长 娄玮

前言

守正千年承锦色 创新万象绽华光

2024 年 7 月 8 日至 2025 年 1 月 5 日，由故宫博物院主办、陕西师范大学协办的国家艺术基金人才培训项目“中国官式彩画图案艺术设计创意人才培训”圆满完成。项目旨在培养适应新时代艺术事业发展的创新型艺术人才，推动传统建筑彩画图案的创造性转化与创新性发展，为文化繁荣注入新活力。

第一部分：项目背景与意义

培训班从全国择优录取了 30 名中青年高层次设计人才，他们来自建筑装饰、壁画设计、博物馆文创、服饰设计、数字艺术以及艺术展示设计等专业领域。在暑期的 60 天集中培训中，学员们深入挖掘中国官式彩画图案中蕴含的当代文化和艺术价值，并将其融入设计作品，最终形成了理论学习、实地考察与设计实践相结合的富有中国特色的创新流程与培养模式。

此培训项目深入贯彻习近平文化思想，以故宫文物保护与活化利用为实践载体，积极探索传统艺术的守正创新之路，通过艺科融合、馆校合作，充分发挥故宫博物院与高校的资源优势，为学员提供全方位的学习实践平台。2025 年恰逢故宫博物院百年院庆，我们希望以此次培训作为中国古代建筑彩画守正与创新的新起点，我院将继续为培养满足基层艺术事业发展需要的创新型艺术人才做贡献，使中国官式建筑彩画艺术成为文化繁荣的重要力量，助推中华民族伟大复兴。

第二部分：项目实施过程

（一）专家授课

项目汇聚了来自故宫博物院、高校、研究机构、古建公司等单位的37位顶级专家学者和非遗传承人，形成强大的师资团队。培训课程分六大板块：故宫开班仪式及采风鉴赏课、中国古代建筑装饰艺术概论、历代彩画艺术特征与创新应用示范、中国官式彩画图案艺术现代应用、创新设计实践课、西安采风调研艺术鉴赏课。

故宫博物院院长王旭东以“践行习近平文化思想，担当新的文化使命”为主题，为学员讲授“第一课”，强调并明确“守正创新”的重要性，鼓励学员将工作置于民族复兴的高度，注重文化内涵与时代精神的结合。故宫博物院原副院长晋宏逵以“历史的艺术”为题，深入剖析官式彩画的发展脉络，让学员们更深入地理解故宫官式彩画的历史底蕴与艺术价值，增强对传统文化的自信与热爱。

培训期间，多位专家分别就汉晋隋唐五代、辽宋、元明清、民国等不同时期官式建筑彩画图案艺术特征进行授课。

故宫博物院正高级工程师陈彤特别强调学习唐宋彩画需注重“气韵生动”，学员需先注重对历代“天花板”级别的经典传世之作加以深入研习，而后展开创作。在数字文创设计时代，应避免过度依赖模式化，而忽略了艺术的创造力和个性的表达。我们要欣赏传统手绘的不对称美，深入研究其文化内涵、审美观念及创作技法，与数字化文创设计的技术和手段相结合，注重艺术创造力和个性表达。

天津大学建筑学院教授丁垚提出“守正”是遗产保护与传承的第一要务，理解中国建筑需建立在对中国传统文化的整体认知之上。从儒家经典到大乘佛教艺术的文化交融，深刻体现在南北朝至唐辽时代的石窟、佛寺建筑彩画中。

清华大学建筑学院副教授李路珂通过丰富的视觉素材，让学员深刻了解宋《营造法式》建筑纹样知识，激发他们对官式建筑彩画图案艺术的探索热情。李老师用“欲体察古人艺术之高妙，需沉心体悟”的理念，生动展现了北宋匠师对建筑艺术的深厚情感与独特创造力。

故宫博物院古建部副主任、研究馆员，明清官式建筑彩画专家杨红介绍了元明清三代官式建筑彩画的发展与传承：元代彩画是明清彩画的早期雏形；明代彩画是历代彩画中色调最高雅，用金最节制的；清代彩画是中国建筑彩画发展的第三个高峰。她还强调，在习近平新文化思想的引领下，彩画保护与展示利用被赋予新的时代内涵，要倡导多学科合作研究与“守正创新”的活化利用。她的讲课内容为此次培训班课程奠定了主要基调。

故宫博物院古建筑专家、研究馆员尚国华以紫禁城为例，深入分析了不同功能和等级的建筑，在屋顶形式、屋面色彩、建筑彩画和内檐装修等方面的差异与共性，极大地加深了学员们对故宫建筑艺术和宫廷文化的理解。

南京工业大学建筑学院院长郭华瑜，通过对南京、北京、上海三座城市近代建筑彩画特征的分析，总结了近代建筑彩画与传统彩画的异同，其在材料、颜料、工艺、色彩、纹饰、功用等方面的大胆创新，为新时代的建筑彩画创作提供了有益的思考和启示。

南京信息工程大学艺术学院院长梁家年、哈尔滨工业大学建筑与艺术学院博士生导师董健菲，均从传统建筑彩画在现代建筑中的创新应用方面进行授课，为学员提供了多元化的学术视角。梁老师通过现代彩画创新设计案例，讲解了彩画颜料、工艺、绘制工具与方法的创新，以及彩画主题寓意的更新。董老师凭借其留学背景和中西方建筑史的教学经验，为学员梳理了传统建筑彩画与西方建筑艺术相互借鉴、融合的历史发展脉络。

故宫博物院古建部副主任（主持工作）、正高级工程师赵鹏，通过中西方建筑的艺术比较，强调和启发学员思考，让学员做新的尝试，以更宏观、更广阔的视野看待和解读中国传统建筑特征及其文化内涵，切忌让创新浮于表面。

故宫博物院正高级工程师纪立芳、陕西师范大学美术学院副院长王晓燕、河南大学教授级高级工程师宋国晓、北京工业大学副教授张昕、中央美术学院人文学院艺术史与艺术遗产系主任陈捷等多位老师，分别从江南、陕西西安、河南（中原地区）、山西等处的地域彩画和佛寺彩画图案元素方面进行理论授课，为学员提供了丰富的学术资源。

北京服装学院副研究员崔岩带大家穿越千年，来到敦煌的绮丽世界，敦煌图案呈现在平綦、人字披、藻井、边饰、龛楣、圆光、华盖、幡幢、桌帏、地毯、地砖上，这些图案上面所绘的纹样有植物纹、动物纹、人物纹、几何纹等，它们共同构成了敦煌石窟艺术的独特魅力。

刘畅、雷勇、李玉虎、晁小练四位老师分别从彩画“材料与工艺——艺术创作的永恒话题”“彩画显微考古”“彩画保护修复”等几方面，带领学员们对中国官式建筑彩画的“用色”和“用材”进行剖析，以显微镜下的“色彩世界”“考古世界”为切入点，科学分析了颜料、材料在不同建筑彩画中的应用，以及各种材料如何应用于古建筑彩画保护修复。

在工艺与实践方面，北京园林古建工程公司彩画非遗传承人王光宾、故宫博物院彩画非遗传承人张志国、北京房地集团彩画技术专家高业京，给学员们展示了清代官式彩画工艺流程与关键技法，并指导学员绘制临创作品。高业京老师通过计算机绘图软件的应用，为学员展示了传统彩画与现代技术的结合，激发学员的创新思维，也为后面的创意设计课奠定了坚实的基础。

中国美术学院资深教授宋建明的课程聚焦色彩与设计学基础，结合文创产品设计三大属性与逻辑：文化性（叙事逻辑，含标志性、趣味性等）、艺术性（形态逻辑，含时尚性、智巧性等）、商品性（产品逻辑，含刚需、特需等），为学员提供了从色彩观察到创造输出的内容，阐释从感受色彩到创意发酵再到表现的思维流程，为学员后续设计提供参考。

中国文物交流中心原副主任杨晓波、故宫博物院文创事业部原副主任王孔刚、著名珠宝设计师和故宫文化珠宝首席设计顾问钟华、北京紫雍宫廷文化发展有限公司顾思宁，皆以故宫博物院为例，分享了故宫文创产品研发与设计理念，强调创意设计中的文化内涵与社会责任。钟华老师的设计中既有经典传统美学的再现，也有多用途搭配的创新性应用组合，这是她对传统文化魅力的深刻体会。故宫数字信息部主任苏怡介绍了故宫数字文创与展览，强调创意作品需兼具技术性、文化性与艺术性。

陕西师范大学美术学院院长韦兵及沈磊、杨虹、任晓东四位老师，均通过大量文创产品案例的讲解，深入探讨了如何将文化元素、文化体验和情绪价值融入产品设计中。“滴漆入土，千年不腐”，任晓东以中国历代漆器的实例，深入剖析了漆画与建筑彩画之间千丝万缕的内在联系，展示了漆艺的独特魅力与深厚文化底蕴。

（二）采风观摩

本次培训设置了北京 4 天和西安 5 天的采风观摩课程。

在北京，学员们参观了故宫雨花阁、承乾宫等处的官式彩画、展览设计与文创产品，深刻感受到故宫彩画的美学价值与文化内涵。故宫文创事业部主任吴迪带领学员参观了故宫与中国国家队合作推出的体育文创、与毛戈平老师联合推出的故宫彩妆系列产品、与中国航空航天结合推出的“从故宫到天宫”太空茶吧，还有以地域为主题协同香港设计资源共建的香港空间等，展示了故宫文创在品质、美感与文化解读上的创新实践，更体现了一种国际化的视野和平台。展览部副主任孙淼则带领学员参观了故宫慈宁宫雕塑馆、武英殿陶瓷馆和南大库家具馆，展示了故宫展陈布展的精妙之处。故宫展览环境特殊，既要最小干预传统建筑，又要展现展品与场所的协调融合，并确保光线、温湿度适宜。为此，故宫通过实验与创新，利用特殊材料和装配设施，在保障文物安全的前提下，还原展品风貌，提升观展体验。这种克服困难、勇于创新的精神，体现了故宫人保护传承、守正创新的初心与使命。这进一步激发了学员对文化遗产保护与传承的思考。此外，学员们还参观了中国工艺美术馆，深入体会常沙娜作品的艺术底蕴与创新精神，激发了传承与创新的使命感。

西安的采风观摩课，学员们参观了乾陵（含永泰公主墓、懿德太子墓、章怀太子墓）、昭陵博物馆（含韦贵妃墓、长乐公主墓）、陕西历史博物馆、西安城墙（长乐门、安定门）、钟楼、西安十三朝文化创意有限公司、陕西考古博物馆以及西安东岳庙等地。通过参观唐代墓葬壁画、汉唐彩绘文物，学员们深刻认识了唐代的艺术工艺水平和社会历史背景，还了解了壁画中建筑、服饰、纹样等图像的造型、用线、设色和颜料工艺，为后续创作积累了丰富的素材和经验。此外，陕西各大博物馆以文物装饰纹样为基础开发的文创产品，也在图案设计创意元素的提取上启发了学员们。

（三）临创作品

在古建筑彩画非遗传承人王光宾、张志国、高业京三位老师的悉心指导下，学员们完成了传统彩画技艺的研习和临创课程。秉承“守正创新”宗旨和“彩画千年”主题，临创作品跨越千载从唐至清，各朝代具有代表性的彩画跃然而出。

学员们有的对唐代大智禅师碑进行了细致的临摹并设色，深入体会了唐代彩画的气象高华；有的通过对宋《营造法式》中海石榴花纹样和各类锦纹的复原创作，学习了宋代彩画纤秀柔美的构图法则；有的在辽代佛光纹、元代墓葬彩画的研习中，逐渐领悟了北方少数民族多元文化交融的独特彩画韵味；有的通过明代南薰殿金线石碾玉点金彩画，体悟了明代低奢典雅的皇家气韵；有的在深入研习中了解了清代和玺彩画的等级规制、旋子彩画的程式化特征以及苏式彩画的文人意趣。通过系统性的临摹与创作实践，学员们不仅熟悉了传统彩画的谱子绘制、沥粉贴金等核心工艺流程，更在传承中融入了当代审美理念，在"守正"中创作出了一批既具传统韵味又富有时代特色的彩画作品。

通过此次临创，学员们不仅提升了技艺水平，更把理论与实践相结合，深入理解了传统彩画的文化内涵与艺术价值。这为学员们后续的设计创作奠定了坚实的基础，也为中国官式建筑彩画的传承与发展注入了新的血液，让传统彩画技艺在当代亦能展现蓬勃生机。

（四）创意设计

学员们在中国官式建筑彩画艺术理论学习、实地考察与临创实践的基础上，充分发挥各自设计优势，创作出具有当代文化内涵和时代精神的创意设计作品。

"以古人之规矩，开自己之生面"，学员作品类型丰富多样，涵盖建筑装饰设计、文化服务产品设计、服饰设计、数字艺术设计、艺术展示设计五个领域。

●建筑装饰设计

1. 赵萨日娜

在故宫南薰殿明代金线石碾玉点金彩画精细测绘的基础上，她利用三维扫描技术获取数字点云数据，并结合CAD正射影像与色彩复原图，完成了彩画装饰的研究和复原图设计，全面呈现出南薰殿内檐彩画的横剖、纵剖、山面内檐及仰视天花彩画。这些成果完善了南薰殿彩画的研究，也为研究明代官式建筑（旋子）彩画的形制特征、保存现状及保护技术提供了参考依据。

2. 裴姗

"百子漆画"作品的设计构思来源于故宫储秀宫后殿脊部彩画找头聚锦"百子图"。"百子图"彩画是储秀宫内檐脊部彩画的亮点之一。本次设计选取两组童子嬉戏的场景，以漆画艺术为载体，将彩画"百子图"的艺术魅力展现出来。画中每个童子的服饰皆有不同，展现了各种风貌，甚至头发、眉目神情，无一不经过细致刻画，变化极为丰富，寓意多子多福，象征着家族的繁荣和国家的昌盛。

3. 魏伟

"唐大智禅师碑"复原设计作品，取材于西安碑林博物馆的唐代大智禅师碑的碑身侧面雕饰图案。原碑石刻线描，内容有凤、菩萨、异兽、迦陵嫔迦、孩童和缠枝海石榴花卉等。临摹选取纸本重彩，用天然矿物质颜料，参考日本正仓院藏唐代莲花盘实物，攒退妆彩完成。

“鸾凤和鸣”小羊皮手包，选取故宫承乾宫鸾凤天花为主要纹饰，背景配以佛衣中六棱菱花纹图案，采用古建筑彩画双色金手绘描金技法制作，整体呈现典雅灵动、低奢华丽的视觉效果。

●文化服务产品设计

1. 王晓东

“南薰花开”玉器香道具系列的设计是从故宫南薰殿明代金线石碾玉点金彩画的旋花中产生的灵感，提取其写实、灵动的旋花瓣元素，结合现代审美进行符号化设计，形成具有传统韵味与现代感的图案。作品以多种天然玉石为材，设计成香插，色彩搭配青、绿、红、黄四色，营造典雅氛围。它融合“旋转、律动、立体、吉祥”的设计理念，兼具传统艺术精髓与现代实用价值，是传统与创新的完美结合。

2. 贾云

“南薰殿天花大漆盘”以故宫南薰殿明代天花彩画为母题，采用传统大漆工艺制作升降龙天花大漆盘子。

“南薰殿天花大漆茶具套装”以南薰殿天花支条的彩画为元素，在云南建水紫陶茶具陶器胎体上用大漆金饰制作而成，是紫陶与大漆传统工艺完美结合的作品。

3. 彭凯

“南风之薰”系列办公文具文创产品的设计，汲取了南薰殿明代金线石碾玉点金彩画纹饰之精华，包括旋花纹、龙纹、如意纹等元素。通过复原、提取、拆分、变色、重组等设计技巧，打造出笔记本、手账本、鼠标垫、纸胶带等多样化产品。每款产品不仅融入了传统文化的精髓，还承载了“和谐幸福、称心如意、富贵吉祥”的美好寓意，旨在为现代办公环境增添一份古典雅致与美好祝愿。

4. 林欣

《寻龙记》绘本以中国特有的神兽——龙为主题，龙在中国传统文化中象征着至高无上，常被视为天子的象征。绘本通过展示故宫内丰富的龙纹，引导孩子们探索中国龙的形象，并延伸至其他历史遗迹和文物，以追寻龙的发展脉络。绘本旨在通过轻松的故事和丰富的文物知识，配合充满童趣的插图，让孩子们在轻松愉快的阅读体验中，追溯中国历代龙的文化渊源，从而更深入地理解和感受这一古老图腾的历史。

5. 杨光

“太和新韵”之龙兴懿盛浮雕薄瓷杯，提取故宫太和殿额枋彩画二龙戏珠纹，以厚度不足 1 mm、重量不足 30 g 的素坯雕刻并烧制出明黄色半立体龙纹。杯壁薄若蝉翼，龙纹飘逸出尘，其灵动之姿宛若破空而出，此款茶具将故宫的皇家气派以全新的形式呈现，散发着独特的现代魅力与活力。

“太和新韵”和玺守护手环以龙草和玺彩画的方心、找头等元素为灵感，采用纯金天然珐琅、铂金950与植鞣皮革材质，结合传统失蜡浇铸和喷砂凸面抛光工艺，打造出可自由组合数百种样式的个性化饰品，顾客可根据喜好定制和自由搭配。该设计融合传统艺术与现代风尚，在传承和玺彩画文化的同时，满足个性化需求。

6. 张煦雯

“彩画纹样铜键帽”设计作品，设计灵感源自保和殿坐龙天花彩画、漱芳斋蝠磬纹、倦勤斋夔龙纹以及宋《营造法式》彩画作偏晕（五彩装）。该作品精选纯铜材质，赋予键帽金色光泽与高级质感，配备十字轴芯，兼容市面上各类主流机械键盘。通过精密加工，确保键帽与键盘的精准匹配，提供流畅的敲击体验。

7. 苏启宽

“锦地博古”系列冰箱贴的设计灵感来源于故宫遂初堂的彩画，其中锦纹图案体现了秩序感，而博古元素则取自故宫的馆藏绘画作品，展现了文人的意趣。这种结合既保留了传统锦纹的规整之美，又融入了文人画的雅致情趣。“包袱苏画”系列冰箱贴则以不同类型的烟云筒为特色，突出了彩画的独特风格，同时扩大了包袱心内写生画的范围，使画面更加自由生动，展现了苏式彩画的丰富内容和生动表现力。

“彩画锦年”春联文创礼盒设计，融合了苏式彩画中的卡子、聚锦、吉祥图案和写生花卉等元素，通过重新组合，巧妙地应用到春联、福字、红包、福条和吉祥贴纸等节日装饰品中。这样的设计不仅色彩艳丽、纹样丰富，还蕴含着美好的寓意，为居住空间增添一份传统文化的魅力和节日的喜庆氛围。

8. 王广正

“纹章雅韵”——花间集雅团花主题抱枕设计，灵感源自中唐时期莫高窟佛龛平棊图案的构图、组合、用色、装饰效果及意蕴。设计中提取了象征吉祥、富贵和纯洁的莲荷花、宝相花、茶花等花卉元素，并赋予唐宋建筑彩画色彩。这些鲜明富丽的团花纹样与轻薄透气的亚麻材质抱枕搭配，不仅精致脱俗，还拥有美好的寓意。

9. 吴珊莉

“和光同呈”系列家居小夜灯，设计灵感源自辽代彩画中的“光芒纹”。作品利用光影效果突出的光芒纹，有落地灯和床头小夜灯两种款式。灯罩采用亚克力半透材质，印制有精美的纹饰，点状光影投射出迷人的图案。灯罩设计为可拆卸组合，用户可根据不同的使用场景和个人喜好，选择不同主题的彩画纹饰替换片，实现个性化定制。此设计不仅增添了家居的温馨氛围，也使传统艺术以现代形式焕发新生。

10. 周亦光

“四时锦色”储物盒的设计灵感，源于宋《营造法式》彩画作中“罗纹叠胜”。图案以独特的结构和整齐的罗纹状菱格为特色，每个菱格内都描绘有四朵风格统一却有细节变化的柿蒂花。该系列储物盒通过多样的组合在立体空间中展现图案的丰富变化，体现了在严谨规律中探索变化之美的理念。

11. 李子君

“开出光”瓷器系列文创设计作品，在色彩上，运用建筑彩画中“五彩遍装”铅丹、石青、石绿、赤黄等色彩的叠晕进行色彩联想，营造出自然界中“光晕”的本真效果，旨在通过斑斓色彩疗愈人类的心灵；在造型上，借鉴了传统博古器中梅瓶、玉壶春瓶、天球瓶等具有代表性的造型，结合现代设计手法重现，以表达当代青年秉持守正、继承与创新的时代精神。

12. 李冬

“吉祥草宫猫坐墩”从故宫博物院慈宁宫龙凤天花彩画和午门宝珠吉祥草彩画中汲取灵感，巧妙地融合了传统文化与现代生活需求。坐墩主体采用环保青藤材料；坐面结合竹编工艺与故宫宝珠吉祥草天花彩画装饰；下方特设猫窝孔，人坐时猫咪可藏身其下，增添了人宠互动的乐趣。

“五彩团窠”灯具系列文创，元素取自宋《营造法式·彩画作》中复原的彩画图，并结合现代金属及大漆材料来进行设计，灯光透过带有精美传统纹样的灯罩，光影交错间，仿佛穿越了时空，将宋代彩画的典雅与现代设计的简约完美融合。

“花锦宋韵”系列数据线设计从宋《营造法式·彩画作》中汲取灵感，将传统美学融入现代产品。主体采用铜制，表面以大漆工艺装饰，兼具传统美感与保护性，实现了传统文化与现代需求的完美结合。

13. 王娇

“万字锦”大漆茶道具组合作品设计，从故宫长春宫游廊彩画中的“万”字纹元素中汲取灵感，提取万字（卍）图案，巧妙融入大漆茶道具的设计中。万字纹以四方连续的形式排列，多个“卍”字相连，寓意“吉祥万德之所集”，象征连绵不断、万事吉祥。

14. 梁磊

“锦宫绮纹”滑板组合，设计汲取乾隆花园符望阁苏画精髓，融合“金龙”“锦纹”“蝙蝠”等元素，展现出浓厚的古典韵味。该作品采用枫木板、玻璃纤维和铝合金等高品质材料，确保了滑板的坚固与轻盈。青绿与金色的配色方案，不仅视觉上和谐悦目，更赋予滑板一种高贵典雅的气质。滑行时，流畅的线条设计与灵动的图案让人仿佛穿梭于故宫的屋梁之间，体验一场时空交错的奇妙旅程。

“云染丹青”文房四宝系列，巧妙融合故宫乾隆花园彩画中的“万福流云”元素。将“流云”和“蝙蝠”等吉祥图案进行抽象化处理，塑造出独特的产品形态。产品选用黄铜、黑檀木和青绿色陶瓷等高品质材质，整体色调以青绿搭配金色，营造出和谐统一的视觉效果。

15. 贺一明

“斗二十四平棊彩画”拼装模型的设计灵感源自宋《营造法式》平棊彩画，模型将平棊的各个构件——背板、边桯、难子、花子等一一独立制作，采用高密度雪弗板制作、UV印刷，再通过精确的拼装组合成一个完整的平棊彩画。花子部分提供多种组合方式，不同的搭配可以展现出多样化的视觉效果，为拼装过程增添了探索的乐趣。

16. 赵宇铮

“丹华灼灼，何隐青旋”系列摆件设计，灵感源自宋《营造法式·彩画作》中海石榴花的图案，同时结合宋代锦纹元素进行了二次创作。这些图案被绘制在葫芦、瓷盘等摆件物品上，使得宋代海石榴花的图案得以在现代家居装饰中再次绽放光彩。

17. 张东辉

“坐龙”系列文创产品，提取故宫中和殿天花中的典型“坐龙”元素，以清乾隆朝二龙戏珠纹为底纹，精心设计出手机壳、纸胶带、钥匙扣、手提包、抱枕、鼠标垫等文创产品。

18. 朱艺

“清代旋花”系列作品，巧妙地将清代官式旋子彩画中经典的旋花元素融入砚台、胸针、镜子等物品的设计之中，实现了传统艺术与现代实用性的完美结合。它不仅赋予了这些物品独特的观赏价值，更赋予了它们深厚的文化内涵，使其在满足实用功能的基础上，成为一件件精美的艺术品。

19. 张爱君

“众妙之门”晴雨伞、冰箱贴系列作品，以宗教题材的天花彩画为设计元素，包含了明代阴阳太极、四神兽、莲花瓣、西番莲、八卦、火焰、道教八宝等。作品有丰富的细节与内涵，如火焰为二十四团，代表二十四节气，再如道教八宝中藏有洛书——戴九履一。

“南薰殿彩画”主题雨伞，选用额枋、柱头部位的如意团花、如意花心旋花等纹饰，将传统建筑装饰图案的魅力与现代设计的实用性相结合，打造出美观实用、内涵独特的个性化产品。

●服饰设计

1. 杨丽娜

“云起龙骧”马面裙、丝巾作品，设计灵感来源于故宫太和殿正面的龙天花图案，通过提取和二次设计，在保留传统坐龙风貌与神韵的基础上，将坐龙图案及其色彩巧妙融入马面裙和丝巾的设计之中。整体设计呈现出“云涌升而龙腾起”的壮丽景象，象征着勇往直前、势不可挡，表达了人们对美好生活的热切向往和对未来的乐观憧憬。

2. 冒绮

“西番莲官式彩画服装设计”作品，在故宫重华宫崇敬殿跨空枋找头西番莲纹彩画中汲取设计灵感，大胆尝试将中国传统旗袍与西式服装相结合，打造出独特的清代西番莲服装设计作品。清代西番莲图案象征着吉祥与繁荣，西番莲由西域传入中原，其酷似莲花，在清代西番莲纹发展得更加精致优美。温软平和的香色地，西番莲绛紫色莲花瓣上托花头和花心，花头为凤翅瓣，绿色二路瓣围绕朱砂花心。层次分明的西番莲尽情绽放，再配上代表生生不息的沥粉贴金缠枝纹、描金的茎叶枝蔓，密密交接，绵延不绝，不由让人想到张代笔下“梅根种西番莲，缠绕如璎珞”的美景。

3. 王梓婷

“金莲绮梦”系列首饰以故宫文渊阁金莲水草天花彩画为灵感，采用雅致色调和三朵金莲造型，结合花丝工艺，再现其审美趣味。

“和玺华彩”系列首饰则取材于清代和玺彩画，提取简约的W线条，搭配蓝宝石和祖母绿，展现故宫建筑彩画的精湛技艺。

“聚锦兰心”系列首饰灵感来自宁寿宫花园的聚锦苏式彩画，以海棠盒造型搭配兰花元素，用柔和金色呈现高洁之美，将传统彩画转化为永恒璀璨的珠宝艺术品。

“冰梅”系列手机链取碧螺亭的碧色和梅花造型展开创作，梅花象征着坚韧与高雅，更寓意着生命的活力与希望，同时传达出一种积极向上的精神力量和美好寓意。

4. 吴迪

“翠莲绮梦”丝巾设计，选取了故宫御花园四神祠天花彩画中的“西番莲”和“卷草”元素，西番莲花瓣舒展而有层次，绿色卷草与其相互映衬，通过红花绿叶优雅地环绕于丝巾四周，象征着生机与希望交织，活力与优雅共融，营造出如梦如幻的美妙氛围，寓意着幸福与美满。

“彩影舞华光”丝巾设计，融合了丰富的彩画元素：西番莲天花尽显繁华；宝珠吉祥草满含祥瑞；神龙腾跃云海之间，气势非凡。目之所及仿若在无垠的时空里川流不息，诉说着彩画传承的永恒魅力。

●数字艺术设计

1. 刘明国

“数字南薰殿”作品，借助虚拟现实技术，以三维形式还原了明代南薰殿的建筑细节，包括梁架、斗拱结构以及彩画。通过互动体验，观众不仅能够沉浸式感受南薰殿金线石碾玉点金彩画的艺术之美，更能深入理解其背后深厚的历史文化内涵。

2. 盛卿

“千年之花”是一件以唐宋海石榴花、元如意纹、明清旋花为题材，依托数字媒体、虚拟现实、人机交互技术的沉浸式数字艺术作品。观众可通过拍谱子、刷色、贴金等彩画步骤的互动，体验建筑彩画精妙的绘制技艺。

“掌间花韵”是一件源于故宫南薰殿金线石碾玉点金彩画中旋花图案的数字艺术作品。通过手势识别技术，观众可以控制旋花的开合，实现与作品的互动，赋予了旋花图案新的生命力。

3. 陈麒麟

“彩画千年——中国官式彩画图案艺术设计创意人才培训”项目纪录片紧扣“守正创新”的理念，突出实现故宫学术成果转化：30名中青年设计人才，通过37位专家学者的60天集中授课培训，在理论学习、实地考察与设计实践相结合的创新培养模式下深入挖掘官式彩画的当代价值。培训贯彻习近平文化思想，以故宫文物保护为载体，探索传统艺术的守正创新之路，为故宫百年院庆献礼，为中华民族伟大复兴贡献力量。

●艺术展示设计

1. 何欣

以“学员作品阶段成果展”为主题进行彩画展览设计，展览场地为陕师大教育博物馆公共大厅，其大面积落地玻璃提供了充足的自然采光，为设计奠定了良好基础。设计灵感来源于故宫建筑群的黄瓦红墙与檐下青绿彩画，通过艺术化手法重现故宫的天际线，营造出蓝天、黄瓦、红墙的视觉效果，烘托出彩画展的独特氛围。为增强空间的层次感，借助大厅楼梯的高度，垂挂7米长的海报，形成空间上的呼应。海报突出“彩画千年”的展览主题。在空间布局上，遵循“先年代后种类”的原则，将研究成果与精彩作品系统性地展示出来，确保观众在参观过程中能够层层发现惊喜，步步感受不同。主题墙的设计采用立体字半突出展板与透纱相结合的形式，既保证了主题墙的醒目效果，又能起到引导观众的作用。整体而言，本次展览设计巧妙融合故宫建筑艺术元素与现代展示手法，通过色彩、图案与空间布局的精心安排，为观众带来一场沉浸式的彩画图案创意之旅。

2. 柳筱娴

其展览设计作品以中国官式彩画的青、绿、红三色及晕色为展陈主视觉，串联唐宋元明清各时代彩画效果图与学员临摹作品，结合影音、互动装置，多角度展示彩画的历史传承与创新。展厅空间隔断、展墙纹理、展品说明融入锦纹、万字纹、盒子等彩画元素，搭配学员文创作品，以现代设计呈现传统彩画之美，让观众在丰富的空间体验中感知“彩画千年”的魅力。

“聚锦”系列便利贴是将官式苏画中的瓜果形聚锦图案，搭配故宫馆藏《花果卷》局部图案与便利贴相结合的文创产品，具有装饰性与趣味性。

（五）成果展示

1. 阶段成果展览

在为期两个月的集中培训后，在陕西师范大学举办了“学员作品阶段成果展”。展览以学员临创手绘作品、彩画图案速写和创意设计作品及其实物展品为内容，把“守正”与“创新”融入展览之中。

2. 整体成果汇编

本书即为本次培训成果的集中展示，内容贯穿整个培训过程，从开班仪式、课堂授课（理论加实践）、采风观摩，到阶段展览和学员优秀作品展。学员优秀成果主要包括彩画临摹作品及相关文创作品，分为“大木梁枋彩画”“天花彩画”和“其他类型彩画”图案创意设计三个板块。展览形式上既有数字交互、虚拟复原的科技手段应用，也有传统工艺绘制及现场互动体验，力图实现艺科融合。

3. 优秀成果展览

2025 年 5 月底，将在故宫永寿宫举办“彩画千年——中国官式彩画图案传承与创新”最终成果展，展览分为“守正”与“创新”两大板块：“守正”板块设于永寿宫前殿，以时代为主线介绍中国官式彩画发展演变的历史脉络；“创新”板块设于永寿宫后殿，重点展示 2024 年国家艺术基金项目“中国官式彩画图案艺术设计创意人才培训”的项目概况、创意设计构思及优秀创意作品。

后殿学员创意作品按设计内容分为以下三部分。

一为“南风之薰”。以南薰殿彩画为主题进行彩画复原，最终形成木构彩画三维空间的立体呈现，及对内檐额枋彩画工艺实现交互体验。同时，部分学员对大木梁枋、升降龙天花等部位进行传统工艺绘制，并提炼彩画元素进行创意产品设计。

二为“云龙之威”。学员绘制的梁枋彩画多以行龙纹、升降龙为主体纹饰；天花彩画则以正面龙及升降龙天花为原型进行临摹。文创作品中既有以历代龙纹造型演变为主题的儿童故事绘本《寻龙记》，也有以太和殿行龙纹为题材的浮雕龙纹薄瓷杯，还有以龙纹为题材的“云起龙骧”服饰新韵及龙纹键帽。

三为“花锦之绣”。学员彩画作品中既有单一花卉主题的团花与缠枝花，也有如玉兰、牡丹、海棠组合的“玉堂富贵”，还有花卉与果实组合的四季花果。创意作品多以花锦为灵感，设计出服饰、家居、文具等充满雅趣的文创作品，于规矩中见灵动，寓意圆满和谐。

展览形式为线下展览以及纸质书籍展示。故宫博物院将从参展作品中挑选优秀作品进行成果转化及衍生开发。此外，国家艺术基金将评选 6 至 8 名优秀学员，其作品将参与全国巡展。

（六）展望与致谢

通过此次“中国官式彩画图案艺术设计创意人才培训”，学员们不仅学到了丰富的理论知识和精湛的技艺，更深刻领会了“守正创新”的精神内涵。但学员们在传统艺术传承与创新的道路上才刚刚起步，在未来的职业生涯中，他们将以此次培训为起点，继续深入探索传统彩画艺术的现代价值，将所学所思融入更多优秀作品中，为推动中国传统文化的创造性转化与创新性发展贡献自己的力量。

我们期待学员们能在各自的专业领域发光发热，以创新思维和扎实技艺，让中国官式彩画艺术在新时代焕发出更加夺目的光彩。同时，也希望未来能有更多类似的培训项目，为传统艺术的传承与发展培养更多优秀人才，让古建筑彩画艺术在现代社会中持续绽放华光。

在此，我向所有支持和参与本次项目的单位和个人致以最诚挚的谢意！

首先，感谢国家艺术基金的资助，让本次培训得以顺利开展。正是有了国家对文化艺术事业的高度重视和大力支持，才有了这样一次高水平、高质量的人才培养项目，为传统艺术的传承与发展提供了有力的保障。

感谢故宫博物院和陕西师范大学的精心组织与大力支持，其深度合作，为学员们创造了难得的学习机会，也为传统艺术的传承与发展注入了新的活力。

感谢来自故宫博物院、各大高校、研究机构和古建公司的37位专家学者和非遗传承人。他们用渊博的知识、精湛的技艺和无私的奉献，为学员们传道、授业、解惑，引导学员们在传统艺术的海洋中遨游探索，让学员们受益匪浅。

也感谢每一位参与培训的学员。你们怀揣着对传统文化的热爱和对创新设计的执着，全身心投入学习中，用勤奋和智慧书写了本次培训的精彩篇章。你们的努力和成果，不仅是对传统艺术的传承，更是对创新精神的践行。

还要感谢天津大学出版社为本书的出版提供了全力支持和保障，助力学员们的成果作品更好地展示。

最后，感谢所有为本次培训默默付出的工作人员。正是因为有了你们的辛勤工作和无私奉献，本次培训才能如此顺利、圆满地完成。

再次感谢所有支持和参与本次项目的单位和个人！让我们携手共进，为传承和弘扬中国传统文化，推动艺术事业的繁荣发展而不懈努力！

项目负责人：楊红

目录

本章为培训项目总体概况，主要包括项目背景及特点、国家艺术基金及项目主体单位简介、项目培训内容。

一 项目概况

| 项目概况 |

项目申报

國家藝術基金

CHINA NATIONAL ARTS FUND

2024 年度资助项目立项通知书

故宫博物院：

你单位申报的中国官式彩画图案艺术设计创意人才培训项目获得国家艺术基金 2024 年度艺术人才培训项目立项资助，资助资金壹佰贰拾万元。

国家艺术基金是由国家设立，旨在繁荣艺术创作、打造和推广精品力作、培养艺术人才、推进国家艺术事业健康发展的公益性基金，资金主要来自中央专项彩票公益金。

国家艺术基金资助项目为国家级项目，作为项目承担单位，希望贵单位坚持以习近平新时代中国特色社会主义思想为指导，全面贯彻落实党的二十大精神，深入学习贯彻习近平文化思想，坚持为人民服务、为社会主义服务方向，坚持百花齐放、百家争鸣方针，坚持创造性转化、创新性发展，以培育造就大批德艺双馨的文学艺术家和规模宏大的文化文艺人才队伍为目标，科学合理安排教学内容，聘请高水平授课教师，注重理论和实践相结合，注重艺术经验的直接传授，注重提升专业技能、拓宽艺术视野和培养创新能力，为加强文艺队伍建设，繁荣发展社会主义文艺做出积极贡献。

国家艺术基金管理中心

2024 年 3 月

证书编号：2024-A-05-084-596

2024年度国家艺术基金
艺术人才培训资助项目
CHINA NATIONAL ARTS FUND
中国官式彩画图案艺术设计
创意人才培训
主办单位：故宫博物院
协办单位：陕西师范大学
培训时间：7月8日—9月5日
彩票公益金资助——中国福利彩票和中国体育彩票

项目基本情况概述

第一部分：项目实施背景及特点

中国建筑彩画源远流长、博大精深，是古代建筑中最具特色的装饰部分。其中官式彩画以其寓意清晰、等级严明、制度规范、用料考究而成为中国建筑彩画的典范，具有极高的艺术价值和丰富的文化内涵，是中国传统艺术的瑰宝。

为深入贯彻落实党的二十大精神，秉持“守正创新”理念，故宫博物院积极履行历史责任与担当，主办“中国官式彩画图案艺术设计创意人才培训”项目。项目旨在全面提升艺术设计从业者官式建筑彩画方面的专业认知水平与艺术素养，推动故宫学术成果转化，为培养满足艺术事业发展需要的创新型艺术人才贡献力量。通过此次培训，积极探索传统建筑彩画图案在新时代的创造性转化与创新性发展，助力中国官式建筑彩画这一优秀传统文化的传播与推广。

该项目由故宫博物院作为主体单位，属于国家艺术基金资助的艺术人才培训项目。培训汇聚了国内众多具有深厚影响力且能够激发学员创造力的专家学者，组成强大的师资队伍，并面向全国招生。培训以中国官式彩画图案为核心内容，首先注重官式彩画的基础理论、历史研究和工艺实操的学习与掌握，进而强化官式彩画的创意设计与实际应用能力，将“守正创新”理念贯穿培训全过程。通过此次培训，学员将在学习和传承中华优秀传统文化的基础上，将其应用于建筑装饰、博物馆文创、服饰、数字艺术、展览设计等多个领域，进一步弘扬中国官式彩画这一优秀传统文化。

故宫博物院创新性地将理论学习、实地考察与设计实践相结合，构建了一套符合中国特色的培训流程。这一模式不仅能够培养出满足基层艺术事业发展需求的创新型艺术人才，还能有效推动中国官式建筑彩画的传承与发展，为中华民族伟大复兴注入新的活力，成为重要的文化推动力量。

第二部分：国家艺术基金及项目主体单位简介

（一）国家艺术基金简介

经国务院批准，国家艺术基金(China National Arts Fund，CNAF)（图1）于2013年12月正式成立，是旨在繁荣艺术创作，培训艺术人才，打造和推广精品力作，推进艺术事业健康发展的公益性基金。国家艺术基金的资金，主要来自中央财政拨款，同时依法接受国内外自然人、法人或者其他组织的

图1：国家艺术基金标识

捐赠。国家艺术基金坚持文艺“为人民服务、为社会主义服务”的方向和“百花齐放、百家争鸣”的方针，尊重艺术规律，鼓励探索与创新，倡导诚信与包容，坚持“面向社会、公开透明、统筹兼顾、突出重点”的工作原则。

（二）项目主体单位简介

故宫是全世界现存规模最大、保存最完整的古代宫殿建筑群，于1987年被联合国教科文组织列入世界文化遗产名录。故宫博物院成立于1925年，是集古代建筑群（明清皇宫）、宫廷收藏、历代文化艺术为一体的大型综合性博物馆。

故宫博物院拥有现存数量最多、品类最为丰富的明清官式建筑彩画资源，同时在中国官式彩画研究与保护方面享有盛誉，是中国官式建筑彩画研究与保护方面的引领者，目前已发表了众多高质量的建筑彩画学术研究成果。故宫博物院在数字信息、宣传教育、展览展示、成果出版等方面也具备专业稳定的文化产业转化渠道与强大的传播平台，可开展彩画主题类文创产品的高品质研发及多种类型的展览。（图2）

图2：主办单位故宫博物院（组图）

协办单位陕西师范大学（图3）是教育部直属重点大学，作为党和国家布局在西部地区的唯一一所部属师范大学，铸就了“扎根西部、甘于奉献、追求卓越、教育报国”的“西部红烛两代师表”精神。该校美术学院是西北地区乃至全国综合实力较强的美术教育与创作团体，其中艺术设计包括视觉传达、环境艺术设计、动画三个专业方向。此外，材料科学与工程学院拥有历史文化遗产保护教育部工程研究中心，具有开展中国官式彩画科学化认知的教研室和实验室。因此，两家单位将依托各自领域的优势资源，在实施过程中提供授课、考察、设计作品制作、传播推广等各方面的便利和支持。

（三）合作模式

（1）本项目力求融合东西部文化优势资源，并响应“一带一路”倡议，助力祖国西部发展。

（2）西安是中国官式彩画的发祥地，有汉唐时期的彩画遗存。北京故宫是明清官式彩画集大成者，从古都西安到北京，串联了中国官式建筑彩画发展传承的主要历史链条。

（3）陕西师范大学与故宫博物院长期开展彩画项目的合作，本项目是故宫博物院与重点高校合作互利共赢的新模式。

图3：协办单位陕西师范大学（组图）

第三部分：项目的目标、意义与价值

（一）项目目标

（1）通过项目开展更好地建立“中国官式彩画创新知识体系”。

（2）通过讲授与实训培养一批掌握中国官式彩画图案艺术系统知识，具有一定设计与创意能力的代表性人才。

（3）最终努力实现中国官式彩画艺术的科学传承与创新发展。

（二）项目的意义

提高大众对中国官式彩画图案艺术重要性的认识，弘扬中国官式彩画图案艺术的审美价值，促进官式彩画艺术元素的创新设计，实现艺术设计学与建筑学等多学科的交叉融合，形成富有中国特色的建筑装饰艺术研究——官式彩画创新知识体系。

开展系统而科学的培训，倡导“守正创新”培养理念，夯实创新基础，全面提升艺术设计从业者对中国官式彩画图案艺术的专业认知水平与艺术素养。

通过对中国官式彩画艺术设计人才培养方式方法的创新实践，完善人才培养模式机制，弘扬彩画图案艺术中富含当代价值的艺术元素，提升人民审美品位，促进国家文化软实力提升，逐步打造具有引领世界的复兴民族特色的中国艺术文化产品。

（三）项目的价值

中国官式彩画艺术在全世界范围内，尤其是东亚地区，具有广泛而深远的影响。它不仅是中国传统艺术中的瑰宝，也是展示中国传统文化、传播中国艺术的重要载体，还是象征中华民族的“艺术文化符号”之一。

当下许多艺术设计工作者对中国官式彩画艺术缺少基础的专业认知及创造性的转化能力，导致社会上出现了大量艺术水准一般，甚至误导大众审美方向的“新中式彩画”艺术设计与应用，无法准确传达中国官式彩画艺术的精髓。

为深入贯彻落实党的二十大精神，更好地向全世界讲好中国故事，要让绘制在中国古代建筑上的彩画艺术图案活起来，走进人民群众的文化生活和精神世界。

故宫博物院与位于西安的陕西师范大学可以利用好古都的文化资源，深入挖掘中国官式彩画的艺术价值与文化基因，为培养满足基层艺术事业发展需要的创新型艺术人才做出贡献，让文化艺术工作者以此次培训为起点，不断汲取古代建筑彩画图案的精华，创造出感化国民、影响世界、具有东方美学神韵的艺术作品。

第四部分：项目培训内容

（一）培训时间

根据《国家艺术基金申报指南》和《项目申报协议书》相关规定，培训班集中授课时间为 2024 年 7 月 8 日至 9 月 5 日，共 60 天（在职学员需脱产学习）。

（二）培训方式

集中授课主要分为课堂授课、采风观摩与实践指导三大板块，以及研讨、讲座、作品展览等个性化环节。

（三）项目培训的构架体系（图 4）

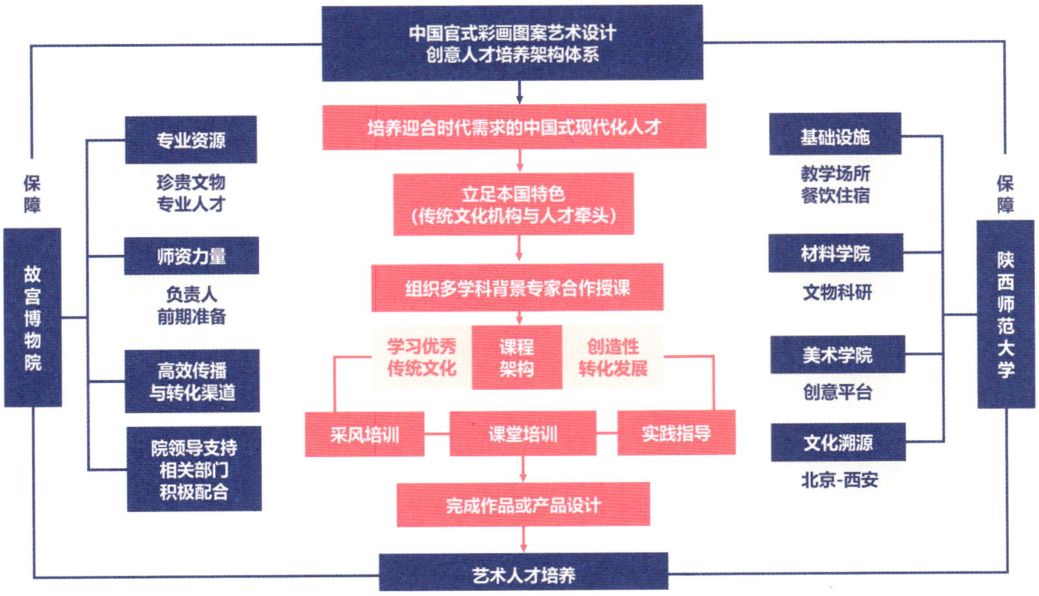

图 4：项目培训的构架体系

第五部分：项目培训的工作计划

（一）授课方案

项目以中国建筑彩画上千年的历史发展为纽带，重点向学员传授中国官式彩画艺术在历史中的演进、发展与创新，进而启发学员在理解历史纹样的基础上结合时代与地域文化进行创意设计，旨在通过系统而科学的讲授与实训，培养一批掌握中国官式彩画图案艺术系统知识，具有一定设计与创意能力的代表性人才。

1. 中国官式彩画认知

教师通过教授中国建筑彩画发展史、中国建筑装饰艺术概论等理论课程，并结合现存彩画实地考察，让学员初步对中国官式彩画图案艺术有所认知，并在实践课老师的指导下完成临摹作品。

2. 中国官式彩画图案艺术元素提取

学员学习理论知识后，结合自己所喜爱的历代中国建筑彩画大木梁枋、天花彩画及其他艺术构件图案，进行艺术元素提取和重新组合，绘制设计草图。

3. 中国官式彩画创新设计

教师通过指导学员彩画创新设计进行彩画艺术元素应用示范，并结合彩画文创设计进行实地考察，启发学员在理解历史纹样的基础上结合时代与地域文化进行创意设计；通过讲授与实训，开展系统而科学的培训，培养一批掌握中国官式彩画图案艺术系统知识，具有一定设计与创意能力的代表性人才。（图 5）

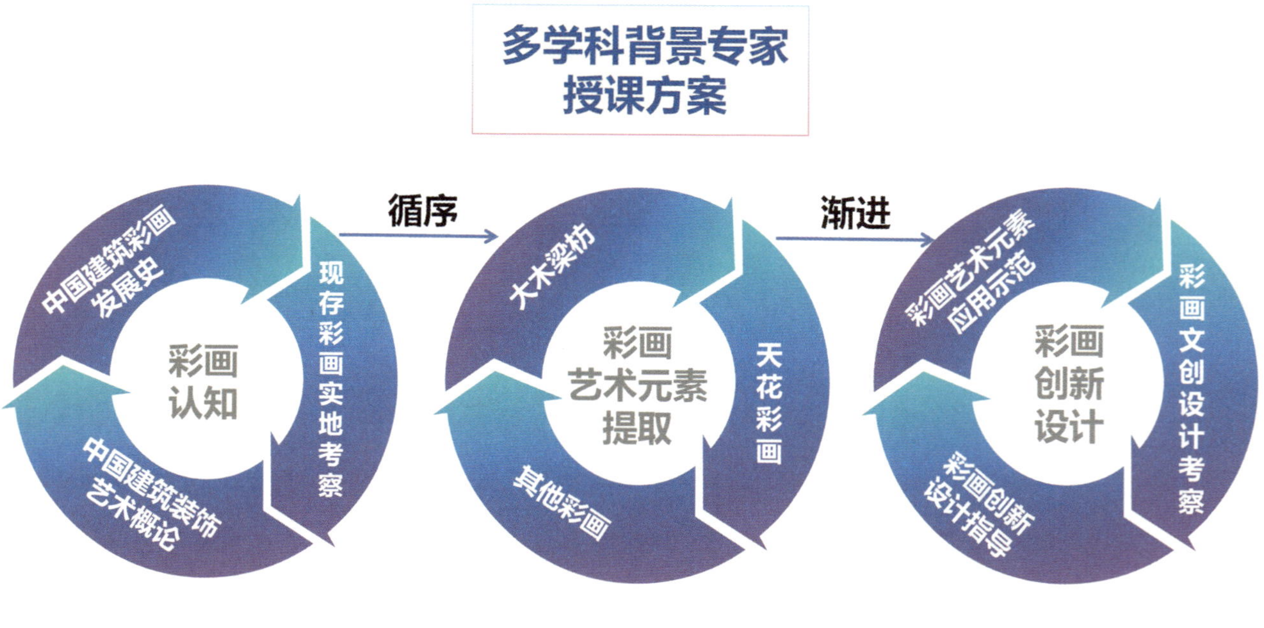

图 5：授课方案的构架体系

（二）授课教师团队

本项目师资力量雄厚，由故宫博物院专家与高校知名教授组成主要授课教师团队，并由专业从事古建筑彩画研究的专家、学者、艺术工作者等组成辅助课程讲授团队。通过广泛联合业界资源，合力组建具有丰富实践经验和一流教学水平的教学团队。（图6、图7）

1. 项目实施顾问

王旭东（故宫博物院院长），都海江（故宫博物院党委书记、副院长），娄玮（故宫博物院常务副院长），任万平（故宫博物院副院长），王跃工（故宫博物院副院长），朱鸿文（故宫博物院副院长），罗先良（故宫博物院党委副书记、副院长），李俊（故宫博物院副院长），晋宏逵（故宫博物院原副院长），杨晓波（中国文物交流中心原副主任），王仲杰（故宫博物院著名彩画专家），常沙娜（著名艺术设计教育家、艺术设计家及敦煌艺术专家）。

项目实施团队授课教师共37人，其中知名专家3人，正高级职称者19人，副高级职称者9人，技术专家6人。

2. 主办单位与协办单位教师

杨红（故宫博物院古建部副主任、研究员），晋宏逵（故宫博物院原副院长、研究馆员），赵鹏（故宫博物院古建部副主任、正高级工程师），尚国华（原故宫博物院工程管理处处长、研究馆员），雷勇（故宫博物院文保科技术部主任、研究馆员），纪立芳、陈彤（故宫博物院正高级工程师），苏怡（故宫博物院数字信息部主任、研究馆员），孙淼（故宫博物院展览部研究馆员），吴迪（故宫博物院文创事业部主任），王孔刚（故宫博物院原文化服务中心副主任、研究馆员），张志国（故宫博物院修缮技艺部，彩画技师），李玉虎（陕西师范大学材料科学与工程学员教授），韦兵（陕西师范大学美术学院院长、教授），王晓燕（陕西师范大学美术学院副院长、教授），沈磊、杨虹、任晓东（陕西师范大学美术学院副教授）。

3. 特邀讲座嘉宾

刘畅（清华大学建筑学院副教授），宋建明（中国美术学院资深教授），丁垚（天津大学建筑学院教授），李路珂（清华大学建筑学院副教授），陈捷（中央美术学院教授），张昕（北京工业大学副教授），李沙（北京建筑大学教授），王光宾（北京市园林古建工程有限公司彩画专家），高业京（北京房地集团古建技术专家），梁家年（南京信息工程学院教授），崔岩（北京服装学院敦煌服饰文化研究暨创新设计中心副研究员），郭华瑜（南京工业大学教授），宋国晓（河南省建工院古建园林研究院），董健菲（哈尔滨工业大学副教授），林源（西安建筑科技大学副教授），钟华（故宫珠宝设计专家），顾思宁（北京紫雍宫廷文化发展有限公司彩画创新设计负责人）。

4. 项目负责人

杨红，故宫博物院古建部副主任、研究馆员（主要研究领域是明清官式建筑彩画保护与研究）、明清官式建筑彩画专家、国家文物局全国重点文物保护工程方案审核专家库专家、中国紫禁城学会理事、中国圆明园学会园林古建分会副会长、彩画研究中心主任、明清官式建筑保护研究国家文物局重点科研基地副主任、故宫博物院博士后工作站导师。主持或作为骨干承担国家、省部级、院级课题 6 项，主持完成故宫及全国重点文物保护单位古建筑油饰彩画、裱糊维修勘察设计 40 余项。以第一作者发表学术论文 30 余篇，出版专著《乾隆花园皇家文化系列·三——建筑彩画研究》一书。创办国内外彩画爱好者、专业研究者交流学习平台“木衣锦绣”微信公众号，分享国内外古建筑彩画最新前沿讯息。2018 年国家艺术基金“传统建筑彩画艺术传承与创新人才培训”项目重要策划顾问及授课老师。

5. 部分课程主要师资团队（图 6、图 7）

晋宏逵，故宫博物院研究馆员，国际古迹遗址理事会会员。曾任故宫博物院副院长、中国古迹遗址保护协会副主席、中国文物保护基金会副理事长、中国紫禁城学会会长、中国美术家协会特殊材料专业委员会委员、联合国教科文组织亚太地区苏州培训中心古建筑联盟主席等职务。主编《司马台长城》《清内府绘制京城全图》《故宫古建筑修缮工程实录——武英殿》《明代宫廷建筑大事史料长编》。参与编写《中国文物古迹保护准则》《故宫保护总体规划（大纲）》《北京城中轴线古建筑实测图集》。发表论文多篇。2005 年被意大利总统授予骑士勋章。2020 年其专著《故宫营建六百年》获得中国好书、文化遗产十佳图书等荣誉。

陈彤，故宫博物院古建部正高级工程师，主要从事故宫古建筑及乾隆花园内檐装修的保护研究工作，同时致力于中国古代建筑法式制度与唐宋彩画的研究。曾参与清华大学主持的国家社会科学基金重大项目“宋《营造法式》研究与注疏”的课题。发表多篇论文，著有《中国古代建筑纹样——〈营造法式〉彩画复原图典》一书。

纪立芳，故宫博物院古建部正高级工程师，主要从事官式建筑裱糊勘察设计及彩画研究工作。作为骨干承担国家级、省部级、院级课题 4 项。参与故宫养心殿、乾隆花园、宝相楼等处裱糊、彩画保护修复工程，发表多篇论文，著有《江南建筑彩画研究》一书。

李玉虎，陕西师范大学材料科学与工程学院教授，历史文化遗产保护教育部工程研究中心学科带头人，博士生导师，文物保护专家。主持完成唐昭陵、唐乾陵园区出土盛唐壁画及故宫、西安等几十处“风化褪色的古代壁画、文物彩绘、建筑彩画的保护与修复”设计方案制定及施工。获得 7 项国家发明专利，先后被评为全国“五一劳动奖章”获得者、全国先进工作者、国家级有突出贡献专家等。

王晓燕，陕西师范大学美术学院副院长、教授。教育部普通高等学校本科教育教学评估专家，陕西省室内装饰协会第七届理事会常务理事，主要从事教学、科研和室内外环境景观设计实践工作。主要研究方向为人居环境设计、艺术文化史、设计教育。主持、参与国家级、省部级科研项目 9 项，出版专著、画册、教材各 1 部，发表学术论文 10 余篇。

宋建明，中国美术学院资深教授，博士生导师。中国流行色协会副会长，中国美术家协会平面设计艺术委员会副主任委员。主持我国多项城市色彩规划与大型建筑色彩设计项目。出版了《阅读澳门城市色彩》《现代设计大系·设计造型基础》《色彩设计大系·设计造型基础》《色彩设计在法国》等专著。

刘畅，清华大学建筑学院长聘副教授、建筑历史与文物建筑保护研究所所长。研究领域为中国古代建筑史与文物建筑保护。参与国家社科基金重大项目“宋《营造法式》研究与注疏”等30余项课题，主持国家重点研发计划项目“应县木塔结构稳定性评估与保护研究项目”子课题“木塔榫卯节点、斗拱及铺作层连接界面耦合性能研究”。出版《山西平遥镇国寺万佛殿与天王殿精细测绘报告》等专著18部，发表学术论文120余篇。主持和参与故宫乾隆花园保护工程、西藏夏鲁寺建筑与壁画保护项目等保护工程。

李路珂，清华大学建筑学院副教授、博士生导师、建筑历史与文物建筑保护研究所副所长。承担国家社会科学基金重大项目子课题2项，国家自然科学基金面上项目、国家自然科学基金青年项目、教育部博士点基金项目、清华大学自主科研课题共4项。发表多篇论文，著有《〈营造法式〉彩画研究》一书，获“第四届中华优秀出版物奖”图书类提名奖。

丁垚，天津大学建筑学院教授、建筑历史与理论研究所所长，主要研究方向包括中国古代建筑的科学调查、唐辽建筑研究以及中国现代建筑学术史。丁垚教授在本科和研究生教学中承担了多项课程，包括中国古代建筑史、古建筑测绘实习、建筑设计初步、建筑设计等本科课程，以及建筑历史与理论、中国古代营造、宋营造法式等研究生课程。他的研究重点聚焦于中国古代建筑的科学调查，尤其是唐辽时期的建筑艺术。代表性学术成果包括：《发现独乐寺——建筑史读书札记丛编》《蓟县独乐寺山门》《梁思成建筑设计作品辑略》《义县奉国寺》。丁垚教授担任中国建筑学会建筑史学分会理事、中国文物学会传统建筑园林委员会常务理事等职。

雷勇，故宫博物院文保科技部主任，研究馆员。研究领域为彩绘、陶瓷、书画的科学分析，文物的新技术应用研究。主持承担国家“十三五”重点研发计划1项，承担和参与多项国家自然科学基金（重点）项目；是国际文物修护协会（IIC）特聘研究员，国际博物馆协会科学研究工作组协调员，*Heritage Science* 杂志编委。

苏怡，故宫博物院数字与信息部主任，故宫文化资产数字化应用研究所所长，研究馆员。从事数字博物馆、智慧博物馆相关技术应用研究20多年，涉及VR技术应用、文化遗产数字记录与标准、数字资源管理利用、数字展馆与主题数字展策划、新媒体技术与文化传播、大数据分析等。主持完成《紫禁城·天子的宫殿》系列VR交互作品及“发现·养心殿”等交互式数字展览。

赵鹏，故宫博物院古建部副主任、中国紫禁城学会常务副会长，正高级工程师。他主持和参与了多项故宫重要古建筑保护与研究项目，包括东华门大修工程、符望阁大修工程、中和殿抢修加固工程等。他还负责养心殿研究性保护项目文物建筑勘察与设计、紫禁城城墙勘察项目、灵沼轩（水晶宫）保护与研究等工程。独立出版了《工程项目规划》《奥地利设计百年》等译著，参与编写《清代官式建筑营造技艺》，发表《符望阁大木结构比例关系研究》等学术论文十余篇。

崔岩，北京服装学院敦煌服饰文化研究暨创新设计中心的副研究员，同时也是继续教育学院的特聘教授、中国敦煌吐鲁番学会会员、中国工艺美术学会民间工艺美术专业委员会会员以及中国文物学会纺织专业委员会会员。她的研究方向主要集中在中国传统天然染料及染色工艺、敦煌服饰艺术以及传统服饰设计创新等领域。她主持并完成了多个重要研究项目；发表了多篇学术论文，涉及传统染织工艺、敦煌服饰艺术等领域，还参与编写了《敦煌服饰文化图典》等多部出版物。

王光宾，北京市园林古建工程有限公司彩画工长，擅长彩画设计和绘画实操。她从事古建修缮工作38年，参与或主持了数十项重要的古建修缮工程，包括颐和园、香山、隆福寺等重要古建筑的彩画修复和设计。还参与了《颐和园建筑彩画艺术》《颐和园长廊苏式彩画》等书籍的式样绘制，为古建彩画的学术研究和技艺传承做出了重要贡献。

故宫博物院

序号	姓名	部门/职务/职称
1	王旭东	院长、研究馆员
2	晋宏逵	原副院长、研究馆员
3	杨　红	古建部副主任、研究馆员
4	陈　彤	古建部正高级工程师
5	纪立芳	古建部正高级工程师
6	赵　鹏	古建部副主任、正高级工程师
7	苏　怡	数字与信息部主任、研究馆员
8	雷　勇	文保科技部主任、研究馆员
9	吴　迪	文创事业部主任
10	孙　淼	展览部副主任、研究馆员
11	尚国华	原工程管理处处长、研究馆员
12	张志国	修缮技艺部彩画技师
13	王孔刚	原文化服务中心副主任、研究馆员

陕西师范大学

序号	姓名	单位/职务/职称
1	李玉虎	材料科学与工程学院教授
2	韦　兵	美术学院院长、教授
3	王晓燕	美术学院副院长、教授
4	沈　磊	美术学院环境设计系主任、副教授
5	杨　虹	美术学院视觉传达系主任、副教授
6	任晓东	美术学院副教授
7	晁小练	材料科学与工程学院高级实验师

授课教师基本情况

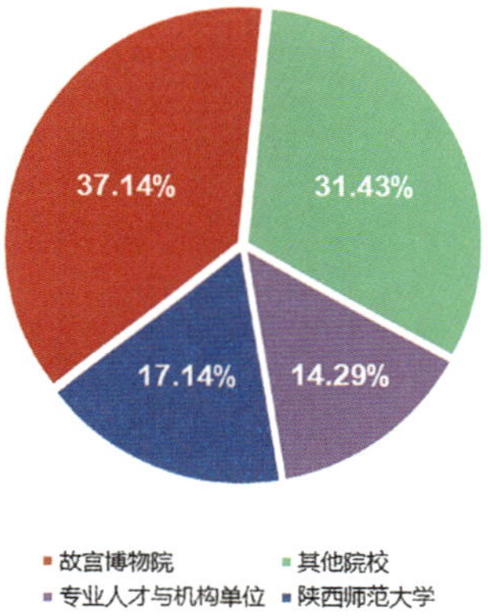

其他院校

序号	姓名	单位/职务/职称
1	刘　畅	清华大学建筑学院副教授、清华大学建筑历史研究所所长
2	李路珂	清华大学建筑学院副教授、清华大学建筑历史研究所副所长
3	丁　垚	天津大学建筑学院教授
4	崔　岩	北京服装学院研究员
5	宋建明	中国美术学院资深教授
6	董健菲	哈尔滨工业大学副教授
7	梁家年	南京信息工程学院艺术学院院长、教授
8	张　昕	北京工业大学建筑与城市规划学院副教授
9	陈　捷	中央美术学院人文学院艺术史与艺术遗产系主任、教授
10	郭华瑜	南京工业大学建筑学院院长、教授
11	林　源	陕西建筑科技大学教授

专业人才与机构单位

序号	姓名	单位/职务/职称
1	王光宾	北京市园林古建工程有限公司彩画技师
2	高业京	北京房地集团、彩画技术专家
3	钟　华	知名珠宝设计师
4	杨晓波	中国文物交流中心原副主任
5	顾思宁	北京紫雍宫廷文化发展有限公司技术专家

图6：授课教师的基本情况

（三）课程设置

课程设置主要分为六部分：故宫采风调研艺术鉴赏课、中国古代建筑装饰艺术及科技保护概论、历代彩画艺术特征与创新应用示范、中国官式彩画图案艺术近现代应用、西安采风调研艺术鉴赏课、项目阶段成果展览艺术指导。通过教师教授中国官式彩画图案艺术（构图、纹饰、色彩、工艺等）的理论知识、辅导实践课程、配合采风学习，让学员可以实现中国官式彩画图案艺术设计（文化服务产品设计、建筑装饰设计、服饰设计、数字艺

图 7：授课教师集体照片

术设计、艺术展览设计等）的创造性转化和创新性发展。

1. 课程模块一：故宫开班仪式及采风鉴赏课

参观与解读故宫官式彩画、故宫展览设计、故宫文创设计等。

2. 课程模块二：中国古代建筑装饰艺术及科技保护概论

明清官式建筑装饰艺术概论、西安古代建筑装饰艺术保护与发展、官式建筑彩画显微颜料（分析考古）艺术概论。

3. 课程模块三：历代彩画艺术特征与创新应用示范

第一阶段：历代彩画艺术特征鉴赏。

汉晋隋唐五代官式彩画图案艺术特征、辽代官式彩画图案艺术特征、宋元官式建筑彩画图案艺术特征、明代官式彩画图案艺术特征、清代官式彩画图案艺术特征、民国官式彩画图案艺术特征、西安官式彩画图案艺术特征、河南官式彩画图案艺术特征、江南官式彩画图案艺术特征、山西五台山佛寺建筑彩画艺术特征、明清建筑彩画中的佛教元素。

第二阶段：传统彩画临创应用示范。

明清官式彩画传统绘制演示（手绘）与艺术创新指导、唐宋官式彩画图案绘制演示（手绘）与艺术创新指导、建筑彩画电脑绘图演示与艺术创新指导。

4. 课程模块四：中国官式彩画图案艺术现代应用

中国传统色彩设计规划与文创产品衍生、现代彩画仿古建筑设计应用、彩画艺术的创新性设计与应用实践、敦煌边饰彩画应用设计、中西方视野下建筑艺术比较、故宫数字化文创及展览设计、故宫文化创意产品开发研究、博物馆如何研发文化创意产品、中国官式彩画艺术文化服务产品开发实例。

5. 课程模块五：创新设计实践课

传统艺术图像当代创新设计（包含空间展示设计、动漫、交互设计、传播设计）、中国官式彩画服饰应用设计、中国官式彩画文创应用设计、中国唐宋天花建筑彩画复原设计、中国明代官式建筑彩画复原设计。

6. 课程模块六：西安采风调研艺术鉴赏课

参观昭陵博物馆、西安乾陵（永泰公主墓、懿德太子墓、章怀太子墓）、陕西历史博物馆、陕西考古博物馆、西安城墙东西门、钟鼓楼、西安十三朝文化创意有限公司、西安东岳庙。

本章全面记录了给学员们集中授课的全过程，涵盖从北京到西安的地域跨越，从理论课程到手绘实践的技能进阶，以及从观摩学习到创意设计的思维蜕变。

本章分为三小节，包括：开幕式与北京采风观摩；集中授课；陕西采风观摩。各部分紧密衔接，层层递进，为学员们打造了一次充实且富有启发的学习之旅。

二　项目培训与实践

（一）开幕式与北京采风观摩

| 开幕式 |

项目培训开幕式

国家艺术基金2024年艺术人才培训资助项目“中国官式彩画图案艺术设计创意人才培训”开班仪式在故宫博物院隆重召开。（图1）

图1：开班仪式中古建部赵鹏副主任主持

2024年7月8日上午，国家艺术基金2024年度资助项目“中国官式彩画图案艺术设计创意人才培训”于故宫博物院建福宫花园隆重举行开班仪式。该项目由故宫博物院主办、陕西师范大学协办。项目负责人由故宫博物院古建部副主任、研究馆员杨红担任。开班仪式由古建部副主任赵鹏主持。

故宫博物院院长王旭东、故宫博物院常务副院长娄玮、国家艺术基金管理中心主任王明亮、国家文物局文物古迹司司长邓超、陕西师范大学副校长杨祖培、国家艺术基金管理中心委派专家、项目授课教师代表等嘉宾与来自全国各地的30名优秀学员出席了本次开班仪式。

故宫博物院院长王旭东致辞时向教师代表和30位学员表示热烈欢迎，感谢国家艺术基金对项目的大力支持以及陕西师范大学的积极协助，感谢国家文物局在故宫文物保护与活化利用方面给予的指导；对学员们参与此次学习培训的过程和结果都充满了期待；他表示故宫博物院主办此次培训是深入学习贯彻落实习近平文化思想的生动实践。（图2）

项目负责人杨红介绍本次培训项目内容与计划安排：首先，向大家汇报了项目的价值、意义、特点等内容，尤其强调了项目的目标是为培养满足艺术事业发展需要的创新型艺术人才做出贡献，积极尝试实现传统建筑彩画图案在新时代的创造性转化和创新性发展；其次，主要介绍了项目的师资、学员情况及教学计划。本项目聘请业内37位顶级专家学者形成师资团队，从全国择优录取了30名具有建筑装饰及壁画设计，博物馆文创产品设计，服饰设计、展览、摄影、数字传媒等专业背景的中青年高层次设计人才。通过暑期七月、八月两个月的集中培训，让学员深入挖掘中国官式彩画图案中富含当代艺术价值的元素与文化基因，完成艺术作品设计。未来也将把其中的优秀成果努力转化为更为精彩的线上和线下产品，使中国官式建筑彩画艺术成为文化繁荣的重要力量，助推中华民族伟大复兴。让世界更多地了解“中国彩画”！（图3）

图2：故宫博物院院长王旭东致辞

图3：项目负责人杨红发言

陕西师范大学副校长杨祖培在致辞中谈道：本项目对于中国古建筑彩画的守正创新具有重要意义，对于陕西师范大学的文、理、工、艺交叉学科建设发展也是一次难得的推进机遇。北京故宫是明清官式建筑彩画的艺术宝库，西安是中国官式彩画的发祥地，此次培训是馆校双方优势互补与合作的有益尝试。（图4）

国家文物局文物古迹司司长邓超在致辞中指出，彩画是我国古代建筑的重要组成部分，本次培训将深入学习彩画这一有鲜明中国特色的优秀传统文化，探索其创造性转化和创新性发展，是贯彻落实习近平总书记关于文物和文化遗产保护重要指示批示精神的有力举措。国家文物局历来高度重视彩画的保护研究工作。经过不懈努力，我国从完全以传统彩画绘制工艺进行修复，到目前科技保护与重绘修复并重，积累了众多实践经验和技术成果。希望通过此次培训，学员们能够加深对中国官式彩画的理解，提升艺术修养和专业技能，也能将所学知识与设计创作相结合，通过创意作品来展示中华民族独特的审美情趣和艺术创造力。（图5）

图4：陕西师范大学副校长杨祖培致辞

图5：国家文物局文物古迹司司长邓超致辞

国家艺术基金管理中心主任王明亮在致辞中强调，故宫是中国古代艺术的神圣殿堂，具备较为丰厚的教学资源，此次承担实施的“中国官式彩画图案艺术设计创意人才培训”项目具有以下特点：一是选题明确且颇具创意，二是师资力量雄厚，三是学员非常优秀，四是前期准备充分。希望对参训学员进一步加强管理、严格要求，保障此次培训的顺利进行。希望通过培训学员能学有所思、学有所悟、学有所获，创作出更多活化的中国官式彩画图案设计作品，让官式彩画走进寻常百姓家，丰富人民群众的生活。（图6）

中华文物交流协会秘书长杨晓波作为教师代表发言，杨秘书长表示应积极提取中国官式彩画图案元素进行创意设计，充分挖掘其中富含当代价值的文化基因，“以古人之规矩，开自己之生面”。故宫博物院凭借资源优势、人才优势、成果传播和转化优势，必能把培训班办好、办精，赢得良好的社会效益。（图7）

图6：国家艺术基金管理中心主任王明亮致辞

图7：中华文物交流协会秘书长杨晓波发言

国家博物馆副研究馆员何欣怀着激动的心情代表学员发言，她说作为美术专业出身的她更加珍惜此次学习的机会。她指出，继承是创新的基础，只有深入理解和掌握官式彩画图案艺术的传统精髓，才有资格谈创新。同时，她希望在项目中与老师同学们精诚团结，以开放的思维、创新的手段和不懈的努力，为大家呈现出具有独特魅力和时代价值的官式彩画图案艺术创意作品。

然后，王旭东院长、王明亮主任分别向到场的 14 位授课教师代表颁发聘书（图 8）。开班仪式掌声雷动、气氛热烈，烘托出与会者对项目的高度期待（图 9）。

图 8：王旭东院长和王明亮主任给授课教师代表颁发聘书

图 9：开班仪式现场

接着，全体参会人员拍照留念（图 10）。最后由王旭东院长为学员作课前主题党课——“践行习近平文化思想，担当新的文化使命”。（图 11）

图 10：全体参会人员合影留念

图 11：王旭东院长为学员作课程“第一讲”

王旭东院长首先指出“守正创新”的重要性，嘱咐学员们应该具有担当精神，把自己的工作置于民族复兴的高度；其次强调艺术创作是为了人民群众，要全面深入地了解中国官式彩画所承载的文化精神，有效地推动中华优秀传统文化的创造性转化、创新性发展；最后，建议学员们设计作品要注重体现文化内涵与时代精神，经得起历史的检验。

至此，国家艺术基金2024年度艺术人才培训资助项目“中国官式彩画图案艺术设计创意人才培训”开幕活动圆满结束！

丨采风观摩（一）——故宫丨

雨花阁·承乾宫

2024年7月8日，培训班开班首日下午，古建部副主任杨红率全体学员前往雨花阁、承乾宫参观。（图1、图2）参观过程中，杨老师为学员们阐述了雨花阁、承乾宫两处古建筑彩画的分类、特点及价值，使学员们对故宫官式彩画有了全面且深刻的认识与理解。

故宫官式彩画是中国古建筑的重要组成部分，不仅具有保护木构件、美化古建筑的实际功用，还承载着丰富的历史信息和文化内涵。雨花阁正殿是藏密四部神殿，供奉无量寿佛，彩画绘龙草和玺；东配楼是三世章嘉影堂，西配楼是六世班禅影堂，彩画绘龙锦方心金线大点金旋子彩画；梵宗楼属格鲁派，一层供奉文殊菩萨，二层供奉大威德金刚，彩画绘龙方心金线大点金旋子彩画。对于承乾宫正在进行的软天花修复项目，杨老师讲道，故宫官式彩画修复通过实地勘探、方案制定、科学论证、严谨实施的递进流程，使传统图像述清“自我”的故事与内涵。纪立芳老师现场详细介绍了承乾宫软天花修复。参观过程中，学员们与老师积极互动，纷纷提出自己的问题和看法。杨红老师耐心解答，并与大家分享了自己多年的研究成果和实践经验，现场氛围热烈。

图1：杨红老师在雨花阁现场讲解彩画知识

图2：承乾宫软天花修复现场

在杨红老师的采风鉴赏课，大家感受到中国官式彩画图案艺术设计创意人才培训不仅致力于传授学问，更提供了一扇洞察紫禁城传统彩画奥秘的窗口。它不仅展现了故宫彩画无与伦比的美学价值，还强烈唤起了我们对古建维护刻不容缓之责任意识，强调了对这份历史馈赠、文化遗产持续守护与弘扬的必要性。

|采风观摩(二)——故宫|

文创馆·展馆

7月9日故宫采风观摩课，上午的课程自故宫宝蕴楼始，随着老师的讲解，学员们参观了故宫博物院院史展。北京故宫博物院成立于1925年，是在明清皇宫及其收藏物品基础上建立起来的集古代建筑群、宫廷收藏、历代文化艺术为一体的大型综合性博物馆，也是中国最大的古代文化艺术博物馆。故宫文物历经百年风雨。尤其是在抗日战争时期，文物南迁，几乎走了大半个中国，在非常艰苦的时候，老一辈故宫人仍然在为保护和弘扬中华传统文化而不懈努力，这种精神深深打动了学员们。随后，故宫博物院文创事业部主任吴迪老师给学员详细介绍了故宫的系列文创产品（图1），包括故宫与中国国家队合作推出的体育文创、与毛戈平老师联合推出的故宫彩妆系列产品、与中国航空航天结合推出的"从故宫到天宫"太空茶吧，还有以地域为主题协同香港设计资源共建的香港空间等。故宫文创展现的不仅是对品质和美感的追求，也是对中国传统文化的一种新的解读和阐释，更体现了一种国际化的视野和平台。在参观过程中，学员们与吴迪主任频繁地进行交流，大家都觉得真正开阔了视野，获益颇多。

下午，故宫博物院展览部副主任孙淼老师带领学员们参观了位于慈宁宫的雕塑馆、武英殿的陶瓷馆和南大库家具馆，在孙老师的讲解中，学员们不但领略了故宫展陈布展的精妙之处，揭开了故宫展陈布展中的许多巧思，而且对故宫在古建筑环境下布展出现的有利和不利条件以及工作的环境和基础等进行分析。整个参观过程，学员们沉浸于各个展厅中，仿佛置身于一场前朝旧梦。（图2）

课后，学员们进行了总结交流，发表了心得体会。吴迪主任的讲解让学员们对故宫文创有了更多的理解。首先是通过主题的划分让文创设计更具有针对性，面向不同的人群，也承载不同的功能，让故宫文创设计体系更加完善和有序。其次，故宫文创的社会责任感让学员们印象深刻，绿色环保主题文创产品、针对残障人士设计的文创产品、针对老年群体设计的文创产品等，面向社会服务，为更加广泛的社会群体而设计。在设计文创产品时，学员们可以充分发挥自身优势，多角度、多学科交叉设计，让"彩画"活起来，深入挖掘彩画背后的文化内涵，并将其巧妙地融入产品中，这是赋予产品深度和价值的关键所在。

图 1: 吴迪老师介绍故宫文创产品

图 2：孙淼老师在雕塑馆为学员们讲解展陈设计

故宫的展览环境条件特殊，既要满足对传统建筑最小干预的需求，又要能完美展现各类展品与场所的协调与融合，同时还要保证光线及温度、湿度的展陈环境，因此故宫做了很多实验和创新，借助特殊材料与装配设施，在保证故宫文物安全的前提下，使雕塑、瓷器、家具等各类展品展现出其原有的风貌和场景，使参观者获得适宜的观展体验，这种克服困难、永立潮头的精神也是一代代故宫人的初心和使命，是保护传承、守正创新的最好践行。

通过参观与解读故宫文创设计与展览设计，学员们在理论以及实践上都有很大的收获，感谢老师们的讲解与授业，期待新一天的学习与参观。（图 3）

图 3：学员们在武英殿前集体合影

| 采风观摩（三）——中国工艺美术馆 |

花开敦煌——常沙娜从艺八十年艺术与设计展

北京服装学院崔岩老师带领学员们前往中国工艺美术馆参观了“花开敦煌——常沙娜从艺八十年艺术与设计展”（图1、图2）。此次展览涵盖常沙娜生平介绍、敦煌临摹、花卉写生、十大建筑、新应用、科技与艺术等六个单元，汇集了常沙娜从艺八十年来临摹壁画、花卉写生、建筑装饰图案设计等具有代表性的作品以及信札、手稿等珍贵的实物。

在崔岩老师的讲解当中，学员们体悟到了常沙娜作品里所蕴含的深厚艺术底蕴与创新精神。那些精妙绝伦的临摹壁画，彰显出敦煌艺术的神秘色彩与绚烂风姿；栩栩如生的花卉写生，传递出自然之美以及生命的蓬勃活力；别出心裁的建筑装饰图案设计，融合了传统与现代的审美观念。学员们沉醉其中，深受感染，不但对常沙娜的艺术成就有了更为深切的领会，而且在内心深处埋下了传承与创新艺术的种子，期望在未来的创作历程中绽放出属于自身的绚烂光芒。

观展结束后，大家纷纷依据自身的专业领域，深入探讨中国官式彩画图案艺术元素活化的应用途径与创作构想，渴盼能够将传统建筑彩画的元素融入现代设计之中，积极探寻

图1：崔岩老师介绍常沙娜从艺八十年艺术与设计展

传统与现代时尚理念的有机结合，以期创作出既富含文化内涵又契合当代审美标准的作品成果。此次参观使得学员们追求专业设计的信念愈发坚定，激励着他们持续学习与探索，将传统文化的迷人魅力融入未来的艺术设计当中，展现出独树一帜的风格与魅力。

图 2：崔岩老师介绍常沙娜创作手稿

（二）课堂授课

|中国古代建筑装饰艺术概论·一|

历史的艺术[1]

晋宏逵，原故宫博物院副院长、国际古迹遗址理事会会员。培训班的第二课，由晋宏逵老师给学员们讲授“历史的艺术”。他曾任中国古迹遗址保护协会副会长、中国文物保护基金会副理事长、中国紫禁城学会会长、国际古迹遗址理事会会员、联合国教科文组织亚太地区苏州培训中心古建筑联盟主席等职务。主编《司马台长城》《清乾隆内务府绘制京城全图》《故宫古建筑修缮工程实录——武英殿》《明代宫廷建筑大事史料长编》。参与编写《中国文物古迹保护准则》《故宫保护总体规划（大纲）》《北京城中轴线古建筑实测图集》。发表论文多篇。2005 年被意大利总统授予骑士勋章。2020 年著作的《故宫营建六百年》获得中国好书、文化遗产“十佳图书”等荣誉。（图 1）

图 1：晋宏逵老师“历史的艺术”授课现场

首先，晋宏逵老师用林徽因在《中国建筑彩画图案》序中的话引出了本次培训课程的宗旨。“本集彩画中每种图案，可说都是来自历史上很早的时期，如云气、龙纹、卷草、西番莲等，在长久的创作实践中都曾经过不断的变化、不断的发展；美术界和建筑界应当

1 本篇图片及文字根据晋宏逵院长课稿原文整理编写。

深刻地体会彩画艺术的传统，根据这种优良的传统，进一步地灵活应用，变化提高，这就是我们的创作任务”。

古老的建筑彩画遗存是从属于古建筑的，它的历史和古建筑同样长久，堪称历史的艺术。它自身的构图、配色图案和工艺手法、艺术风格也经常表现出一种时代的特色，成为证明建筑年代的依据。我们培训班虽然并非要培养文物建筑彩画保护的人才，但是艺术的创新需要扎实的基础，需要对这种历史的艺术有着比较深刻、比较全面的理解。

接着晋宏逵老师通过给学员们介绍建筑彩画的基本历史演变脉络，展示了一些形象资料来加深大家对这门艺术的认知。

（一）中国官式彩画的概念

“官式建筑”本身是梁思成先生提出的，他在研究中国古代建筑的时候，发现了在中国古代建筑当中存在官式建筑这样一个特殊的体系。如果给官式建筑一个定义的话，就是“由官方管理、制定和遵循官方标准，组织工匠，进行材料采办、烧造、构件制作并且安装的建筑”。而从属于官式建筑的官式彩画系统自然就是我们研究的目标，和民间系统相比，官式建筑具有资金支持、材料选择和技术与艺术的优势，也具备了特殊的风格。

20世纪30年代，朱启钤先生创办了中国营造学社，从文献梳理、工匠访谈和古建筑测绘三个角度对古建筑进行研究，逐渐积累形成我们现在的中国古代建筑史。研究一座官式建筑有哪些特点，主要是先从文献上去寻找依据。先看文献上有哪些规定，再看我们现存的建筑当中有哪些结构、彩画内容和这些官式建筑的做法相吻合，就把它鉴定为哪个时代的产物。林徽因和梁思成曾经写过一篇题为《平郊建筑杂录》的文章，其中有一个例子讲到北京西郊的天宁寺塔，晋宏逵老师于20世纪80年代参与修复时发现一块写着天庆十年（1120年）的石碑，但是当时梁思成先生没有看到这块石碑，凭借他对古建筑的认识，建筑的细节样式，栏杆的样式等等，他就判断这个塔大致建于12世纪初期，与后来发现的这块石碑所记录的年代分毫不差，这个例子说明这种断代的方法是非常有效的。

我们学习建筑彩画的断代，实际上也是这样一种实物的类型对比方法。同时因为木结构建筑保存不易，今天仍完整保留的早期建筑数量不多。这就使我们对官式彩画的认识产生“缺失”甚至“空白”。幸运的是，同一个时代的建筑艺术品，比如石雕、砖雕、琉璃等，其纹样、风格，往往与彩画表现出很多共性。因此可以用它们推断同时期的彩画面貌。这也是一个重要的学习途径。接着晋宏逵老师举例说明中国古代建筑中的部分彩画时代特征。如北齐（550—577年）北响堂山石窟中的门框上雕刻了卷草与连珠纹（图2），是南北朝石窟寺当中经常用到的纹饰。南唐（943—975年）先主李昪钦陵中仿木构件的石质构件上的彩画（图3），与北齐时期彩画有着继承关系。中国第二早的木结构建筑五台山佛光寺东大殿拱眼壁部位铺地卷成彩画，经过专家的鉴定，认为是唐代彩画遗物（图4）。辽清宁二年（1506年）应县木塔一层藻井（图5），阳马上为光芒纹，是从南北朝流传下来的，从这些早期彩画可以看出，中国彩画传承历史非常悠久。

图 2: 北齐（550–577 年）北响堂山石窟中门框雕刻卷草与连珠纹

图 4: 唐五台山佛光寺东大殿拱眼壁彩画

图 3: 南唐（943—975 年）先主李昪钦陵中石构件上的彩画

图 5: 辽清宁二年（1506 年）应县木塔一层藻井阳马彩画

（二）宋《营造法式》中的彩画纹样

宋《营造法式》第十四卷讲“彩画作制度”。第三十三、三十四卷是“彩画作制度图样”。文字表述严密精练，图文配合准确。首先讲了宋代彩画的分类，有五彩遍装、碾玉装、青绿叠晕棱间装、解绿装、丹粉刷饰、杂间装等六种，然后讲总制度，即敷彩工作的工序、技术、材料和调色。最后，详述各类中的“华文[1]”之“品”，即纹样。宋《营造法式》是完全从实际出发的一本书。

1. 植物纹样类

接着，晋院长重点介绍了华文各“品”。在五彩遍装图样中，彩画作：“一曰海石榴华（宝牙华、太平华之类同），二曰宝相华（牡丹华之类同），三曰莲荷华”。还描述了华文结构：“其海石榴若华叶肥大不见支条者谓之铺地卷成；如华叶肥大而微露支条者谓之支条卷成”。

1　“华文”见宋《营造法式》：“华”同“花”；“文”同“纹”。本书中仅引用原文时用“华”“文”，其他均作“花”“纹”用之，以便理解与阅读。

在“解绿装”的图样中，“拱眼壁内画单枝条花”，都是在一枝主干上发出三支花头。显然，这是植物纹样通用的三种结构。

石作：除了海石榴、宝相、牡丹，还加了一品“惠草”。在柱础上雕刻的莲花有铺地莲花、仰覆莲花和宝装莲花等名目。附属于木作的“雕作制度”专门列了“雕插写生华”的小标题，包括牡丹、芍药、黄葵、芙蓉和莲荷五品。值得注意的是，与“写生华”相对的是“卷叶华”，其品有海石榴、牡丹、宝牙、宝相、莲荷、万岁藤、卷头惠草（长生草、蛮云惠草）等。显然，写生与卷叶是植物纹样的主要格式，也不只适用于彩画作。

图 6: 杭州六和塔须弥座宝牙花

图 7: 杭州六和塔须弥座写生花

随后，晋院长举了几个实例。杭州六和塔须弥座宝牙花（图6），塔中的石塔心和周围的砖雕都是真正的宋代做法。杭州六和塔须弥座写生花和卷叶花的区别非常明显（图7）。江苏甪直保圣寺残留的柱础雕刻的铺地莲花，“亦有施减地平钑及压地隐起于莲华瓣上者，谓之宝装莲华”（图8）。北齐至明清时期，莲花元素从未间断，宝装莲花是其中最华贵的一种。

2. 人物纹样类

宋《营造法式》纹样中另一种较突出的是人物纹样。彩画作中把人物统称为“飞仙”，有仙人、嫔迦、共命鸟。骑跨飞禽的人物有五种：真人、女真、仙童、玉女、化生。骑跨牵拽走兽的人物有三种：拂菻、獠蛮、化生。杭州北宋开宝三年（970年）六和塔飞仙（图9），这个纹样最早出现在北魏时期的石窟中，在敦煌莫高窟发扬光大，从这款宋代砖雕中可以看到清晰的传承。

图 8: 江苏甪直保圣寺残留的柱础雕刻的宝装莲花

六和塔共命鸟（图10），典出佛经。鸠摩罗什译《佛说阿弥陀经》“彼国常有种种奇妙杂色之鸟，白鹄、孔雀、鹦鹉、舍利、迦陵嫔迦共命之鸟”。嫔迦，当是迦陵嫔迦的简写，一身双头。

苏州罗汉院石柱，支条卷成莲荷花与

化生。中国道家把世间生命体的繁衍归纳为胎生、卵生、湿生和化生四种。鸠摩罗什译《妙法莲华经·五百弟子受记品》中描绘的佛国“一切众生皆得化生”，脱离污秽、轮回之苦（图11）。

图9：杭州六和塔飞仙

图10：杭州六和塔共命鸟

图11：苏州罗汉院莲花化生

3. 动物纹样类

彩画作分“飞禽”和“走兽”两大类，共七品：凤凰（鸾、孔雀、仙鹤之类同），鹦鹉（山鹧、练鹊、山鸡之类同），鸳鸯（鸂鶒、鹅、华鸭之类同），狮子（麒麟、狻猊、獬豸之类同），天马（海马、天鹿之类同），羚羊（山羊、华羊之类同），白象（驯犀、黑熊之类同）。此外，在五彩遍装的柱身上可“间凤龙”。

石作中规定在各种雕刻的华文中，可“间以龙凤师兽及化生”。在殿堂地面心石中间用“盘龙盘凤”。如杭州六和塔雕刻狮子，故宫箭亭踏垛雕刻着龙、凤、鸾、狮子、天马等动物纹样。（图12、图13）

4. 琐纹纹样类

“琐文（同纹）有六品：一曰琐子（连环琐、玛瑙琐、叠环之类同）；二曰簟文（金铤文、银铤文、方环之类同）；三曰罗地龟文（六出龟文、交脚龟文之类同）；四曰四出（六出之类同。以上宜以橑檐方槫、柱头及斗内。其四出、六出亦宜于拱头、椽头、方桁相间用之）；五曰剑环（宜于斗内相间用之）；六曰曲水（或作王字及万字，或作斗底及钥匙头，宜于普拍枋内外用之）”。琐纹是用几何形体组合的纹样。有的来源于竹编，所以叫作“簟文”。在宋《营造法式·竹作制度》造“地面棋文簟”中，还有“当心织方胜等或华文龙凤（并染红黄篾用之）”的规定，说明竹编也是可以编织多种纹样的。实例有安徽宣城翟氏宗祠柱头的檐柱头的“簟文”，安徽黟县西递牌坊柱头“簟文”和“曲水”（图14）。宋《营造法式》中也有规定五彩遍装柱头部分做细锦或琐纹，碾玉装也规定柱头用五彩锦，说明了琐纹的纹样和锦纹是相通的。实例为永乐时期故宫钦安殿御路石雕，主题是龙、凤、鸾，地纹是六出龟纹地（图15）。画面极大，丰富华丽，与宋代彩画一脉相承。

图12：杭州六和塔雕刻纹样狮子

图13：故宫箭亭踏垛雕刻动物纹样

图14：安徽黟县西递牌坊

图15：故宫钦安殿御路石雕

宋《营造法式·彩画作》中描述：“五彩遍装柱头（肃额入处）作细锦或琐文”，“碾玉装……柱头用五彩锦”又说明了琐纹的纹样与“细锦”是相通的。五彩遍装里还有“净地锦”的纹样：“其青绿红地作团窠、方胜等，亦施之斗拱梁栿，谓之海锦，亦曰净地锦”。宋、明、清的官式彩画中，锦的应用十分广泛。明代环太湖地区的民居中，更是用锦纹作为建筑彩画的主要题材。应该是后来“苏画”的原型。如安徽徽州罗东舒祠的包袱锦彩画（图16）、江苏常熟彩衣堂包袱锦彩画（图17），凡是明代江南地区的彩画，皆为无地仗做法。

5. 云水纹样类

宋《营造法式·彩画作》记载，云纹有二品：一曰吴云，二曰曹云（惠草云、蛮云之类同）。

图 16: 安徽徽州罗东舒祠彩画中锦纹

图 17: 江苏常熟彩衣堂包袱锦彩画

宋《营造法式·石作》记载：“其所造华文制度有十一品：……五曰云文，六曰水浪，……”宋《营造法式·石作·殿内斗八》：“当心施云捲（同“卷”），捲内用单盘或双盘龙凤，或作水地飞鱼、牙鱼，或作莲荷等华”。宋《营造法式·雕作》记载：“雕剔地（或透突）窪（同“洼”）叶（或平卷叶）华之制有七品……六曰峦云（胡云及惠草云之类同）”。云纹、水纹特征都比较容易辨识，但是不同名目的区别还有待进一步考证。

图 18: 杭州六和塔构件端头装饰造型

额枋两头与团窠。第六类为额枋的两头和团窠，在彩画作当中并没有把它作为一个类，而是作为一种组织方式来提出的。一个图案的两端如何结尾，也对画作的完整性起着非常重要的作用。

宋《营造法式·彩画作》五彩遍装制度记载：“檐额或大额及由额两头近柱处作三瓣或两瓣如意头角叶（长加广之半）。如身内红地即以青地作碾玉，或亦用五彩装（或随缘道作分脚如意头）”。在图样中绘制了“五彩额柱”的九种如意头形式：“豹脚”“合蝉鷰尾”“叠晕”“单卷如意头”“剑环”“云头”“三卷如意头”“簇三”和“牙脚”。其他碾玉等制度没有特别规定，但在图样中包括同样的九种形式，仅敷彩有区别。实例见苏州云岩寺塔。杭州六和塔构件端头造型属于宋《营造法式·彩画作》记载以外的图样（图 18、图 19）。

图 19: 宋《营造法式》五彩柱额图样

宋《营造法式·彩画作》：“华文有九

图 20：宋《营造法式》团窠纹

图 21：杭州六和塔石雕如意云纹

品：……四曰团窠宝照（团窠、柿蒂、方胜合罗之类同。以上宜于方桁斗拱内、飞子面相间用之）”。“身内通用六等华，外用青绿红色作团窠或方胜或两尖或四入瓣，白地，外用浅色（青以青华，绿以绿华，朱以朱粉圈之）白地内随瓣之方圜（同“圆”）描华（或两尖或四入瓣同）。用五彩浅色间装之”（图 20）。

团窠，从字面上看，是在整幅画面上画出一个小范围，在这里面再画纹样。在石作里，“造殿堂内地面心石斗八之制：方一丈二尺，匀分作二十九窠。当心施云捲，捲内用单盘或双盘龙凤，或作水地飞鱼、牙鱼，或作莲荷等华。诸窠内并以诸华间杂”，“窠”也指一个范围。例如杭州六和塔如意头雕饰（图 21）。清式彩画中的“盒子”，极有可能就是从“团窠”演变来的。

关于纹样的搭配，以上六种纹样，常以互相搭配的形式出现，构成了建筑装饰的丰富性。前提是在六大类彩画设定的总色调之下，才能相间应用。梁思成先生和林徽因先生说到中国建筑彩画之美的时候，都提到了彩画的配置得宜。晋宏逵老师随后利用石雕龙纹样加以说明。

如北京房山金太祖陵栏板残件（图 22），有很多种纹饰组合在一起，非常协调，而且重点非常突出。宋《营造法式·小木作》用“重台勾栏”术语。盆唇：似是旋纹组成的“水”的图案，铺地卷成的格式。华版：写生花地，龙的形态像长身材的兽。左右立颊姑且称为卷草。下华版：地纹用雷纹《宣和博古图》主题，姑且称为卷云。

故宫断虹桥栏板（图 23），上方花纹为卷草，两端用了不同的如意头，夔龙的雕刻使用了剔地起突的方式。按宋《营造法式·小木作》记载描述，盆唇：左右两端如意头，方心卷草。华版：写生花地，龙身比金陵稍细长。立颊卷草。下华版：地纹锦纹，主题是夔龙。

山西芮城永乐宫三清殿彩画（图 24），每个斗拱都用了很多种花纹，青绿为主，以各种云纹和如意纹为主进行组合。说明我们在学习和欣赏建筑彩画的时候，要从整体到局部，从总的色彩、总的风格、总的面貌去分析它是怎么形成的，再去分析它的构图、它的纹样，深入地探索它的色彩、工艺、纹样。这样我们对彩画就有了一个比较全面的了解。

图 22: 北京房山金太祖陵栏板

图 23: 故宫断虹桥栏板

图 24: 山西芮城永乐宫三清殿彩画

（三）清代彩画的分类

清工部《工程做法》采取了与宋《营造法式》完全不同的写法。“对于工程具体操作方法，则多从略，诸如，大木划线方法，瓦作砌筑技术，彩画图案设色布彩，界划规矩，油饰工艺流程等都没有详细说明”。王璞子先生在《工程做法注释》序言中提到清工部《工程做法》中，直接看到的只有各种彩画的名称及各自的用料详单和用工详单。如“金琢墨金龙方心沥粉青绿地仗”“合细伍墨金云龙凤沥粉方心青绿地仗上五彩”“三退晕石碾玉伍墨描机（渍）粉芍方心”“花锦方心苏式彩画”等，每种名目之下都有详细的料单、工时。另外，清代著作《扬州画舫录》记录了乾隆中期扬州的众多园林寺院名胜的建设，也收录了一部《工段营造录》，据专家分析，所记录的大部分是官工规制。其中彩画也设一章，但同样缺少做法信息。

王璞子先生根据清工部《工程做法》的记载将清代官式彩画分为琢墨彩画、伍墨彩画、碾玉彩画、苏式彩画。（1）琢墨彩画分两种：线路轮廓沥粉贴金的称为金琢墨，仅以墨线勾勒不贴金的为烟琢墨。（2）伍墨彩画分六种：合细伍墨、大小点金伍墨、雅伍墨、土黄地伍墨、土黄三色伍墨、螺青三色伍墨。（3）碾玉彩画分两种：三退晕石碾玉；金琢墨石碾玉。（4）苏式彩画。王先生归纳前三类彩画的布局特点：清制彩画画面布局，官活三类梁枋彩画都是按照梁枋通身长度划分为方心、箍头与找头三部分，方心居中，约占梁枋全长三分之一。

梁思成先生在编写《清式营造则例》时，听取了匠师祖鹤洲详细解释的彩画作的标准。他对“梁枋三分”作了进一步解释：由于藻头（即找头）面积最大，所以彩画“全部主要的色彩，仅以藻头为定。藻头的彩画大半是有规则的几何形，最常见的是旋子和和玺，因颜色比例，每种可分若干等级。例如大点金小点金是指旋子中心贴金多少定名；……而大小点金又各有金线墨线之别”，“石碾玉是旋子中之最华贵者，每瓣的蓝绿色都用同一色由浅至深比列，谓之退晕。其轮廓用金线者谓之金琢墨，用墨线者称烟琢墨。雅伍墨不用金，……总之旋子主要的颜色是青绿两色，而用黑白金三色来点缀。这许多名词就是点缀的分配法”。梁先生的分类法是三大类，即和玺、旋子和苏式，大小点金、琢墨等都归属于旋子。故宫博物院学者采用的基本是这个分类方法，还把一些没有包括的品种，如宝珠吉祥草彩画、海墁彩画等收录进来。

最后晋宏逵老师用案例与档案文献相对应，给学员们图文并茂地解读了清代彩画。如：北京先农坛具服殿龙和玺彩画（图 25）、北京地坛皇祇室凤和玺彩画（图 26）、故宫斋宫龙方心西番莲灵芝找头和玺彩画（图 27）、故宫毓庆宫惇本殿龙方心金线大点金旋子彩画（图 28）、北京恭王府多福轩“玉堂富贵”天花彩画（图 29）、午门宝珠吉祥草彩画（图 30）、故宫绛雪轩海墁斑竹纹彩画（图 31）、北京先农坛神仓雄黄玉旋子彩画（图 32）。

在讲座中，通过晋院长对中国古代官式彩画从汉唐到明清的讲解，特别是对宋《营造法式》彩画作内容的梳理，学员们了解了宋代彩画经过历代翻刻传抄，已经在不经意间走形变样。这让大家思考“守正创新”的问题，何为守正？可能就是要用最严谨的态度来学习和研究彩画，尽可能保持它的原汁原味，在此基础上再大胆创新，保留其核心价值与魅力，创作出富于时代精神、有新鲜生命力的作品。

图 25: 北京先农坛具服殿龙和玺彩画

图 26: 地坛皇祇室凤和玺彩画

图 27: 故宫斋宫龙方心西番莲灵芝找头和玺彩画

图 28: 故宫毓庆宫惇本殿龙方心金线大点金旋子彩画

图 29: 恭王府多福轩“玉堂富贵”天花彩画

图 30: 午门宝珠吉祥草彩画

图 31: 故宫绛雪轩海墁斑竹纹彩画

图 32: 北京先农坛神仓雄黄玉旋子彩画

| 中国古代建筑装饰艺术概论 · 二 |

紫禁城建筑等级、功能与彩画的关系[1]

尚国华，故宫博物院古建筑专家、原工程管理处处长、研究馆员，在文物建筑保护与修缮领域有近 40 年的经验。2001—2004 年援藏，担任西藏自治区文物局文物处处长。国家文物局专家库专家成员，曾担任明清官式建筑保护研究国家文物局重点科研基地主任。主持和参与数十项故宫修缮工程，多次为全国各省市文物保护培训班进行“文物建筑保护勘察设计的理论与实践”“古建筑日常养护技术规程”等课程授课。主编《故宫古建筑保护工程实录——钦安殿》《宝蕴楼工程报告》。作为项目负责人承担了国家文物局课题“古建筑预防性保护规范”“施工组织设计编制”等。

尚国华老师给学员们讲授了“紫禁城建筑等级、功能与彩画”。授课内容丰富，主要包含紫禁城建筑类型概述、建筑等级与功能、官式彩画三大部分，旨在系统梳理古建基础知识，便于学员们更好地理解故宫古建筑情况。

图 1：尚国华老师授课现场（组图）

尚国华老师首先讲了中国古代社会中等级制度和伦理纲常对社会制度和建筑形式的深远影响。古代建筑构造等级制度，历经唐到清各代，发展成为一套完整、连续、严格的等级制度，在屋顶的式样、屋身的间架、台基与栏杆的尺度、装饰与色彩等方面都有明确的等级规制与相应的做法。

（一）紫禁城建筑类型

“宫”在我国出现得较早，原是指“圣人”的屋宇。从秦始皇开始，“宫”成为皇帝

1 本篇根据尚国华老师授课记录整理编写。

及其皇族居住的地方。我国宫廷建筑的规模越来越大，如：秦阿房宫，汉未央宫、建章宫、长乐宫，都是像小城一样的建筑。宫殿建筑的特征是硕大的斗拱、金黄色的琉璃瓦、绚丽的彩画、雕镂细腻的天花藻井、汉白玉台基、栏板、望柱，以显示宫殿的宏大富贵的气象，故宫的太和殿即是如此（图 2）。

图 2: 故宫太和殿（资料来源：故宫博物院官网）

北京故宫是中国明清两代的皇家宫殿，旧称为紫禁城，位于北京中轴线的中心。故宫于明成祖永乐四年（1406 年）开始建设，以南京故宫为蓝本营建，到永乐十八年（1420 年）建成。故宫严格地按《周礼 · 考工记》中“前朝后寝，左祖右社”的帝都营建原则建造，南北长 961 米，东西宽 753 米，四面围有高 10 米的城墙，城外有宽 52 米的护城河。整个故宫，在建筑布置上，用形体变化、高低起伏的手法，组合成一个整体。

前部宫殿：建筑造型宏伟壮丽，庭院明朗开阔，象征封建政权至高无上。太和殿坐落在紫禁城对角线的中心，四角上各有十只瑞兽，生动形象，栩栩如生，以此显示皇帝的威严，震慑天下。

后部内廷：庭院深邃，建筑紧凑，东西六宫自成一体，各有宫门宫墙，相对排列、秩序井然。内廷之后是宫后苑。后苑里有岁寒不雕的苍松翠柏，有秀石叠砌的玲珑假山，楼、阁、亭、榭掩映其间，幽美而恬静。再配以宫灯联对，绣榻几床，又体现豪华富贵的生活。

中国木构建筑的基本组成部分主要分为：屋顶、柱梁、墙体、台基。

中国木构建筑的屋顶形式丰富多彩，在故宫建筑中屋顶形式就有 10 种以上（图 3）。根据清工部《工程做法则例》记载，故宫建筑类型按屋面形式主要分为：庑殿顶、歇山顶、悬山顶、硬山顶、卷棚顶、攒尖顶、盝顶、盔顶、十字脊式等。

故宫的建筑按照等级划分：最高等级为重檐庑殿式，包括午门、东华门、西华门、神武门、太和殿、奉先殿前殿、皇极殿、乾清宫、坤宁宫等建筑；第二等级是重檐歇山式，包括太和门、保和殿、慈宁宫等建筑；第三等级为单檐庑殿式，包括锡庆门、皇极门、奉先殿后殿、英华殿、养性斋、景阳宫、咸福宫、弘义阁、体仁阁等建筑；第四等级为单檐歇山式，包括熙和门、协和门、乾清门、景运门、隆宗门、坤宁门、天一门、麟趾门、螽斯门、宁寿门、慈宁门、文华殿、武英殿、养心殿、太极殿、养性殿、南薰殿、昭仁殿、弘德殿、天穹宝殿、箭亭、漱芳斋、延晖阁、景祺阁、斋宫、诚肃殿、景仁宫、永和宫、承乾宫、御书房、钟粹宫、翊坤宫、长春宫、储秀宫、崇敬殿、永寿宫、宁寿宫、寿康宫、寿康宫后殿、毓庆宫、春禧殿、寿安宫、颐和轩、乐寿堂、同道堂、大佛堂、咸若馆正殿、南三所宫门、乾东五所前院南墙门等建筑；第五等级为硬山式，包括内阁大堂、丽景轩、绛雪轩、乾东五所正殿等建筑；第六等级为悬山式，主要包括文华殿和武英殿的东配殿；第七等级为卷棚式，包括养心殿抱厦、体元殿后抱厦、乾隆花园区域等建筑；再有无等级的建筑有攒尖式，包括中和殿、御景亭、万春亭等；故宫唯一一座盝顶式建筑钦安殿，唯一一座盝顶式建筑文渊阁碑亭，唯一一种形式十字脊式建筑角楼（图 4）。

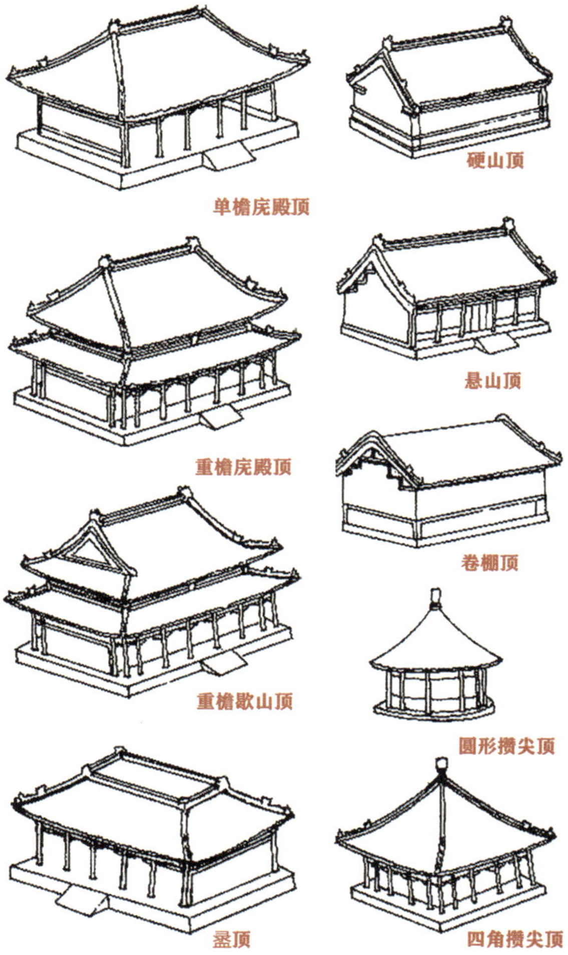

图 3: 故宫常见屋顶形式

图 4: 故宫角楼十字脊式屋顶（资料来源：故宫博物院官网）

（二）紫禁城建筑功能与色彩

1. 建筑色彩等级序列

先秦时代，红色最尊贵。《礼记》中记载："礼，楹，天子丹，诸侯黝，大夫苍，士黄"。意思是说帝王宫殿柱子的颜色是红色，诸侯居住房屋柱子为黑色，士大夫居住房屋柱子为青色，市民阶层居住房屋柱子为黄色，色彩等级排行由高到低依次为红色、黑色、青色、黄色。隋朝以后，金色、朱色、黄色才成为最尊贵的颜色，青、绿色等级稍次，黑色、灰色等级最低。屋顶上用黄色琉璃瓦是皇家御用建筑才能使用的，北京所有官式建筑的基本色彩就是红墙黄瓦。在都城以外的其他地方，只有皇家的陵墓、皇家寺庙、各地的孔庙或文庙可以用黄色琉璃瓦。因儒家思想被确立为国家正统思想，孔子被尊为“至圣先师”，礼制规定祭祀孔子的孔庙、文庙可享受皇家建筑等级，故全国各地的孔庙、文庙得以使用红墙黄瓦。

2. 建筑使用功能与装饰色彩

明清时期，琉璃瓦的使用和生产有严格规定，民间不得擅用。故宫建筑屋顶铺满各色琉璃瓦，其中黄色用于主要殿座，绿色用于皇子居住区，其他色彩（如蓝、紫、黑、孔雀绿等）多用于花园或琉璃影壁。尚国华老师将不同等级屋顶的色彩标注在故宫总平面图上，直观展现了其功能分区，加深了学员对故宫建筑功能与装饰色彩的理解。

故宫建筑按功能和等级可分为礼仪性建筑、居住性建筑、宗教类建筑、园囿类建筑、藏书类建筑和其他类建筑。

故宫建筑屋顶满铺各色琉璃瓦件，不同的颜色象征着不同等级功用。主要礼仪殿座以明黄色为主。在中国传统观念中，黄色是最高贵的，这是因为中华民族起源于黄土高原。紫禁城宫殿的屋顶大部分都用黄色琉璃瓦，以象征皇权的至高无上，而普通平民，甚至高官贵族也绝不能使用黄色屋顶，否则就是大逆不道。

中轴线主体建筑，主要用于重大典礼、礼仪、朝会、皇帝寝宫等，使用黄色琉璃瓦，体现皇权至上的思想。如：午门、三大殿、慈宁宫等。帝后居住区域建筑，屋顶不如前朝礼仪区域等级高，使用黄色琉璃瓦，如：妃嫔居住的东西六宫、太后居住的慈宁宫、寿康宫等。宗教用途区域建筑，等级较高，使用黄色琉璃瓦。如慈宁宫大佛堂、慈宁宫花园宝相楼、咸若馆等。

皇子居住区的建筑使用绿色琉璃瓦。园囿区域建筑及琉璃墙壁上，琉璃瓦一般为多色使用，如黄色、绿色、蓝色、紫色、黑色、绯翠以及孔雀绿、宝石蓝。如：御花园景亭、建福宫花园、乾隆花园区域。

图 5：故宫文渊阁屋顶

再有藏书区域，如：文渊阁屋顶（图 5）

用绿剪边黑色琉璃瓦，因为黑色代表水，水能克火，文渊阁中藏有《四库全书》，因此用黑色是为防止文渊阁起火。此外，故宫高高的宫墙、城门的墩台、宫殿的明柱、门窗则大都使用红色，这是因为中国自古以来，都将红色看作吉祥、喜庆、美满、幸福的象征。

低等级区域建筑，使用布瓦（小青瓦），如十三排建筑，主要供为皇家服务的下等人居住使用。

（三）紫禁城建筑彩画式样

接着，尚老师重点讲解了故宫清代建筑官式彩画的基础知识。

彩画的历史源远流长，秦代就有“木衣绨绣，土被朱紫”的记载，汉代长安宫殿更是“绣栭云楣，镂槛文棍，裛以藻绣，文以朱绿”。总体而言，彩画不仅用于建筑装饰，满足不同功能需求，还能保护木结构，体现建筑的等级差异。到清代，紫禁城的彩画主要分为以下五大类。

（1）和玺彩画

和玺彩画是清代最高等级的彩画，主要用于皇宫、祭祀性建筑、重要宫门及中轴线上的配殿等。它营造出皇家独有的庄重、豪华与恢宏，占据清代建筑彩画的主要地位，纹饰多以龙、凤纹为主。和玺彩画又分为六个等级。

（2）旋子彩画

旋子彩画有九个等级，从高到低依次为浑金旋子彩画、金琢墨石碾玉旋子彩画、烟琢墨石碾玉旋子彩画、金线大点金旋子彩画、墨线大点金旋子彩画、金线小点金旋子彩画、雅伍墨旋子彩画、雄黄玉旋子彩画等。它广泛应用于各类官式建筑的附属建筑、帝后陵寝建筑，是清代建筑彩画的主要类别之一。

（3）苏式彩画

苏式彩画是第三类彩画，其特点是用艺术化的边框框出中心画面“包袱”或“方心”，绘制山水、人物、花鸟等图案，多用于园林亭廊和普通民居。苏式彩画很有艺术性，具有欣赏价值。

（4）宝珠吉祥草彩画

宝珠吉祥草彩画以大宝珠和粗壮卷草为主题，色彩红火热烈，起源于东北满蒙地区，清初用于皇宫城门等建筑，仅限于清早期。清中期后被和玺、旋子彩画吸收融合，不再单独使用。

（5）海墁彩画

海墁彩画与其他彩画不同，构图灵活，无固定规则，不仅用于建筑上架大木构件，还覆盖椽望、下架大木柱框、装修甚至墙面，追求自然、雅致的装饰效果。

通过尚老师的讲解，学员们对故宫建筑彩画的等级、功能及艺术价值有了初步的认识。尚老师的授课内容使学员们理解了中国古代宫殿建筑历经长期发展，至明清时期达到成熟巅峰，明清北京紫禁城堪称集大成之作。它完美融合了城市与宫殿、形式与功能、结构与装饰，成为中国古代宫殿建筑的顶峰之作，奠定了其世界文化遗产的地位。

在尚老师的生动讲述中，学员们仿若穿越时空穿行于清代紫禁城。那高大巍峨的走兽飞檐、绚丽多彩的红墙黄瓦以及精美繁丽的建筑彩画，宛如一幅绝美画卷，徐徐展开在眼前，淋漓尽致地展现了中国传统之美。而紫禁城所承载的深厚文化内涵，更是令人叹为观止，值得我们深入探究与传承。

| 中国古代建筑装饰艺术概论·三 |

材料与工艺：艺术创作永恒话题[1]

刘畅，清华大学建筑学院副教授、清华大学建筑历史研究所所长，他为学员们带来了一场题为“材料与工艺：艺术创作永恒话题”的课程，旨在带领学员们对中国官式建筑彩画的“用色”和“用材”进行剖析，为后续成果转化奠定基础。课程中，刘畅老师以“谢赫六法”为切入点，表达了六法分别暗示了六种艺术创作方法与工艺的观点，并对其中三法——随类赋彩、传移摹写和经营位置的内涵展开详细讲解。（图 1）

图 1：刘畅老师授课现场

针对随类赋彩，刘畅老师通过精巧连环的问答瞬间攫住了在场学员们的注意力。紧接着，他围绕随类赋彩是赋何种彩、采用何种黏合剂、怎样调和、如何赋彩等要点展开了深刻且生动的阐释。讲授中，刘畅老师对中国传统颜料成分以及部分西方合成颜料的发明、传播及其在华应用情况进行了简要介绍，以显微镜下的“色彩世界”为切入点，科学分析了材料在不同建筑中的应用，并结合颜材料性能、颜料造价成本等多方面影响因素阐明了清代不同时期青绿颜料的使用偏好。其间，刘畅老师根据 19 世纪的贸易记录实证，深入探究了部分颜料的经济性和历史性。

1　本篇根据刘畅老师授课记录整理编写。

针对传移摹写，刘畅老师着重讲解了中国传统彩画、壁画有预先起草粉本的悠久传统，并指出西方绘画也具有相似的绘制习惯。针对经营位置，刘畅老师认为，不同时期、不同地域的建筑彩画有不同的重点装饰部位，不同时期彩画风格也存在差异，都会对彩画整体布局造成影响。刘畅老师凭借生动的案例和风趣的语言，把枯燥的理论知识化作一个个引人入胜的故事，使学员们仿若穿越时空，亲身领略了艺术发展的历史脉络。

为了让学员们能更切实地体悟艺术创作中材料的独特魅力与微妙差异，刘畅老师精心准备了水彩、水粉、油画棒、彩铅等不同材料的工具。他激励学员们依凭自己的构想当场动手，借由艺术创作实地体验材料的特性，以此感触艺术的纹理和效果。随后，刘畅老师对学员们的作品逐一进行点评，学员们纷纷向刘畅老师表达自己图案设计的来源与构思，逐渐将现场热烈的氛围推向高潮。（图2、图3）

刘畅老师的授课模式讲究“情景互动”，他不断抛出问题，引领学员们积极思考，鼓励大家畅所欲言。课堂上，学员们踊跃发言，思想的火花在交流中激烈碰撞。在热烈的互动氛围里，时间悄然飞逝，学员们却沉醉其中，毫无察觉。

授课在同学们的恋恋不舍中结束，项目负责人杨红老师现场进行了总结。她首先向刘畅老师的精彩授课致以衷心的谢意，其次对学员们的积极参与和认真学习给予了高度的称赞。杨红老师着重强调，这次授课不单是知识的传递，更是为学员们构筑了一个交流与思考的平台，期望大家能够将所学所悟融入往后的艺术创作中，持续探索和创新。

图2：学员优秀作品

学员们在此次学习过程中的感悟：

刘畅老师的授课风趣而不失专业性，他从科学分析的角度，对古建筑遗存颜料进行“细部剖析”，探索建筑用彩的分类及特性。刘老师更是别开生面地采用“体验教学”方法，让学员们在实地操作中感受颜料带来的触感和色感。毫不夸张地说，这场授课重塑了大家对色彩检验体系的认知，完善了对相关研究框架的建设。

刘畅老师在艺术创新方面给予大家启发。色彩和材料的演进涉及“守正创新”的问题，即，在艺术介入的情况下，建筑传统彩绘的表现形式由单一模式向多元化表现形式的转化。故需要以严谨的态度来学习色彩材料的工艺技法和搭配法则，拓宽原始材料的使用面域，在创新实践过程中，保留核心的“本色”特征，以期凸显建筑彩画创意作品的艺术性、文化性、时代性。

图 3：学员动手实践体验

|中国古代建筑科技保护概论·一|

古代壁画、文物彩绘、古建筑壁画病害治理与修缮保护技术[1]

李玉虎，陕西师范大学材料科学与工程学院教授，他为学员们讲授题为“古代壁画、文物彩绘、古建筑壁画病害治理与修缮保护技术”的课程。（图 1）

图 1：李玉虎老师授课现场

李玉虎老师毕业于西北大学，后分配到陕西省档案馆从事档案保护科学研究与技术开发工作，修复党在延安时期陕甘宁边区政府的档案，至今已有 40 年。2018 年退休后被省档案馆聘为名誉研究馆员，现任陕西师范大学历史文化遗产保护教育部工程研究中心主任。是国家级档案专家领军人才，国家有突出贡献中青年专家，国家百千万人才工程第一、二层次人选，先后获中国青年科技奖、全国先进工作者、全国五一劳动奖章等荣誉。40 年来，他扎根档案保护工程和科学研究一线，研发系列创新成果，以其为主要技术支撑，实施百余项国家重点档案、全国重点文物修复保护工程；牵头编制两项国家标准，获授权发明专利 92 件，科研产品在全国 700 余家单位推广应用；获 2 项国家发明三等奖、2 项陕西省科学技术一等奖、1 项国家档案局优秀科技成果特等奖与 3 项一等奖、1 项国家文物局文物

1 本篇图片及文字根据李玉虎老师授课记录整理编写。

保护科学和技术创新奖。近10余年还一直从事古建筑彩绘、壁画、彩陶、土遗址等不可移动文物保护工作，先后对故宫长春宫、乾隆花园、延庆殿、养心殿、绛雪轩东耳房彩画及承乾宫前后殿软天花进行保护修复工作。

课程开始，李玉虎老师讲道：中华民族应用色彩绘制图像数千年，古代壁画文物彩绘、古建筑彩画图像蕴含着大量丰富多彩的古文化原生态信息，是中华文明的载体，凝聚着中国人民的聪明才智；是中国古代人文学、社会学、美学以及自然科学的第一手宝贵资料。

目前，古代壁画、文物彩绘、古建筑彩画病害非常普遍，触目惊心：（1）风化褪色；（2）霉菌与低等植物滋生；（3）黏结有害土锈；（4）彩绘层起翘、脱落，如出土时完整的兵马俑，彩绘层脱落，陶胎裸露，彩绘层永远消失；盐害导致的砖质壁画酥粉脱落等；（5）彩绘微观裂缝无预兆脱落等。

上述病害使文物彩绘承载的艺术风貌和价值遭到毁灭性破坏，长期未得到系统解决。被誉为“秦俑之父”的秦始皇兵马俑博物馆名誉馆长袁仲一先生曾说：“人们眼睁睁地看到许多古墓葬出土的彩绘图像消失殆尽，因我们束手无策，而有一种历史的愧疚感。”如甘肃酒泉魏晋时期砖质壁画（图2）。

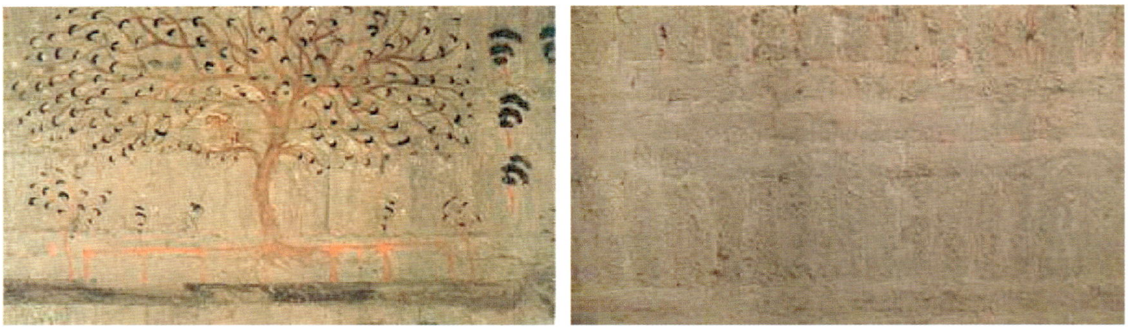

图2：甘肃酒泉魏晋时期砖质壁画酥粉脱落对比（组图）

（一）风化褪色：古代壁画、文物彩绘、古建彩画显现加固

针对风化褪色的古代壁画文物彩绘，李玉虎老师及其团队观察古代壁画、文物彩绘风化褪色后其颜料、胶料层的微观状况，发现存在一种微米级的“空气（空隙）－粒子（间隔）”界面。颜料胶料层在地下高湿缺氧环境中平衡上千年，出土后环境发生剧烈变化。以此为要素，李玉虎老师及其团队研究了该“界面”的三个主要成因：（1）颜料胶料层在地下高湿缺氧环境中平衡上千年，出土后，干燥收缩，形成密布的微孔；（2）无机颜料出土前形成结晶水，出土后失水风化，游离粉化；（3）胶料黏附或其微孔嵌入微粒。上述“界面”使连接颜料粒子间的介质，由胶料变为空气或其他微粒，颜料与空气及其他微粒折光率差异，导致光的散射，使颜色饱和度降低，原貌淡化消失。（图3）

颜料粒径与散射强度的关系。

有色固体表面颜色与散射有关，散射能力越强，颜色饱和度越低、颜色越模糊。散射强度与以下因素有关。

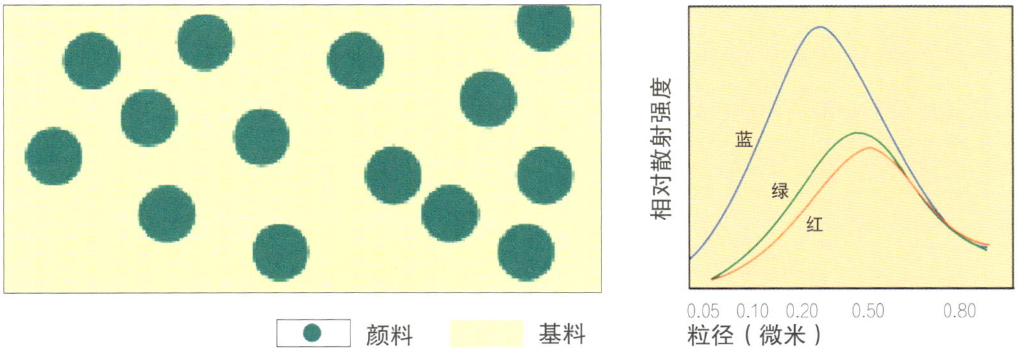

图 3：李玉虎老师进行的风化褪色的机理研究分析

（1）颜料粒子与基质折光率差值根据菲涅耳（Fresnel）公式，$R=[(n_2-n_1)/(n_2+n_1)]^2$ 折射率之差越大，散射越强。

（2）颜料粒径及光波长：$D=2\lambda[\pi(n_1-n_2)]$ 在可见区散射最大时的颜料粒径在 0.2 微米左右。

李玉虎老师及其团队研究并提炼出针对合风化褪色成因的彩绘显色加固剂，其组成分为两种高分子材料：甲基丙烯酸甲酯与苯乙烯的共聚物（以下简称 372）、三氟氯乙烯与偏二氟乙烯的共聚物（以下简称 F-2314）。还提炼出两种非挥发性液态稳定剂：癸二酸二酯（1,2,2,6,6- 五甲基 -4- 哌啶基）（以下简称 508）、亚磷酸苯二异辛酯（以下简称 DPOP）。非挥发性液态稳定剂 508 和 DPOP 原貌显现功能填充“空气（空隙）- 粒子间隔”

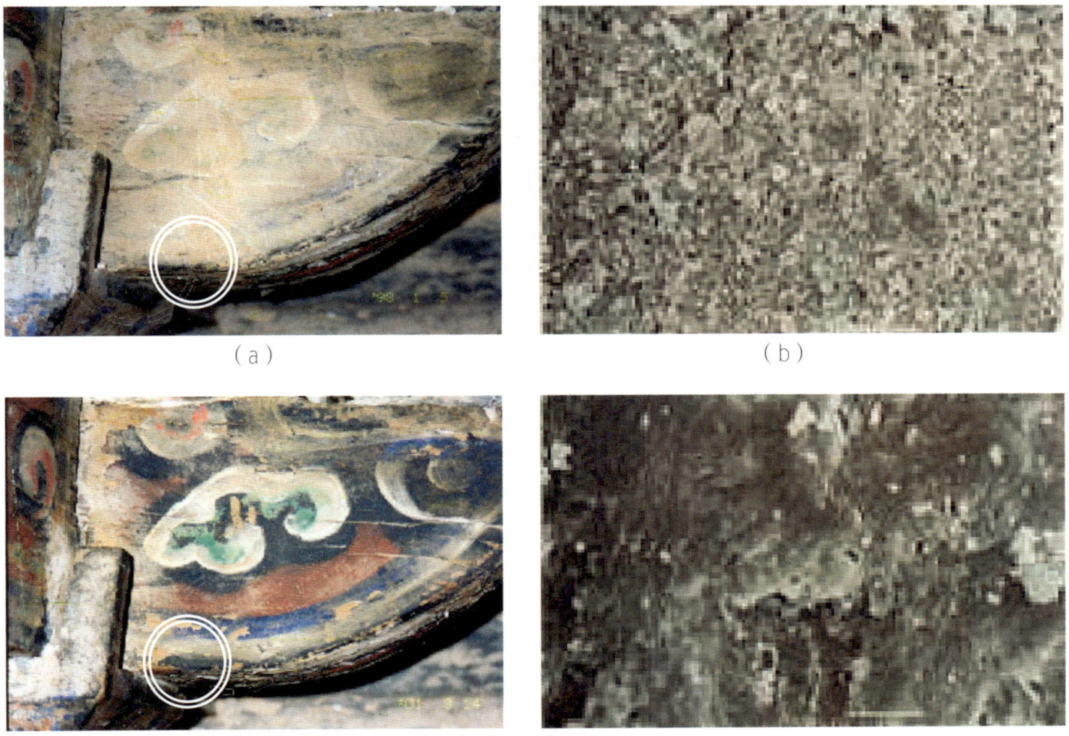

（a）　　（b）

（c）　　（d）

（a）电子显微镜扫描部位（显现加固前）；（b）SEM 照片（显现加固前）；
（c）电子显微镜扫描部位（显现加固后）；（d）SEM 照片（显现加固后）

图 4：显现加固机理微观诠释（陕西省白水县仓颉庙彩画）

界面，消除光散射现象，显现古朴原貌。508 稳定剂反应消除激发态单线氧、原子氧，钝化金属离子，与 DPOP 协同，提高加固材料与颜料胶料层的稳定性与韧性。

将 2001 年显现加固的仓颉庙古建壁画放大 2000 倍，观察到“空气（空隙）－粒子（间隔）”界面被填充的微观状况。（图 4）

针对这一研究发现，李玉虎老师进行了长期文物本体自然环境时效考验与跟踪观察试验。如自 1996 年起，在上述成因、机理、模拟样品研究的基础上，慎重、循序渐进地对完全消失的古代壁画、文物彩绘进行了小面积显现加固，完整再现了其原貌，跟踪观察至今未发生变化。中国科学院西安光学精密机械研究所光谱成像技术实验室于 1996 年对显现加固的东汉彩陶的光谱特性进行了比对测试。结果表明，原有古颜料的光谱特性未发生改变。于 1996 年对显现加固的春秋彩陶、明西安长乐门内檐彩画 XPS 纳米级表面和 XRD 进行比对分析。结果表明，原有古颜料的无机组成未发生改变。2003 年，国家文物局鉴定并给予高度评价。（图 5 至图 6）

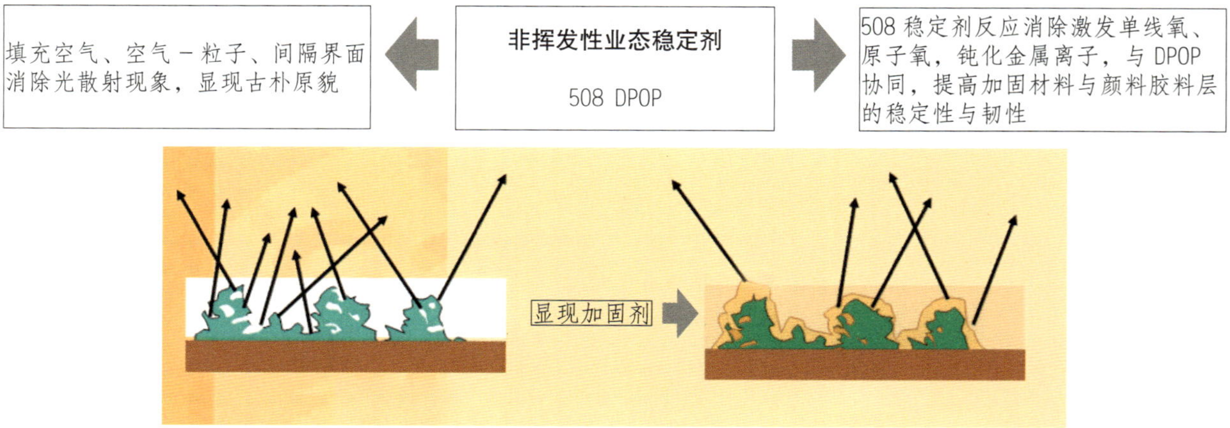

图 5：原貌显现稳定加固

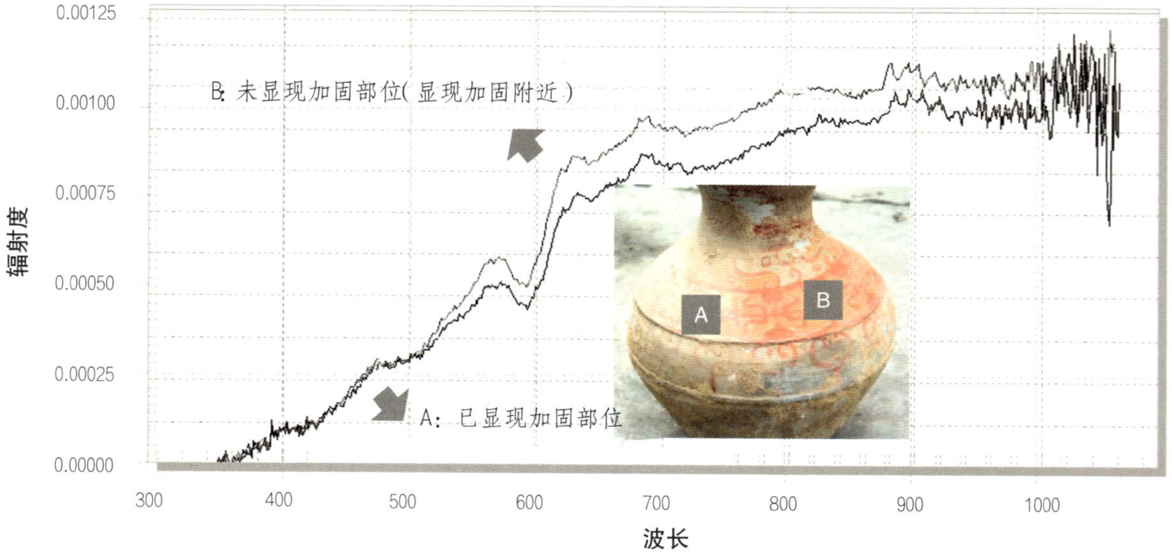

图 6：东汉彩陶文物原貌显现表征比对测试

（a）

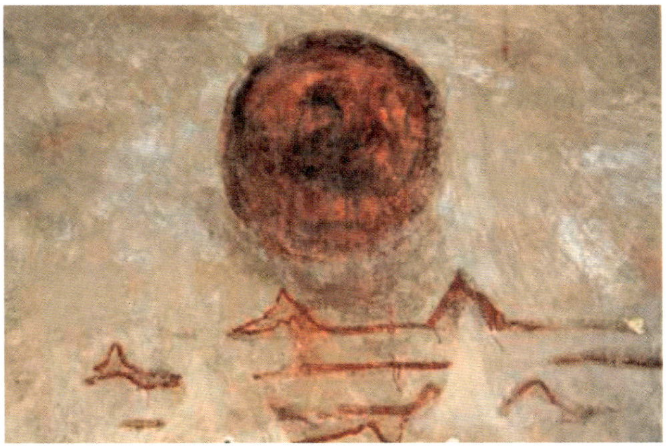

（b）

（a）未显现加固；（b）已显现加固

图 7：唐乾陵永泰公主、章怀太子墓风化褪色墓室壁画显现加固前后

（a）

（b）

（a）未显现加固；（b）已显现加固

图 8：清仓颉庙风化褪色古建彩画与壁画显现加固工程

李玉虎老师首次从光散射角度提出了文物彩绘、建筑彩绘和壁画的颜料、胶料风化的褪色机理，以及颜色恢复的解释科学，有重大突破。李玉虎老师根据机理研制了显色加固材料，其配方科学合理。

唐乾陵永泰公主、章怀太子墓风化褪色墓室壁画显现加固工程在慎重、循序渐进地去除修复和自然环境时效考验及跟踪观察的基础上，于 2004—2005 年进行了总体实施。项目团队对恢复出的每一处图像跟踪观察至今，发现其未发生变化。（图 7）

在对 1996 年、1999 年显现加固跟踪观察的基础上，2001 年完整再现陕西省白水县仓颉庙古建彩画和壁画的古朴原貌，并跟踪观察至今，发现其未发生变化。（图 8）

2004 年 9 月，实施南唐二陵墓室濒危彩画抢救性治理工程，对南唐钦陵两处风化褪色殆尽的彩画进行了显现保护实验，使原本无法辨认的彩画清晰显现了其原始图形与色彩，且 8 年多来未发生任何变化。

（二）古代壁画、文物彩绘、古建彩画显现加固、古建筑彩画滋生霉菌，黏结有害土锈保护性去除

1. 南唐二陵墓室濒危彩画抢救性治理工程

研究发现水溶性环氧树脂 B-63 的乙醇溶液，能降低土锈与霉菌壳层的黏结力，以此建立了彩绘黏结普通土锈、滋生霉菌与低等植物的去除方法。

基于水溶性环氧树脂 B-63 能与动物胶的氨基交联，并起到固化增韧加固作用。经水性环氧树脂乙醇溶液处理并去除土锈后，残留画层中水溶性环氧树脂 B-63 环氧基与加固液中明胶分子链上氨基发生交联反应，有利于提高彩绘层力学性能。水溶性环氧树脂 B-63 具有不改变土壤原有团粒结构，不与土锈和泥，不造成二次污染；提高颜料、胶料层的柔韧性与附着力，防止起翘、脱落；消除明胶棱角断裂纹等明显特点。

图 9：唐昭陵长乐公主墓室壁画黏结土锈去除效果

通过前期局部保护性去除效果和自然环境时效考验与跟踪观察，在系统评价测试表征的基础上，对唐墓壁画中严重霉变、黏结土锈的部位进行小面积保护性去除，效果显著，跟踪观察至今，发现其 15 年保持稳定。例如唐昭陵长乐公主壁画黏结土锈去除效果。（图 9）

例举陕西历史博物馆唐新城长乐公主墓壁画仕女图，对文物严重病害进行整体治理。2000—2005 年，实施了全国重点文物保护工程“唐乾陵永泰公主墓主室天象图的修复与保护”。2000 年，先期小面积去除了影作木构斗拱画上滋生的蓝藻。2005 年，工程整体实施，从被藻菌严重腐蚀的主室东壁修复出一轮红日，其中的三足乌栩栩如生。另外，还有故宫文华殿天花彩画霉菌去除，江西庐山脚下出土的明代高僧墓壁画保护性去除，西安南郊韩家湾唐墓壁画保护性去除等丰富案例，让人感叹科学修复保护对于珍贵文物彩画的重要价值和意义。

2. 硬质胶和土锈保护性去除

在硬质胶和土锈保护去除方面也进行了丰富有效的科学研究。考虑到如直接去除，必

重伤其原貌，经过研究发现，将其上的土锈或霉菌壳层去除至厚度为 70μm 左右，粒径为 120μm 左右时，用 RFC 显现加固剂处理，能使土锈与霉菌下的彩绘原貌完整呈现，并得到加固。土锈散射层模拟实验表明：彩绘层上土锈小于 70μm 左右时，RFC 显现加固剂中的非挥发性液态稳定剂能消除光散射，彩绘可有效显现。例如永泰公主墓彩绘武士俑裙部、唐李震墓壁画仕女图、南唐二陵濒危彩画、南京下圩土地庙等修复案例。（图 10）

（a）　（b）　（c）　（d）

（a）去除前（2009 年 6 月拍摄）；（b）喷砂去除后（2010 年 10 月拍摄）；
（c）显现加固后（2010 年 11 月拍摄）；（d）2013 年跟踪观察（2013 年 3 月拍摄）

图 10：南唐二陵濒危石质彩画抢救修复效果

（三）古建筑彩画尘垢污染与构件木质素保护性去除

颜料层预加固后，地仗中木质素物质会反渗到彩画表面，造成表面颜色整体加深的现象。为解决此问题，经室内大量实验，以及工程现场试验，最终找到了如下解决办法：（1）将吸附性较强、柔韧性较好的棉纸轻轻平铺在彩画表面；（2）用软毛刷蘸取适量酒精水

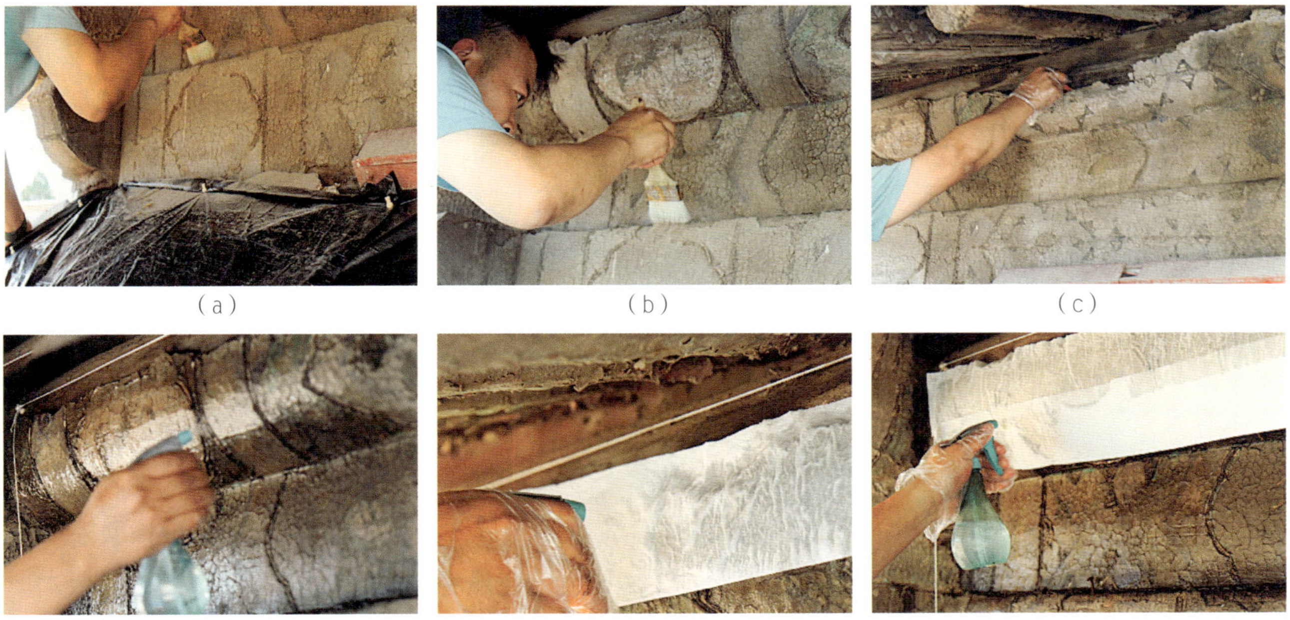

（a）　（b）　（c）

（d）　（e）　（f）

（a）铺设塑料布；（b）毛刷清扫；（c）洗耳球吹灰；（d）喷洒 2A 溶液；
（e）贴敷宣纸；（f）重复贴敷宣纸

图 11：古建筑彩画清洗方法

溶液（酒精：水 =4 ：6），均匀地将纸润湿；（3）观察发现棉纸会吸附大量淡黄色物质和黑色颗粒，待棉纸彻底干燥后将其轻轻揭取下来；（4）仔细检查彩画表面，对仍残留深色物质的部位进行再次处理。（图 11）

（四）龟裂、起翘、脱落、酥粉彩绘层回位修复

以西汉彩绘兵马俑病害成因研究和彩绘层修复为例。通过光电子能谱（XPS）检测发现，彩绘层中的氮元素结合能在 398—400 eV 之间，表明其源于蛋白质，而非硝酸盐或铵盐，由此证实胶结材料为动物胶。因彩绘层在出土前后经历了从高湿缺氧的地下到一般室内条件的环境突变，导致彩绘层应力失衡，引发龟裂、起翘和脱落等病害。李玉虎老师及其团队的研究还揭示了酥粉现象的成因：彩绘层与陶胎中的可溶性盐在环境湿度变化过程中发生溶解－结晶循环，此过程产生的微观力学作用破坏了颜料胶料层的结构稳定性。这些研究成果为后续的保护修复工作提供了重要的科学依据。

在修复研究试验中，对水性氟、B72、水性环氧、聚乙烯醇等修复材料进行系统评价，分别筛选出龟裂起翘和酥粉两种回位修复材料。（1）龟裂、起翘、脱落彩绘层回位修复材料：ZB-F600 水性氟为主、水性环氧为辅的混合乙醇溶液。（2）酥粉彩绘层回位修复材料：ZB-F600 水性氟乙醇溶液。陶质彩绘层病害的主要内在成因为盐害。研究测试表明，回位

图 12：耸秀亭麻灰地仗彩画保护实施过程
（资料来源：杨红、傅鹏、李玉虎、徐飞：《古建筑彩画保护修复材料与工艺研究初探——以故宫乾隆花园彩画修复为例》，载《自然与文化遗产研究》，2022 年第 1 期。）

修复材料具有透水、透盐性，可保证脱盐。2002年至2011年，李玉虎老师及其团队实施完成了全国重点文物保护工程“西汉彩绘兵马俑修复与保护”。（图12至图13）

（a）　　　　　　（b）

（a）修复前；（b）修复后

图13：故宫乾隆花园三友轩彩画保护回贴效果对比

（五）古建筑彩画龟裂、起翘、回贴

针对古建筑单批灰地仗彩画龟裂起翘、回贴，通过对遗迹现场脱落的样品进行实验室渗透效果测试，接触角测试，透光率测试，色差测试，颜料层加固效率、柔韧性附着力测试，红外测试等科学严谨的测试实验，筛选出合适的保护材料和保护方法。

此外，古建筑麻灰地仗彩画龟裂起翘回位的修复，用注射器将桐油胶黏剂沿裂缝部位注射到地仗的背面和木构间，注胶量应保证胶黏剂（精制生漆、熟桐油、樟丹、1%壳聚糖乙醇溶液）可覆盖所有空鼓画面的地仗；表面用纸防护，将空鼓部位轻轻按压至墙体，并及时清除裂缝周围因挤压流出的多余胶液，然后用支架固定；4至5天后去掉支架，并仔

（a）　　　　　　（b）

（a）修复前；（b）修复后

图14：［明］（1368—1644）黄氏家谱色彩修复

细检查彩画表面有无残留的胶液，可用棉签蘸取少量丙酮进行清洗。

（六）古旧字画修复

1. 古旧书画断裂、折条、成渣病害治理

在古旧字画修复方面，针对古旧书画断裂、折条、成渣病害进行治理与修复保护，（1）发明了通过单向失水增强光散射，观察显现暗折条的技术；（2）发明了薄且柔韧、纸与绢料加固明暗折条的“通料修补术”；（3）发明了以 $Mg(HCO_3)_2$ 水溶液作为修裱浆糊稀释剂，对画芯上浆时实现纸张脱酸。通过干拼、湿拼、水洗、脱酸水洗、微拼、小托上浆、隐补、加蛇条等程序进行修复。（图 14）

2. 古旧书画返铅病害治理

古代绘画颜料中使用的含铅原料，如铅白（$PbCO_3 \cdot 2Pb(OH)_2$）颜料，在保存过程中，铅的价态发生变化，白色变为浅黑色，李玉虎老师团队发明了一种“偏碱性电解水无损去除”技术，能使变黑的色彩恢复原貌。

（七）肢体断裂，破碎的西汉兵马俑修复

最后，李玉虎老师讲道，许多出土的肢体断裂，如破碎的西汉兵马俑，经过大量的实验测试比对，针对此类修复得出科学性结论。

（1）在干热老化和湿热老化两种老化因素中，对比胶黏剂的拉伸剪切强度、质量变化率、微观形貌、色差和 FTIR 等，研究结果表明环氧树脂类胶黏剂的耐老化性能不如 IPA 胶黏剂，干热老化即温度和紫外老化是胶黏剂老化的主要因素。

（2）环氧树脂类胶黏剂老化表现为：黏接强度降低、胶黏剂颜色加深、出现褶皱、气泡破裂、表面部分碳化等。

（3）热失重率、透气性、透水性和 SEM 分析结果表明，IPA 胶黏剂的性质与陶质文物本体最接近，符合文物保护的兼容性原则。

李玉虎老师的授课，让在场的学员们深受震撼：一是有感于文物的脆弱，二是有幸李玉虎老师多年来进行了科学严谨的保护修复研究，才让世人有机会一窥古代灿烂的文化，无须借助文献或想象，而是源自最真实无疑的文物的直接呈现。在讲课过程中，李玉虎老师不止一次提到，许多学者在看到修复后的文物色彩图形显现后，激动地表达学术研究有了更丰富有力的论证。李玉虎老师也多次朴素地表达对学员们的希望。依据文物真实的图像色彩，艺术从业者对自身从事的文化创意工作有了更直观的创作依据，这也是工作的重要意义所在。

中国古代建筑科技保护概论·二

彩画颜料显微考古分析[1]

雷勇，故宫博物院文保科技部主任、研究馆员，他为学员们带来“彩画颜料显微考古分析”课程。雷勇老师的研究领域为彩绘、陶瓷、书画的科学分析，文物的新技术应用研究。主持承担国家“十三五”重点研发计划1项，承担和参与多项国家自然科学基金（重点）项目，国际文物修护协会（IIC）特聘研究员，国际博物馆协会科学研究工作组协调员，*Heritage Science* 杂志编委。

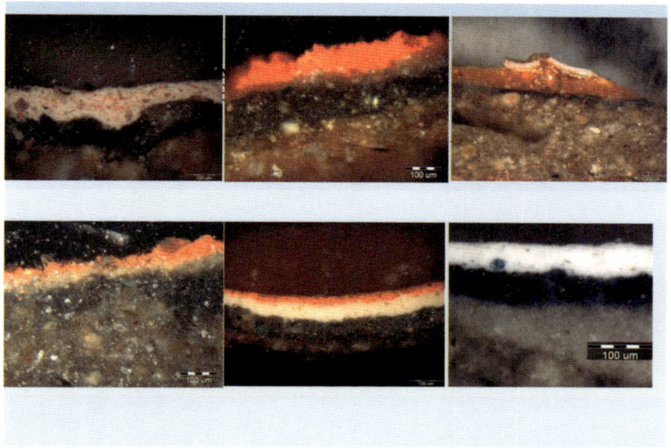

图 1：地层学显微检测法

雷勇老师的课程主要围绕古建筑彩画的科学检测分析展开讲解。就如考古学方法一样，他提出建筑彩画科学分析为“显微考古”有两个基本方法：（1）地层学显微检测法（图1）；（2）类型学显微检测法。

首先从样品的采集入手，结合实例对彩绘文物显微镜分析方法展开解读。他介绍了国内彩绘文物的科学检测始于国际合作项目的开展。

早在20世纪八九十年代，我国通过与美国盖蒂研究所和德国巴伐利亚州文化部的合作，在对敦煌壁画和西安兵马俑的保护研究中率先引入针对壁画和彩绘的科学检测手段。21世纪初，在故宫博物院主持的乾隆花园保护修缮项目中（图2），来自美国特拉华大学的专家团队将面向家具、建筑等类型文物的分析手段引入国内，在原有方法的基础上，进一步加入了针对有机涂层的分析。

目前，故宫博物院开展的彩绘文物检测分析主要延续了特拉华大学的技术路径，兼顾无机与有机。彩绘文物的显微检测是一种微损的分析方法，需要从文物表面采集少量样本。为了尽可能减小对文物的破坏，取样前要明确样品采集的目的，需要在彩画形制年代分析

1 本篇图片及文字根据雷勇老师授课记录整理编写。

和传统工艺材料方面有经验的专家加入。彩画专家凭借自己多年的研究经验，在初步分析了解文物原工艺、原形制、原材料的基础上，充分查阅文献，初步判断彩画年代并以此确定取样区域，进而选定取样点位。（图3）

图2：乾隆花园修缮项目（美国特拉华大学的专家团队检测分析）

采集的样品需经包埋和抛磨后再进行显微观察和分析。分析方式可概括为显微考古。要综合地层学和类型学的研究方法，对观察到的现象进行描述、总结和对比研究。彩画样品积累到一定数量后，可以总结形成一些时代规律，应用于未知样品的解读。例如，根据雷勇老师及其团队多年来的观察，早晚期彩画合操层的用料特征有所不同，清中期以前的合操多以炭黑为主要材料，层次致密；约乾隆时期起，合操改为以靛蓝为主要材料，整体呈深蓝色，利用这一特征可对年代未知样本的时代进行初步推测。（图4）

雷勇老师结合了南华寺彩绘木雕罗汉、乾隆花园倦勤斋、鲁土司家庙妙应寺等案例，使学员们直观领会了彩画显微分析的作用。此外，雷勇老师还简要介绍了书画、织物等领

a. 蓝色大颗粒	石青与钴蓝颜料的混合物	偏光显微镜、扫描电子显微镜
b. 浅蓝色	铅白与靛蓝的混合物	拉曼光谱
c. 金 + 金胶油		
d. 浅红色	铁红	拉曼光谱
e. 深蓝色	靛蓝	拉曼光谱

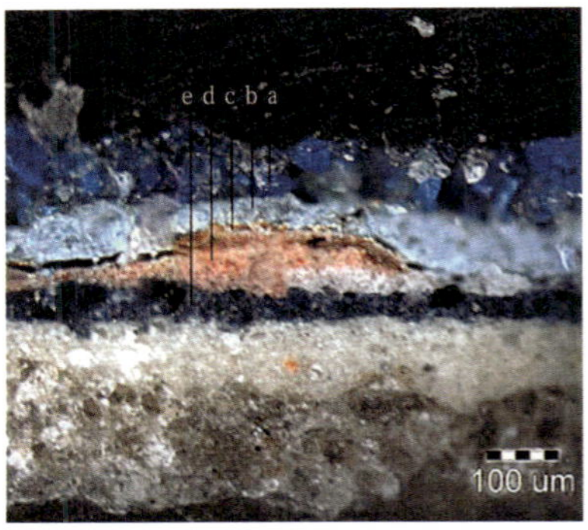

图3：建福宫脊部彩画显微剖面分析（组图）

序号	建筑名称	建筑所属时期	取样位置名称
1	英华殿	明（1368—1677年）	脊檩彩画粉色样品
2	保和殿	明·嘉靖年间（1522—1566年）	脊檩彩画红色样品
3	寿康宫	清·乾隆元年（1736年）	脊枋彩画粉色样品
4	慈宁宫	明·万历年间（1573—1620年）	脊檩彩画红色样品
5	咸福宫	明·永乐十八年（1420年）之后	脊檩彩画红色样品
6	建福宫	清·乾隆五年（1740年）	脊枋彩画白色样品

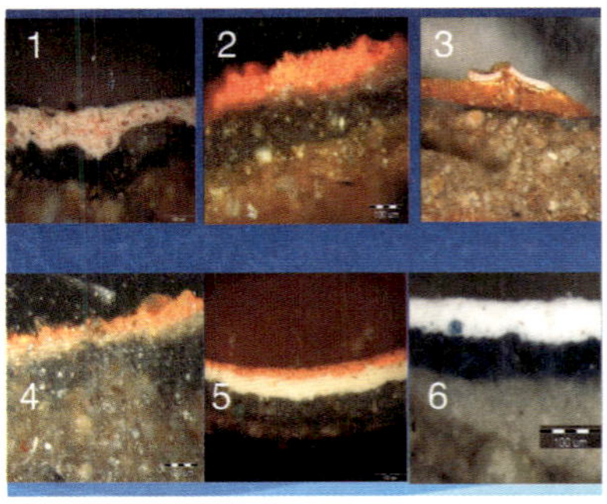

图4：故宫明清各时期建筑彩画合操工艺变化分析（组图）

域的科学检测分析手段应用情况，以及高光谱技术在彩绘、壁画中的应用和作用，为学员们拓展了视野。（图5）

雷勇老师的讲授理论结合实践，课程为彩画的传承演变赋予了科学的色彩，使学员们加深了对彩画材料和微观特征的认识。同时，学员们也认识到，当今古代建筑彩画的研究，要有多学科背景的人员共同参与合作。课后，学员就石质文物表面彩绘检测分析的问题向雷老师请教，并进行交流，雷老师就分析手段和取样位置等内容提出建议。（图6）

图5：雷勇老师授课现场

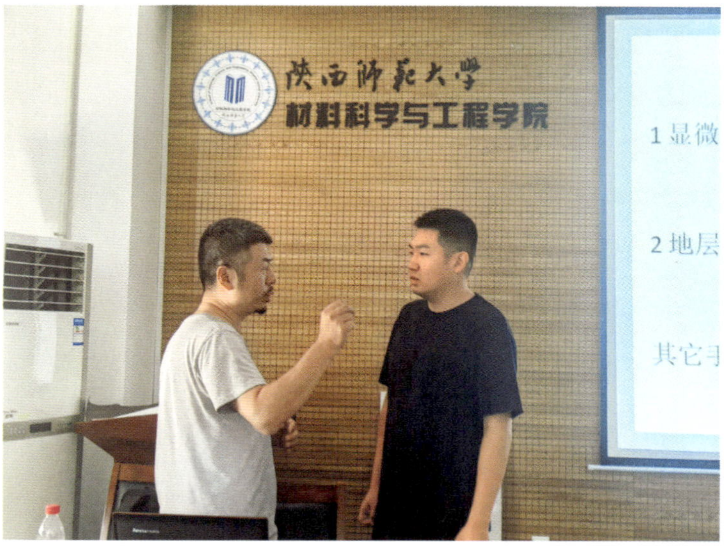

图6：雷勇老师与学员交流

| 中国古代建筑科技保护概论·三 |

彩画颜料科技检测实践实验室仪器的原理[1]

晁小练，陕西师范大学教授级高级实验师、硕士生导师、国家重点研发计划政府间重点专项项目评审专家、国家重点研发计划战略性科技创新合作重点专项评审专家、陕西省科普专家宣讲团首席科普专家。晁老师授课内容包括理论教学与实验室参观两部分。

在理论教学部分，晁老师分别为学员介绍了古建彩画颜料科技检测实践实验室仪器原理、以乾隆花园为例的颜料分析检测、古建彩画物料层间关联性分析三部分内容，不仅让我们了解了古建筑彩画科学检测分析的相关知识和研究方法，还补充了我们在彩画颜料和微观分析方面知识的不足，让我们更加认识到彩画微观的科学分析是保护和修复古建筑彩画的重要一环。

在实验仪器原理介绍部分，晁老师为我们讲解了多种仪器的分析原理，如紫外分光光谱 UV 通过吸收紫外光能量引起分子中电子能级的跃迁，可用于测定共轭分子、组分及平衡常数；红外吸收光谱法 IR 通过吸收红外光能量引起分子振动、转动能级跃迁，能提供功能团或化学键的特征振动频率；核磁共振波谱法 NMR 利用原子核在磁场中吸收射频能量产生核自旋能级跃迁，可提供核的数目、所处化学环境和几何构型等信息；剖面显微分析可以获得样品的层次结构图像，便于分析彩画的历史修缮层析；扫描电子显微技术 SEM，使用二次电子或背散射图像观察样品横截面，放大倍数可调，电子成像更加清楚，但是没有颜色信息；偏光显微分析，根据颜料颗粒形态和光学性质鉴别颜料种类；X射线荧光光谱，根据元素种类鉴别颜料成分；扫描电镜能谱，根据元素种类鉴别颜料成分；显微拉曼光谱，根据拉曼光谱信号鉴别分子结构，以此判断颜料类别；X 射线衍射光谱，根据物质衍射信号判断晶体种类，以此判断颜料成分；高效液相色谱－质谱、气相色谱法 GC，鉴别有机物，如染料、植物颜料、胶结剂等。

这些仪器在古建彩画的分析研究中发挥着重要作用，能帮助我们深入了解彩画的材料组成和结构。

在介绍乾隆花园建筑彩画颜料分析检测案例部分，学员们了解到通过对撷芳亭、三友轩、耸秀亭周边环境的监测以及对彩画的检测分析，可以推测出古建筑彩画病害的成因，

1 本篇图片及文字根据晁小练老师授课记录整理编写。

如龟裂主要是温湿度急剧变化引起的，起翘是龟裂进一步发展的结果，积尘与大气污染物有关，粉化与颜料层中胶料老化密不可分。此外，对彩画颜料的分析让学员们了解了不同颜色材料的成分，如耸秀亭彩画使用了铅丹、群青、巴黎绿、铅白、炭黑等颜料，撷芳亭彩画使用了朱砂、铅丹、普鲁士蓝、氯铜矿、白铅矿、炭黑等颜料，三友轩彩画使用了巴黎绿、炭黑、群青、朱砂、铅钒、赤铁矿、石青、炭黑等颜料。彩画胶结物为骨胶，地仗麻纤维为亚麻以及地仗成分和黏结剂。这些分析结果对于古建彩画的进一步保护和修复具有重要意义。（表 1）

表 1：耸秀亭、撷芳亭、三友轩彩画颜材料检测分析

	样品名称	颜色	成分	颜料层胶结物质	麻纤维	地仗填充物	地仗胶结物质
耸秀亭	YQD-1	橘色	铅丹（Pb_3O_4）	动物胶	苎麻纤维	钠长石、钙长石	桐油、环氧树脂
	YQD-2	蓝色	群青（$(Na,Ca)_8(AlSiO_4)_6(SO_4,S,Cl)_2$）				
	YQD-3	绿色	巴黎绿 $Cu(CH_3COO)_2 \cdot 3Cu(AsO_2)_2$				
	YQD-4	白色	铅白（$2PbCO_3 \cdot Pb(OH)_2$）				
	YQD-5	黑色	炭黑（C）				
撷芳亭	YQ-1	红色	朱砂（HgS）	动物胶	苎麻纤维	钠长石、钙长石、方解石	桐油、面粉
		橘黄色	铅丹（Pb_3O_4）				
	YQ-2	蓝色	普鲁士蓝（$Fe_4[Fe(CN)_6]_3$）				
	YQ-3	绿色	氯铜矿（$Cu_2(OH)_3Cl$）				
		橘黄色	铅丹（Pb_3O_4）				
	YQ-4	白色	白铅矿（$PbCO_3$）				
	YQ-5	黑色	炭黑（C）				
三友轩	YQX-1	绿色	巴黎绿 $Cu(CH_3COO)_2 \cdot 3Cu(AsO_2)_2$	动物胶	–	钠长石、钙长石、方解石	桐油、面粉
	YQX-2	黑色	炭黑（C）				
		蓝色	群青（$(Na,Ca)_8(AlSiO_4)_6(SO_4,S,Cl)_2$）				
	YQX-3	红色	朱砂（HgS）+ 铅矾（$PbSO_4$）				
	YQX-4	蓝色	群青（$(Na,Ca)_8(AlSiO_4)_6(SO_4,S,Cl)_2$）				
	YQX-5	红色	赤铁矿（Fe_2O_3）				
	YQX-6	蓝色	石青（$2CuCO_3 \cdot Cu(OH)_2$）				

在彩画物料层间关联性分析部分，学员们了解到传统地仗工艺中桐油、猪血、石灰水等物料的作用机制。樟丹和土籽能协同促进桐油的聚合反应，实现桐油的表干和内干同步，且樟丹与土籽协同是解决炼制桐油通体聚合固化的传统工艺。猪血凝胶化需要适量的石灰水，石灰水可使蛋白质构象变化，疏水基团暴露，血红素的 Fe^{2+} 氧化为 Fe^{3+}，且猪血凝胶中的石灰水在空气中干燥可形成碳酸钙，增强地仗复合灰浆的力学性能。桐油与猪血凝胶具有良好的亲和性，两者相互作用可改善复合物材料的力学性能。此外，多组分间的协同作用是复合材料具有优越耐老化性的根源。（图 1、图 2）

随后，晁老师又带学员们参观了教学楼一层和六层的多个实验室，包括场发射透射电镜室、钨灯丝扫描电镜室、激光拉曼光谱室、冷场发射扫描电镜室以及纸质档案修复室等多个实验室和工作室。整个课程不但让学员们对科学实验工作有了直观的感受，更近距离地了解到古建彩画纸质及古字画的文物修复工作是如何进行的。（图 3）

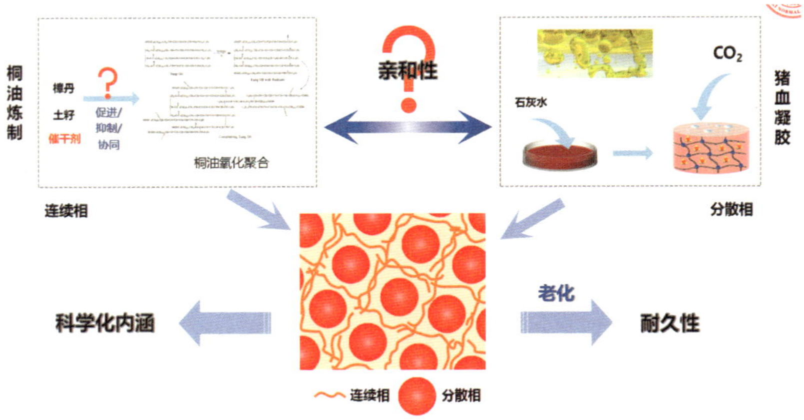

图 1：地仗制作中物料关联性分析

地仗制作中各灰料配比

灰料名称	配合比（质量比）			配合比（质量比）
	满	血料	砖粉	砖粉
捉缝灰	100	114.4	157	粗灰子：细灰子=7:3
通灰	100	114.4	157	粗灰子：细灰子=7:3
粘麻灰	100	137.3	/	/
压麻灰	100	183.0	221	中灰子：细灰子=7:3
中灰	100	288.0	303	小灰子：细灰子=7:3
细灰	100	700.0	650	细灰

（大籽、中籽、小籽和细灰分别为16目、20目、24目和80目）

图 2：地仗制作中各灰料配比

图 3：学员们参观彩绘纸质文物修复室（组图）

最后，晁老师带学员们拜访了陕西师范大学材料科学与工程学院博士研究生导师胡道道教授。胡老师在生物无机化学的教学与科研、光物理应用、高分子胶体与界面、结构型微纳米材料的高分子模板合成、功能高分子等研究领域都有很高的成就。胡道道老师在他的办公室内给学员们声情并茂地讲了一节题为“妙不可言，中国传统书画的科学认知”的课程。他以风趣生动的授课风格，用浅显的生活常识来解释枯燥难懂的科学知识，帮助学员理解深奥的科学原理。（图 4）

由于大部分学员对文物彩画的科学检测分析、保护修复的专业知识了解较少，因而此次课程对大家而言是一次非常好的知识体系上的补充，让大家对古建筑彩画的保护研究方法有了更全面系统的认识，开阔了视野，对后续的彩画创意设计大有裨益。

图 4：胡道道教授现场授课

丨历代彩画艺术特征鉴赏（官式）·一丨

汉晋隋唐五代官式彩画图案艺术特征[1]

陈彤，故宫博物院古建部彩画专家、正高级工程师。陈老师首先引用习近平总书记关于文艺创作的重要讲话：“要系统地梳理中国传统文化，把跨越时空、超越国度、富有永恒魅力、具有当代价值的文化精神弘扬起来。”强调对中华传统文化精髓的关注，对文化精神的传承与发扬。接着，陈彤老师引用故宫彩画巨匠王仲杰先生的教导：“建筑包含‘匠术’和‘艺术’两个方面。凡是说得清、可量化、易掌握的都属于匠术；难以捉摸，只可意会而不可言传，需经长期实践方能领悟的才是艺术。”（图1）

陈彤老师指出，彩画依附于建筑、雕塑、器物等立体物件，不是脱离其载体的单纯平面图案，其所追求的是整体空间环境的设计美感，涵盖造型、色彩、线条、空间位置等要素，并概括了中国古代艺术风格之“六秀”——一曰奇秀（先秦），二曰拙秀（秦汉），三曰逸秀（魏晋、南北朝、隋），四曰雄秀（唐、辽），五曰醇秀（五代、北宋、金、西夏、元），六曰纤秀（南宋、明、清）。各时代用典型图像说明，如：北朝时北齐佛造像突出了东方佛教艺术的鲜明美学特征——柔和、简约而安静。菩萨鼻梁高挺、发髻高耸、蛾眉凤眼、口唇微启，神情平静温雅，笑中含情、神态安详，见之皆生宁静。古代艺匠对事物的表象并不看重，在艺术品中，真正重要的是由事物表象激发的神思，这大概就是“无言之美”。陈老师还以北宋苏州罗汉院大殿石柱浮雕为实例（图2），阐释了谢赫六法中最重要的一条——“气韵生动”在石刻艺术中的体现。在该浮雕纹饰中，创作者通过对植物卷草纹饰进行疏密布局，展现出画面紧凑而灵动的秩序感；又借助浮雕起伏的深浅变化，清晰交代出叶片、支条与人物之间的前后空间关系。整幅

图1：陈彤老师授课现场

1　本篇图片及文字根据陈彤老师授课记录整理编写。

作品虽未进行赋彩，画面依然气韵生动。同时，鉴于这件石柱纹样的特殊结构，采用了连贯可循环的设计模式，无论从任何角度观察，画面都完整且饱满。

汉、晋、隋、唐、五代各时期的彩画风格具有显著差异：汉晋早期彩画尚未程式化，但已有意识地采用“破色”等绘制技法（图3）；北朝彩画构图简洁、图案及色彩质朴，却粗中有细、具“逸秀”之美；隋唐五代彩画气象高华，色彩富丽典雅，图案灵动自然又极具秩序，为中国装饰艺术之第一个巅峰（图4至图5）。特别是中国传统色区别于西方色彩，不可量化，而更需重视精神性和经验性的智慧。同时，要认识到建筑彩画的三维属性，不仅画面本身具有厚度和层次感，彩画的绘制实质上也是一种空间环境设计，应从更高维度解读传统彩画、开展创作设计。

汉、唐时期的艺术作品体现了随性自然。在绘画领域，随性并不等同于随意，实则是对自由的追求与尊重。以唐代韦贵妃墓壁画为例（图6），其随性自然的手绘风格，彰显出古人对艺术的深刻认知与卓越造诣。该壁画中的人物，表情生动传神，线条流畅自然。看似不精细，但极具鲜活感的姿态，精准传达出人物的情感与神韵。在绘画创作中，圆无须达到完美无缺的状态，因为真正的艺术往往萌生于“不完美”。手绘作品的珍贵之处，在于其承载着创作者的心血与情感，每一笔都蕴含着灵性与强大的生命力。陈彤老师的讲授让学员们深刻认识

图2：［北宋］苏州罗汉院大殿石柱浮雕

图3：［唐］韦贵妃墓壁画

图4：［隋］敦煌莫高窟第390窟藻井华盖边饰纹样

图5：［唐］木天王俑装銮中的柿蒂花 新疆维吾尔自治区博物馆藏

到绘画不仅是一种艺术形式，更是心灵情感的表达方式。随性、放松且不刻意追求对称，是设计师在创作过程中应始终秉持的态度只有以开放的心态探寻源于内心的自由与灵感，才能创作出真正富有灵魂、充满生命力的作品。

图 6：汉晋早期彩画采用“破色”艺术加工手法

陈彤老师还重点介绍了五台山佛光寺东大殿大木构件彩画采用极简的丹粉刷饰（图 7），修正了学员以往认为传统彩画皆华丽繁复的误区，同时，佛光寺东大殿简洁的斗拱彩画旁是繁复的铺地卷成卷草纹拱眼壁彩画，二者在图案和色彩丰富度上形成极大反差却又和谐统一，对文创产品的开发和制作也极具借鉴意义。

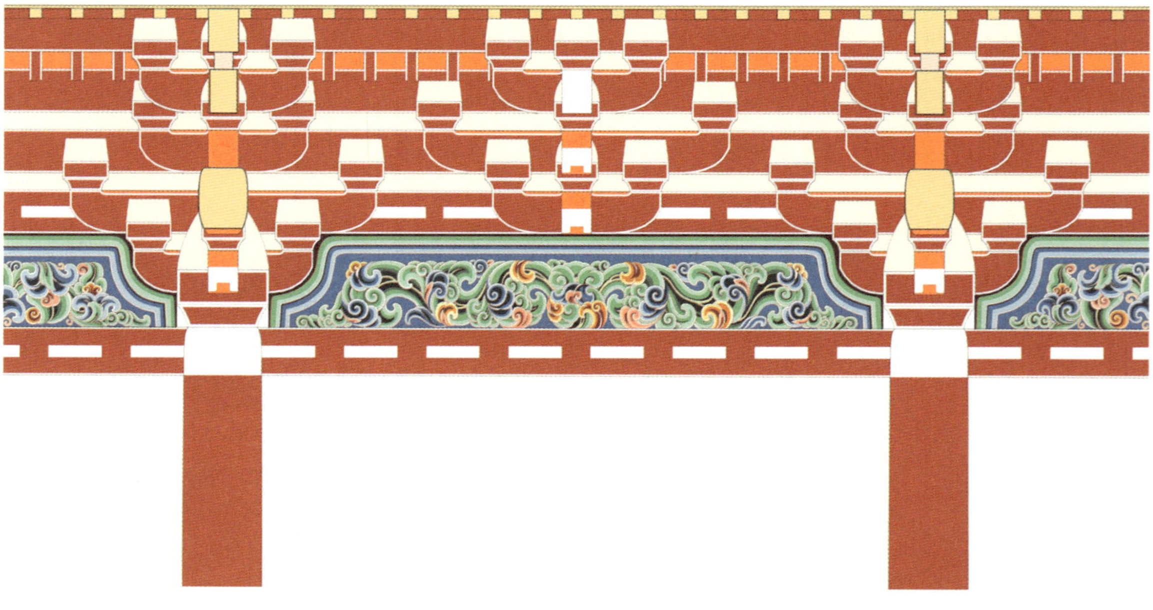

图 7：五台山佛光寺大殿前檐内槽唐代彩画复原图

课程结束后，学员们均展现出积极的学习态度，纷纷向陈老师请教问题，陈老师亦始终以耐心且敬业的态度为学员们答疑解惑。

教学互动

国家博物馆策展工作部的何欣同学请教陈老师关于现代数字化文创设计的模式化和传统手绘不对称美之间的平衡问题。针对此问题，陈老师指出从数字化文创设计的角度来看，模式化和标准化能够提高生产效率，保证产品的一致性和稳定性，满足大规模市场需求。然而，不能过度依赖模式化，而忽略了艺术的创造力和个性的表达。对于传统手绘的不对称美，我们要深入研究和欣赏其背后的文化内涵、审美观念以及创作技法，可以将传统手绘不对称美中的元素、构图原则、色彩运用等方面的精髓提取出来，与数字化文创设计的技术和手段相结合。在探寻艺术的至高境界之路上，陈老师提示我们，需先注重对历代“天花板”级别的经典传世之作加以深入研习，而后展开创作。陈老师通过精彩的讲述以及对相关案例的复原展示，让我们对唐代彩画的设计思想与纹饰细节有了更为深刻、全面的认知与了解。

丨历代彩画艺术特征鉴赏（官式）·二丨

辽代建筑及其彩画[1]

丁垚，天津大学建筑学院教授、建筑历史与理论研究所所长，丁老师以“辽代建筑及其彩画”为题，讲授他在建筑和彩画历史形制研究、保护等方面的心得（图 1）。

丁垚老师在课程中首先探讨了中国传统建筑装饰、壁画艺术与营造法式之间的密切关系，凸显了中国古代建筑设计的独特魅力和“意在笔先”的设计理念。他认为“彩画”一词具有中国特色、中国传统的概念，跟宋《营造法式》有密切关系。在讲到奉国寺大殿望板、椽子等都于 20 世纪 80 年代大修时，他对木构彩画重绘而原始彩画未能保留感到深深的惋惜。

“守正”是文化遗产保护与传承的首要任务。从文物研究和保护者的视角来看，古建筑保护修复理念的关键在于“最低限度干预”，即在适当保守的前提下，为当下和未来保留尽可能多的可能性。文化遗产和文物的保护工作，其核心目标是保持历史的完整性，而不仅仅是物质层面的保存。在此基础上，“保护”应尊重传统，同时有效应对现代挑战，确保这些宝贵的文化遗产得以传承，并在现代背景下重新审视和利用传统建筑。现代科学技术，如三维激光扫描等，为文化遗产保护提供了巨大助力。通过这些技术，文化遗产能够被更精确地记录和保存，从而受益于现代科技的发展。

中国传统文化对建筑艺术的深远影响，从孔子的教导到宋明理学，对建筑设计、哲学和方法论都起到了重要的塑造作用。正如孔子所言“郁郁乎文哉，吾从周”，中国古代建筑、彩画、雕刻和塑像都体现了深厚的文化连续性和表里如一的特点，其文化内核是“一以贯之”的。这种艺术表现力的形成，植根于中国传统哲学、美学和世界观的土壤。以唐代佛光寺为例，殿内的塑像及其微小的手势和细节都是不可移动的，这些作品是中国建筑乃至中国

图 1：天津大学建筑学院丁垚老师授课现场

1 本篇图片及文字根据丁垚老师授课记录整理编写。

艺术独有的特点。相比之下，日本的建筑制作工艺虽精细、精美、精致，但与中国建筑的区别在于文化根基——中国建筑背后有着从孔子以来延续至今的庞大文化长河。因此，中国艺术家和学者应当对自身文化传承保持尊重和自信。

其次丁老师围绕佛教艺术、辽代建筑彩画及其与明清时期彩画的对比，带学员们发现辽代彩画在装饰面积和主题纹饰上的特殊性，以及佛教艺术以其丰富的色彩和表达方式进一步凸显了彩画在佛教艺术中的独特地位和对后世的影响。

以辽宁义县奉国寺大殿为例，其彩画主要用到了支条卷成花、以荷花为主的铺地卷成花（图2）、飞天（图2）、佛光（图2、图3即光芒纹）、彩凤、写生花等题材和图案。奉国寺的飞天形象是其建筑彩绘中最重要的组成部分，代表了辽代的审美趣味，也显示出辽代宗教信仰所具有的世俗化特点。对义县奉国寺建筑彩绘的飞天形象进行分析，能够从飞天独特的造型中探究其思想和绘画语言。

图2：奉国寺大殿梁栿飞天、佛光纹及铺地卷成花彩画现状

图3：《奉国寺大殿佛光纹彩画复原示意图》（丁垚指导，陈筱、任思捷、顾心怡、杨朝、李桃、徐豪等绘制）

佛光纹多以流线型绘就，纹饰以赤白色勾边，青绿间杂，层层攒退，美轮美奂，仿佛光明绽放，照耀四方。几种不同类型的佛光纹样分别对应殿内不同的空间区域：紧密环绕七佛的上方、七佛周围和前厅中部，以及前厅外缘。这种空间设定不仅通过空中的佛光纹表现，还与地面上雕刻不同花纹的柱础完全对应。它们与殿内的大雕塑群一起，共同营造出《妙法莲花经·序品》中反复描绘的佛陀说“无量义”时的殊胜场景，这种整体设计是经过大乘佛教思想和设计哲学不断“日新”的中华文化千年瑰宝。

接着，丁老师基于多年的调查和研究成果，为学员们梳理了佛光纹从南北朝时期至元明清几个朝代在建筑装饰、石窟寺、地下墓葬和壁画上的分布与流传演变过程。如山西应县佛宫寺释迦塔一层阳马彩画（辽清宁二年）、甘肃庆阳北石窟寺第 165 窟佛的背光（北魏开凿）、甘肃武山拉稍寺石窟第 1 号佛的背光（北周开凿）、山西太原天龙山石窟佛的背光第 17 窟（盛唐开凿）、甘肃安西榆林窟第 10 窟藻井彩画（西夏）、内蒙古巴林右旗辽庆陵东陵地宫仿木梁枋彩画(辽中后期)、山西大同市华严寺的薄伽教藏殿的平綦彩画(辽代）和善化寺（金代）的彩画（彻上明造）中虽有补绘的痕迹，仍可清晰地看出大量佛光纹遗存。

然后，讲到佛教最常见的莲花题材，如佛宫寺释迦塔底层的大藻井和 10 米高的释迦像（图 4），全都是佛光和花。所谓写生花，是从现实角度出发的花卉表现；而图案化的花则是更理念化、理想化、抽象化、概括化、完满化的宝相花。从理论上说，可以分为两大类：一类是莲，宝相花的来源也是莲，但不断被图案化；另一类是如曼陀罗花、大曼陀罗花、曼珠沙华、大曼珠沙华等来自南亚的花卉，对我们来说是神奇的、抽象的、天上落下来的花，简称“天花”。汉语中“天花板”至今仍被称为“天花”，是因为这种说法历经几百年沉淀，已深入人心，成为语言和文化的一部分。尽管如今天花板上并无花纹，但人们仍沿用“天花”一词，甚至在使用时不再联想到“花”。这种现象源于佛教文化的传播，600 多年来，“天花”一词无处不在，逐渐成为约定俗成的表达。

图 4：佛宫寺释迦塔底层藻井及佛像

最后，丁老师在中国历史与文化的丰富维度中，分析了佛教艺术在不同历史时期的演变及其对文化传承的影响。佛教艺术中对发光的表现有一个词叫“放大光明”。他提及了北石窟寺第165窟、拉稍寺石窟第1号、大佛寺石窟、天龙山石窟第17窟、莫高窟第320窟北壁、莫高窟藏经洞粉本、榆林窟第10窟、佛光寺大殿等。同时，还探讨了儒家思想、宋代理学和元气概念在元代艺术与建筑中的体现及传承。从“大哉乾元”到“大明”，“大明”一词不仅象征着光明与辉煌，也暗含着太阳的意象。明代承元代而起，清代又顺承明代而下，历史的脉络清晰可循。在这漫长的历史进程中，故宫作为明清两代的皇家宫殿，龙元素贯穿始终，无处不在，无论是建筑的雕梁画栋，还是彩画的精美图案，龙的形象都频繁出现，彰显着皇家的威严与尊贵。从某种意义上说，除了有象征皇权、神权的意义以外，龙就是元代的立国国徽，象征着“元气”。这个传统一直继承到清。在雕塑艺术中，唐代与辽代在视角和表现方式上差异显著。例如，南禅寺只有一堂的尊象，整体朝向中间，留给观者一进门从正面直接观看的视角。到了辽代，可观看的角度变广，开始注重全方位的视角呈现，比唐代的观感更充分细腻。中国建筑与雕塑艺术历史悠久，重视传统技艺与空间布局。从南禅寺到故宫，各地建筑特色彰显，南北朝时期绘画技法融入雕塑，如龙门石窟雕塑群展示了空间造型的紧密与对应。大同云冈、洛阳龙门、长安等地佛教艺术不断发展，辽金建筑风格演变，故宫则代表了深厚的传统与不断试错改进的精神。这些都强调了中国建筑与雕塑艺术中传统与创新融合的重要性。

中国在室内巨型雕塑和建筑方面的独特性，从奉国寺大殿内近十米高的七尊佛像所带来的震撼视觉效果中可见一斑。这种雕塑和建筑在结构设计、空间布局等方面的严丝合缝的整体安排，以及佛像和艺术价值，各部分之间的配合都是一以贯之的。特别是对七尊佛像的处理，达到了一种精神不散、形态各异的和谐与统一。细观殿内造像，七尊佛像与其两侧胁侍菩萨在整体布局上也有一种隐藏的呼应与和谐。从中间向两侧，每尊佛像的宽度和高度呈递减之势，佛像右手结印手势抬起的高度亦呈渐低的趋势，佛像侧脸轮廓自额头以上由挺俊渐趋缓和。结合七佛袈裟深浅相间的色彩配置，整体既和谐统一又富有变化，给前来礼佛之人带来强烈的视觉冲击。（图5）

本次课程，丁老师以辽代奉国寺大殿为切入点，以建筑空间结构与建筑彩画相结合的视角，从建筑、塑像、彩画中所蕴含的尺度、纹饰、色彩、宗教思想等方面，为大家展示了辽代建筑及其彩画的基因密码，为学员们今后的创意设计、建筑研究等方面提供了重要的研究思路。

教学互动

课程结束后，丁老师与学员进行了深入的交流，回答了学员提出的很多问题。有学员提出唐代斗拱因其结构作用呈现出较大的体量，然而明清建筑中斗拱体量渐小，这一变化的主要原因是什么？对于这一问题丁老师认为唐、辽时期建筑的斗拱除了起承重作用以外，强调的是一种充分的表达，元以后是儒学立国，艺术形式由强调造型的空间表达转变为化繁为简的整体化和统一性，呈现出的是一种“平面性”的节奏和韵律感。因此斗拱的演化并不是一个局部结构的问题，这是一种立意上的变化，表达方式上的变化，背后是不同时代下的思想和文化所造就的必然结果。还有学员请丁老师谈谈奉国寺的辽代彩画与佛光寺唐代彩画的不同。丁老师的解答是，佛光寺彩画呈现出的是一种唐代官式彩画的传统，以赤白（朱白）为主，有很多先秦以来的古老因素，是一种没有那么热闹的范式，和它的结构、塑像群和整个空间效果较为匹配。而奉国寺的彩画更加充分而热烈，是一种全体的装饰和毫不掩饰的表达，更直观地帮助观者进入勇往无前的行菩萨道的状态。移用西方建筑史中从“文艺复兴”到“巴洛克”的运动，唐、辽的彩画也可以简化成这样一种比喻。

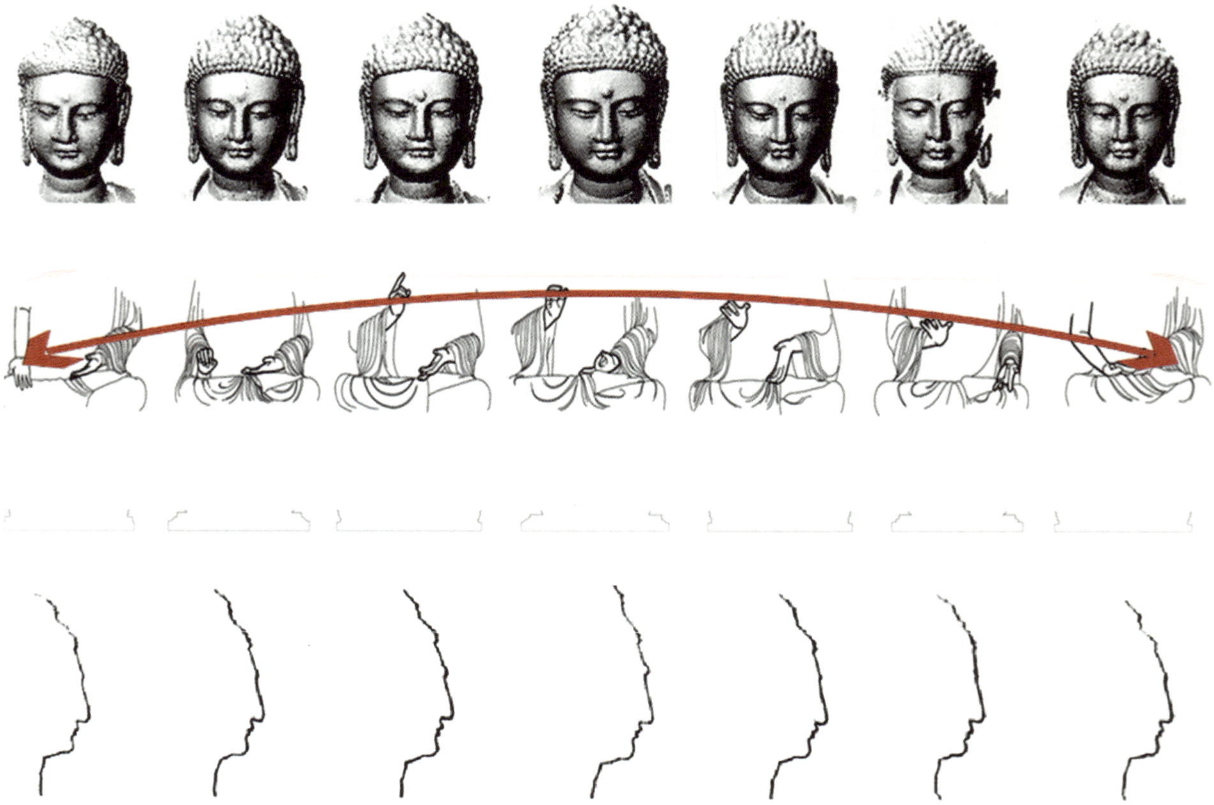

图 5：奉国寺大殿七尊佛像头部、手印微妙变化分析示意图

| 历代彩画艺术特征鉴赏（官式）· 三 |

宋元建筑官式彩画图案艺术特征[1]

图 1：李路珂老师授课现场

李路珂，清华大学建筑学院副教授、博士生导师，她以“宋元官式建筑彩画图案艺术特征”为题进行授课，李老师的授课内容系统深入，首先阐述了官式建筑彩画的“文法”——宋《营造法式》中的彩画作，随后从官式建筑的专业视角，对宋元时期的建筑彩画案例进行了详尽的分析与解读。（图 1）

（一）宋《营造法式》的历史背景、色彩内容、文献版本和解读方法、色谱研究与配色实验

李路珂老师的授课涵盖宋《营造法式》的历史背景、色彩内容、文献版本（图 2）和解读方法、色谱研究与配色实验等。她强调一手资料的重要性，基于“故宫本”和“永乐大典本”及实地调查资料，从“解释”和“阐发”两方面深入研究宋代建筑。

（二）宋《营造法式》彩画的类型系统

李路珂老师重点介绍了宋《营造法式》彩画的类型系统，并分别从宋《营造法式》彩画作的篇章结构、类型系统和彩画实例三个方面为学员进行授课。

1 本篇图片及文字根据李路珂老师授课记录整理编写。

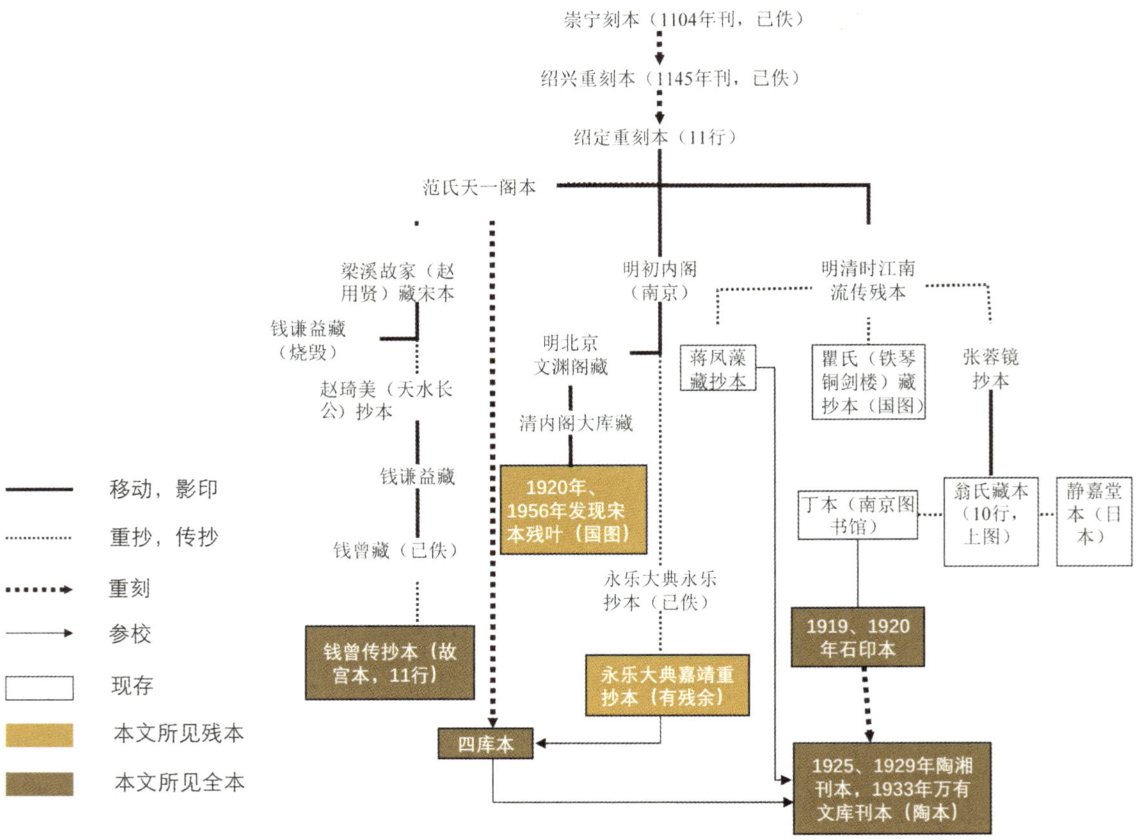

图 2：宋《营造法式》的版本源流图
（资料来源：李路珂著，《〈营造法式〉彩画研究》，东南大学出版社，2011。）

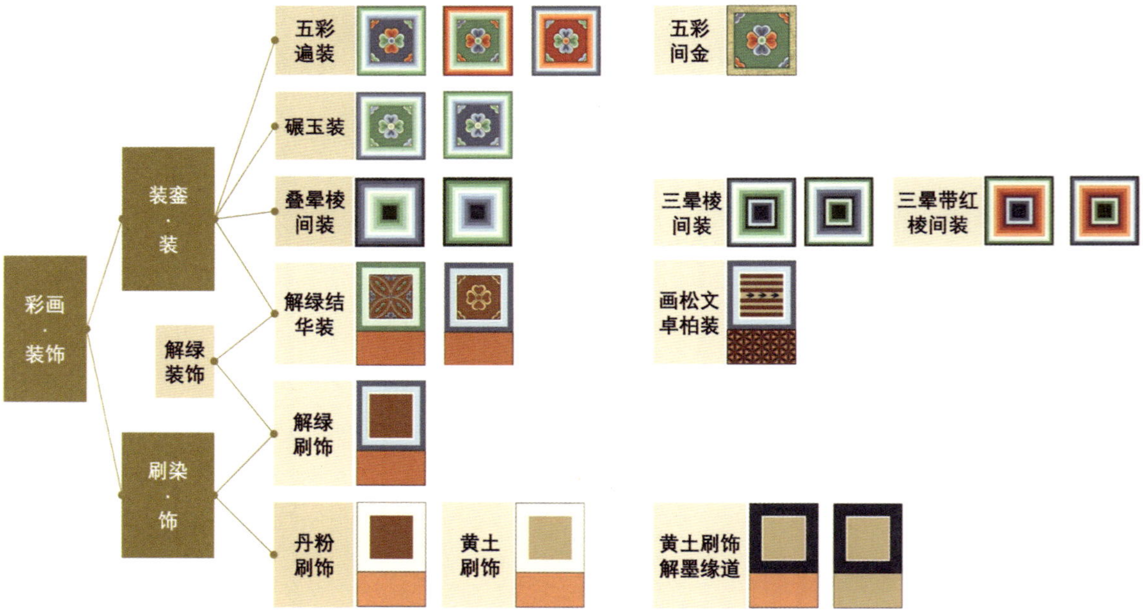

图 3：彩画装饰的基本类型与衍生类型
（资料来源：李路珂著，《〈营造法式〉彩画研究》，东南大学出版社，2011。）

在彩画作的篇章结构部分，李老师依据主要工艺、各类型样式、不同样式搭配、附加工艺、基本构图、纹样类型、用色原则等类别，对宋《营造法式》第十四卷《彩画作制度》中的篇目重新进行了归纳和解读。随后，在宋《营造法式》彩画类型系统部分，把彩画装饰划分为“装”与“饰”，“装”可分为五彩遍装、碾玉装、叠晕棱间装和解绿结华装，“饰”

图 4：[北宋] 山西高平开化寺大雄宝殿彩画复原图及现状照片
（资料来源：蒋雨彤，李路珂，赵令杰：《 山西高平开化寺大雄宝殿内檐彩画复原研究》，载《建筑史学刊》，2021 年第 1 期。）

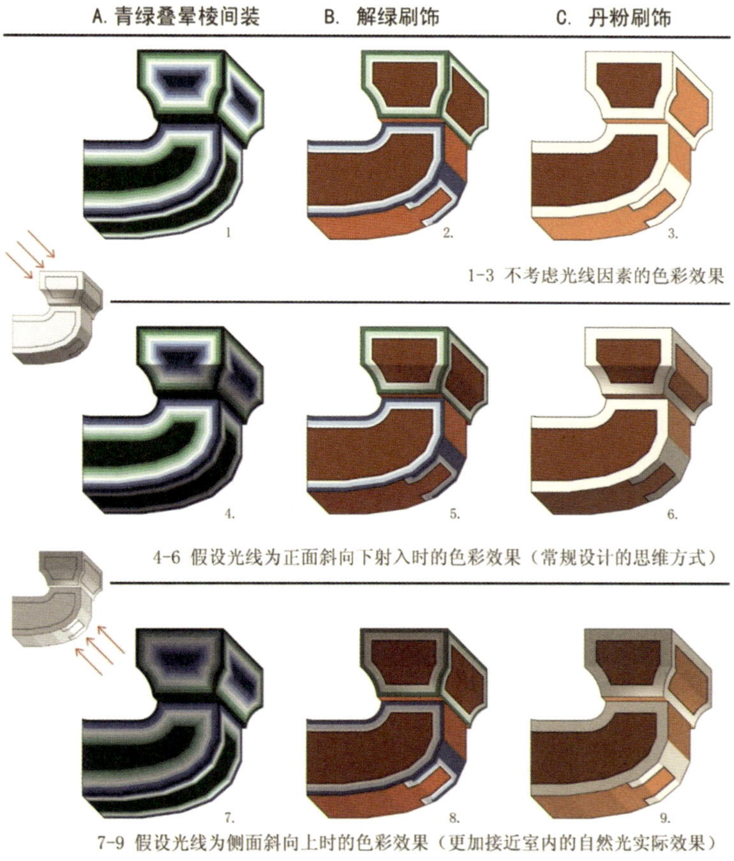

图 5：唐宋斗拱彩画对“光”的应用（资料来源：李路珂著，《〈营造法式〉彩画研究》，东南大学出版社，2011。）

又可分为解绿刷饰及丹粉刷饰。所有这些基础分类还各自存在不同的衍生类型。李老师还将这些形式提炼为简单易懂的示意图，方便学员理解（图3）。之后，李老师又依据不同彩画的类型为大家展示了众多实例（图4）。在分享的实例中有一个令人印象深刻，即唐宋时期的斗拱彩画，若不采用纹样装饰，是如何通过不同的装饰技法以及颜色深浅搭配来体现建筑及构件体积的（图5）。

（三）宋《营造法式》彩画构图与专用纹样的类型与传承

李老师深入剖析了宋《营造法式》中彩画构图与专用纹样的类型及其历史传承。她以端头适合纹样作为教学的起点，细致地阐释了这一纹样从春秋时期秦雍都宫殿遗址出土的建筑构件“金釭”的形式中逐步演化而来的过程。通过对宋代角叶、团窠、合晕、卷成、影作等纹样造型的演变，及其与清代彩画找头、盒子/包袱/聚锦、旋花等造型关联性的深入讲解，带领学员们穿越了历史，让大家更深刻地理解明清彩画的纹样渊源（图6至图8）。

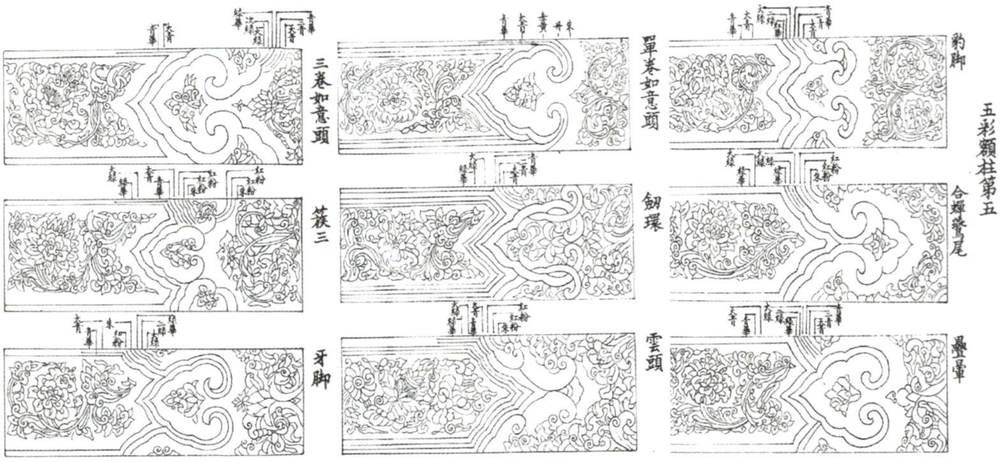

图 6：端头适合纹样构图（资料来源：宋《营造法式》卷三十三·彩画作制度图样上）

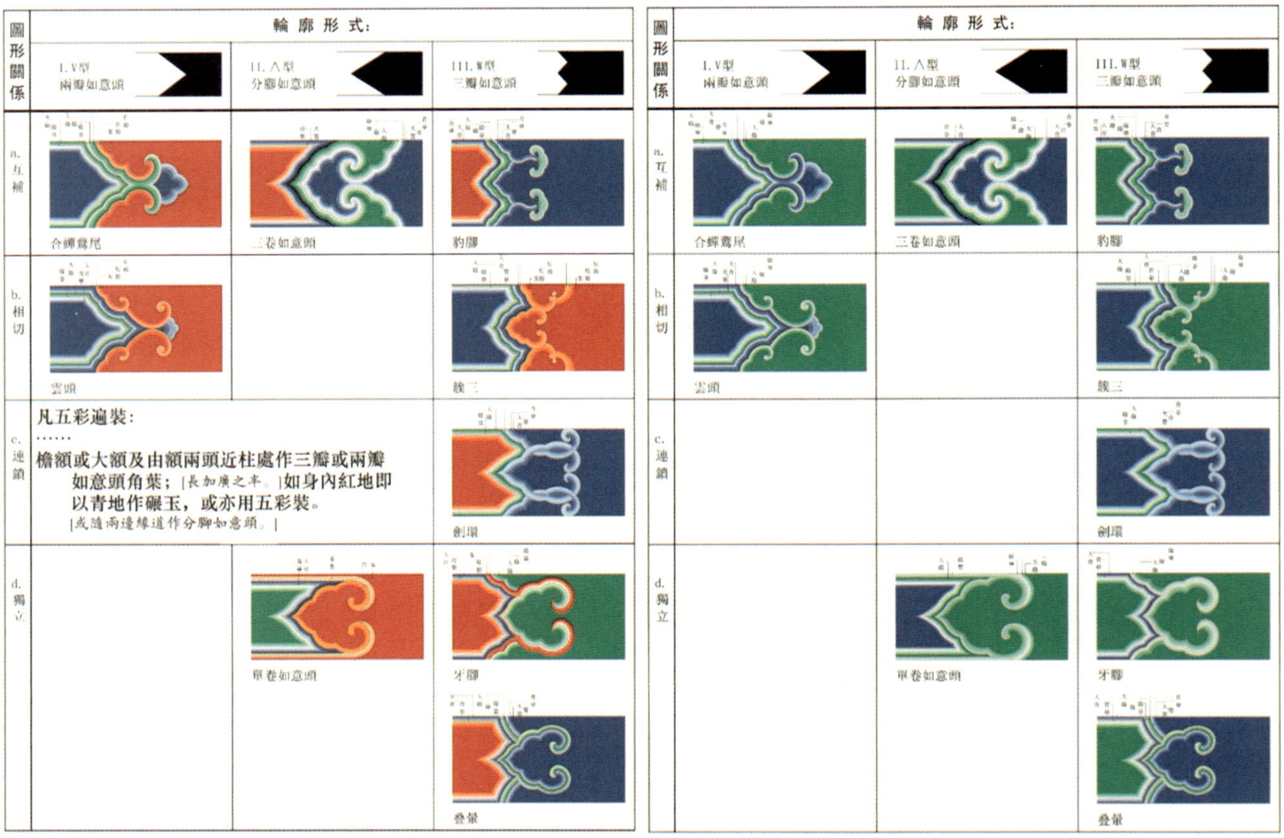

图 7：端头适合纹样构图与色彩（资料来源：李路珂著，《〈营造法式〉彩画研究》，东南大学出版社，2011。）

李路珂老师的授课令不同专业背景的学员颇有共鸣，发现宋《营造法式》中的命名体系亦可在其他领域中得到参考，如“分脚如意头”这一装饰的运用，在陶瓷领域中常见于青花梅瓶的肩部装饰，称为“云肩纹”。在瓷器上使用时，人们做了一些变化，在瓷器中这个部分叫做“肩”，所以纹样和结构结合后，形成一种特殊形式的装饰手法。而宋《营造法式》中的“团窠”在陶瓷领域中，是一种常用于宋代吉州窑釉下彩绘、元青花和清代康熙五彩瓷器的装饰，称为“开光”（图 9）。“开光”是在瓷器的某些部分画出边框，并在边框中画以山水、人物、花卉等装饰内容。通过“开光”能够将不同的绘画情境集于一身，产生故事篇章感，使绘画富于流动意趣。李路珂老师系统地梳理了宋《营造法式》的脉络，以当代学术研究方式重现了宋《营造法式》设计理论之美。

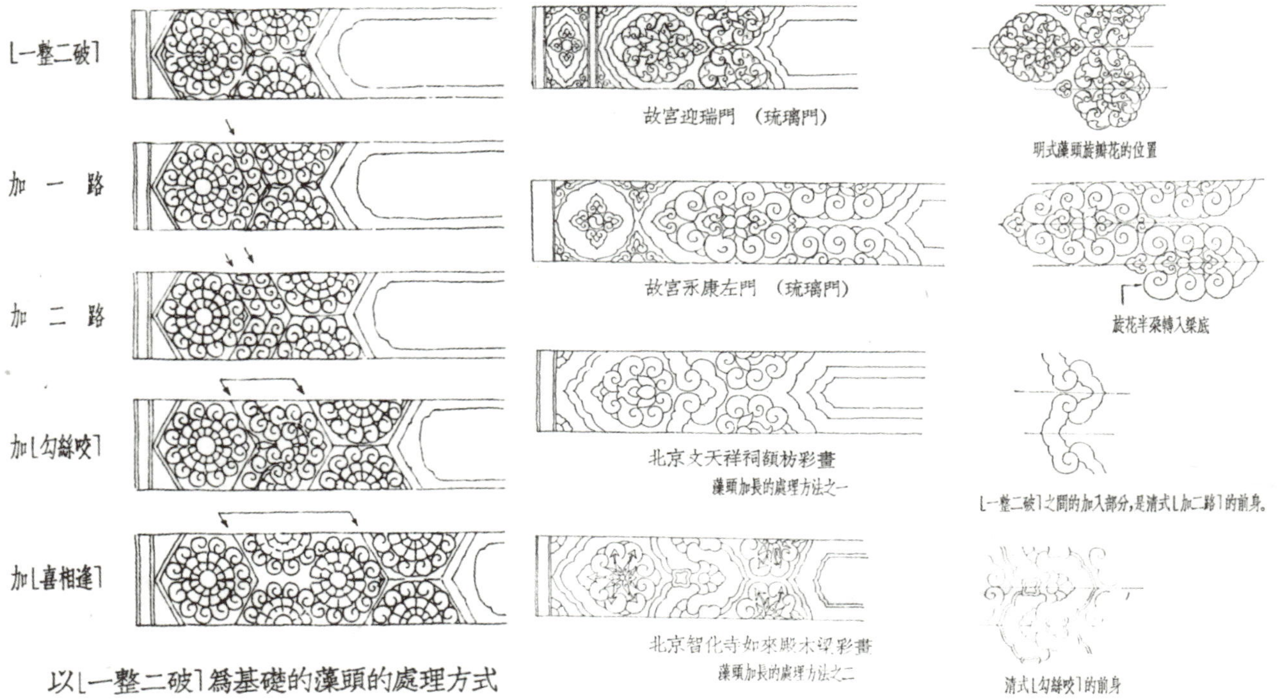

图 8：明清“旋子”的“找头”及演变（资料来源：北京文物整理委员会编，刘醒民、陈莲瑞等绘制，《中国建筑彩画图案》，人民美术出版社，1955。）

（a）马家窑文化半山类型 彩陶圆涡锯齿纹双耳壶（甘肃兰州沙井驿出土，甘肃省博物馆藏）；
（b）马家窑文化半山类型 彩陶圆点纹壶（甘肃省博物馆藏）；
（c）[宋] 磁州窑白釉黑花梅瓶（河南省镇平县出土，河南博物院藏）；
（d）[宋] 褐彩人物梅瓶（广东省佛山澜石墓葬出土，广东省博物馆藏）

图 9：陶瓷中“开光”纹样（资料来源：中国陶瓷全集编辑委员会编，《中国陶瓷全集》，上海人民美术出版社，2000 年。）

（四）宋《营造法式》的通用纹样与纹样系统

李路珂老师首先讲授宋《营造法式》彩画纹样造型。按术语分类，彩画纹样有写生花、铺地卷成等（图 10），按功能分类有通用纹样与适合纹样。多种纹样需搭配使用。宋代官式彩画特点为色彩鲜丽、造型圆和、表里分明、匀称得宜。

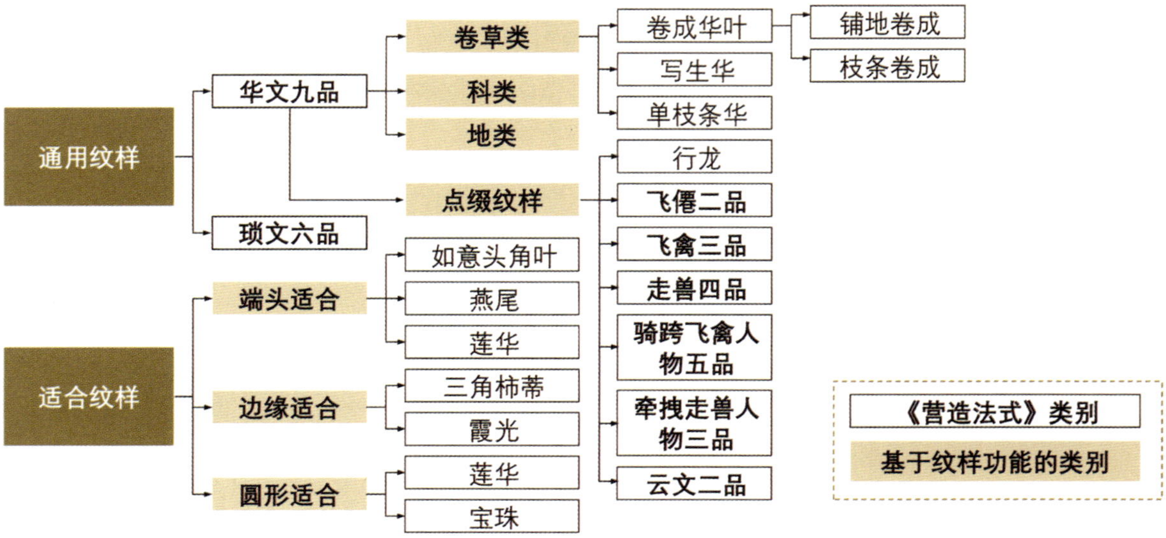

图 10：宋《营造法式》纹样功能的分类
（资料来源：李路珂著，《〈营造法式〉彩画研究》，东南大学出版社，2011。）

图 12：高平开化寺大殿东壁壁画边饰照片及色彩复原图（蒋雨彤绘）

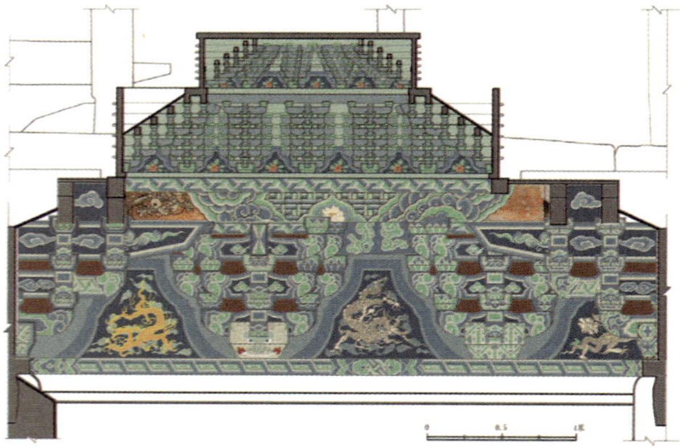

图 11：永乐宫三清殿彩画色彩复原图（郑惠元绘）

李老师还介绍了实物遗存色彩调查方法，强调测量手段、仪器使用注意事项和色彩数据处理；提出标准色、目视典型色和彩度极值色最具利用价值。例举山西芮城永乐宫彩画研究与复原成果，永乐宫彩画构图对称但细部富于变化，采用特色纹样，复原设计中选用目视典型色为色标，复原成果华贵典雅，为学员创作了提供思路（图 11）。

在纹样类型中，宋《营造法式》中的“地”纹样，以华贵材料或纹理为母题，通过复制、连接、叠加等方法创造。如玛瑙地、玻璃地、鱼鳞旗脚，既可作“图”也可作“底”。玻璃地叠加渐变色，似在表面罩上玻璃，可借鉴于珠宝首饰类文创的创作，与金属仿钻工艺有相通之处。

李路珂老师结合宋代建筑实例（图12），生动展示建筑风貌，为学员提供宝贵学习资料。通过视觉素材，学员能够深刻理解和记忆建筑纹样知识，增强对中国传统文化的认识，激发对传统艺术的探索兴趣。李老师在讲解中，传达了“欲体察古人艺术之高妙，需沉心体悟”的精神，展现北宋匠师对建筑的深情与能量。她以当代学术方式重现宋《营造法式》之美，严谨治学，确保知识准确无误。其渊博的学识和深入浅出的教学方式，让学员轻松领悟宋《营造法式》中的彩画艺术。

课间，学员们围着李老师，积极提出关于图案寓意、建筑彩画复原等问题。现场气氛热烈，李老师耐心为学员们答疑解惑，拓展和深化学员们对宋元官式建筑彩画艺术特征的理解。（图13）

李老师不仅传授了专业知识，更展现了其深厚的文化内涵。她在强调彩画技法与形式的同时，也揭示了其背后的历史、社会和文化价值，并鼓励学员们思考如何在新时代继承和发扬这一传统艺术，让其焕发新活力。

图13：李老师解答学员问题

丨历代彩画艺术特征鉴赏（官式）·四丨

明清官式建筑彩画图案设计艺术特征

杨红，故宫博物院古建部副主任、研究馆员，中国紫禁城学会理事、中国圆明园学会彩画研究中心主任、明清官式建筑保护研究国家文物局重点科研基地副主任、故宫博物院博士后工作站导师、明清官式建筑彩画专家、国家文物局全国重点文物保护工程方案审核专家库专家，同时也是2024年度国家艺术基金艺术人才培训资助项目——中国官式彩画图案艺术设计创意人才培训负责人，主要研究领域是明清官式建筑彩画保护与研究。杨红老师的授课内容分成两部分。第一部分为明代官式彩画图案设计艺术特征，第二部分为清代官式彩画图案设计艺术特征。（图1）

图1：杨红老师授课现场

第一部分：明代官式彩画图案设计艺术特征

杨红老师站在传统彩画的"前世今生"的角度，首先对彩画保护与展示利用进行了简要介绍。她认为因时代与保护理念不同，20世纪七八十年代老一辈的彩画研究者和实操者，以重绘彩画为主要修缮手段；20 世纪九十年代以外檐彩画重绘，廊内彩画局部保留为主要修缮手段；21 世纪初，以“最小干预”为准则，对老彩画保护加固为主要修缮手段。如今，在习近平文化思想的引领下，官式彩画的保护发展被赋予了新的时代内涵，一方面要多学科参与，运用科学化手段对传统彩画的材质和色彩进行检测和诊断，为彩画保护提供依据；另一方面，要“坚持守正创新”，对传统彩画图案进行活化利用，才能真正被人民所接受，进入“寻常百姓家”。这个介绍为此次培训班课程奠定了基调。

（一）中国建筑彩画概念

杨老师对中国建筑彩画概念进行了厘定：彩画具有广义与狭义之分，广义称为彩绘，在中国自古有之，被称为丹青，最初是指原始人类的洞穴壁画、岩刻画、彩陶、木漆、彩色雕刻、壁画及木构建筑上的装饰绘画；而狭义专指木构建筑上的色绘装饰画，如建筑中的梁枋彩画、柱头彩画、斗拱彩画等，其主要分布于梁枋、柱头、窗棂、门扇、雀替、斗拱、天花、栏杆等部分，其中明代以前重点装饰部位以斗拱、拱眼壁居多，进入明代后重点装饰部位转为梁枋居多。彩画在古代官书中称为“彩画作”，内容的划分和界定在宋《营造法式》和清代《工程做法》《清代匠作则例汇编》中均有不同记载。（图 2）

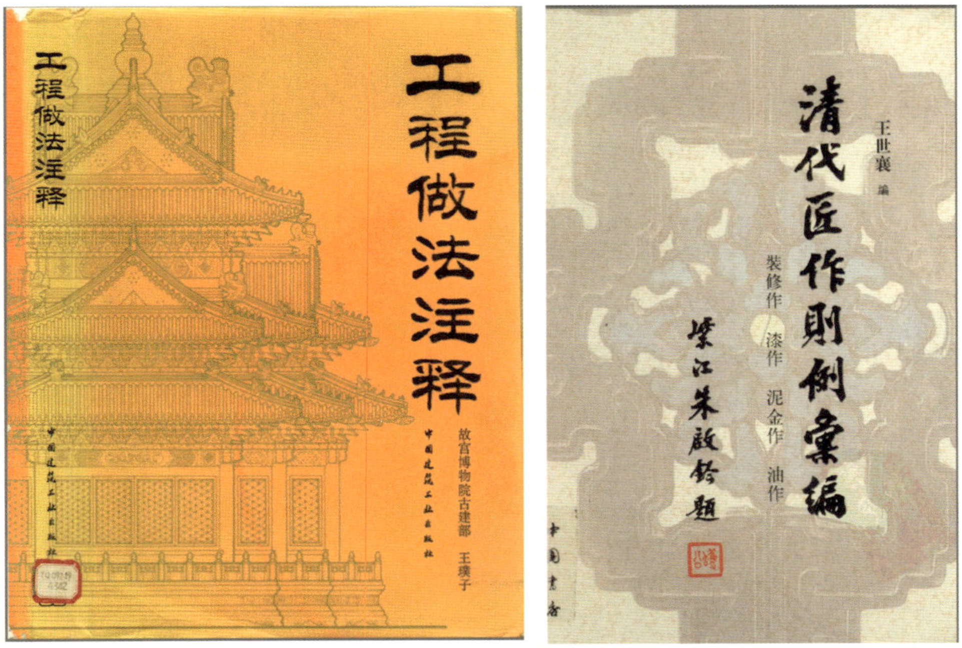

图 2：清工部《工程做法注释》和《清代匠作则例汇编》

宋《营造法式》“彩画作”总释的末尾小注中记载：“今以施之于缣素之类者，谓之画；布彩于梁栋斗拱或素象什物之类者，俗谓之妆銮；以粉、朱、丹三色为屋宇门窗之饰者，谓之刷染”。

清代官方颁布的各类《工程做法》及《匠作则例》中，已将宋《营造法式》“彩画作”的内容划分为“画作”“油作”两个匠作。

我们今天所认同的“彩画”已将“佛像装銮”“建筑彩画”“建筑油漆”的概念明确

区分开来。

（二）彩画的作用

在中国建筑彩画的作用部分，根据时间轴线和空间轴线分析，结合汉代陶楼、敦煌莫高窟、故宫宫殿等历代建筑彩画实例，分为保护木构件、建筑装饰、显示建筑等级和使用功能、反映人文内涵和历史信息、凝聚中国传统彩画工艺传承等五个作用，可见中国建筑彩画具有保护建筑物质性及传播建筑精神性的双重功能。

（三）元代彩画图案艺术特征

为了让学员们了解明代彩画的发展溯源，杨红老师做了元代彩画图案艺术特征部分的铺垫介绍，元代官式彩画基本轮廓存在一定的次序性，重点装饰部位逐渐由拱眼壁、斗拱转向额枋。从物证来看，其继承并发展了宋代三段式的基本格局，即（盒子、箍头）找头、方心、找头三段式的构图基本成型。找头部分为旋花纹组成的如意头外轮廓造型，并形成一整二破的雏形，拱眼壁和方心部分则采用龙纹、凤纹和植物纹样，出现“龙钻富贵”的吉祥图案。色彩上以青绿色的冷色调为主，局部点缀暖色调。元代官式彩画虽然没有形成定律和规范，但却促成了明代官式彩画的基本造型的确立。（图3、图4）

图3：北京雍和宫后城墙出土的元代建筑大木残构彩画复原图（资料来源：孙大章，《中国古代建筑彩画》，中国建筑工业出版社）

图4：永乐宫三清殿拱眼壁“龙钻富贵”吉祥纹样（资料来源：查群，《永乐宫迁建工程档案初编》）

（四）明代官式彩画图案艺术特征

首先杨红老师提出：目前大家所认同的明代官式彩画是指永乐朝以后的官式彩画，永乐朝以前的官式彩画延续元代彩画的样式并与“匠作制度”有关，只可惜南京故宫的建筑已无存。永乐帝迁都北京，大量征用了江南的工匠，北京紫禁城的建造最初参考南京紫禁城的建制。因此，永乐朝以后的宫廷彩画为多元化的，既有洪武、建文时期的成分，也有辽、金、元三代在北京形成的元大都彩画成分，可谓南北融合。

明代官式彩画只有一种类别——旋子彩画，明代《大明会典》记载，其主要分成绘饰和刷饰两大类，有四个等级：青绿点金、彩色绘饰、青碧绘饰、青黑绘饰。永乐朝以后明代官式彩画分为四个等级：浑金彩画、金线石碾玉青绿点金彩画、墨线石碾玉青绿点金彩画、

无金彩画（石碾玉青绿彩画、石碾玉绿黑彩画、石碾玉土黄色彩画、灰色彩画）。（表1）

从构图角度来看，明代官式建筑梁枋大木彩画构图主要为找头、方心、找头三段式构成，找头、方心的各自长度关系根据建筑形制与需求而定，方心长度大于或小于三分之一，与清中期以后所规定的“三停尺寸”（方心长占副箍头以里之间画面总长的三分之一）有较大区别。

从纹饰角度来看，以永乐十四年的武当山金殿彩画（图5）和正统八年智化寺如来殿、万佛阁内檐彩画为例（图6），可见明代彩画纹样特征以旋花纹样和如意头纹样为主，由“一整”和“两破”旋花纹或如意头纹相互搭配后形成“一整两破”，“一整”和“两破”之间呈“喜相逢”或“勾丝咬”的雏形卷叶纹。

找头中整旋花纹呈现明代早期写生化、明代晚期图案化的样式，旋花头路瓣由写生翻瓣状到几何螺旋纹，二路瓣从凤翅到花瓣状，花心由写实石榴头到几何花瓣状的整体演变趋势。（图7、图8）

表1：明洪武年间规定亲王、官宅、庶民彩画油饰分类

等级	亲王宫室		公侯府邸	一品二品官宅	三品至五品官宅	六品至九品官宅		庶民房屋
彩画用色	正门、前后殿、四门城楼饰以青黑	亲王宫得饰朱红、大青、绿，余居室止饰丹碧	家庙梁栋斗拱檐桷用彩色绘饰	厅堂梁栋斗拱檐桷用青碧绘饰	庙堂梁栋斗拱檐桷用青碧绘饰	厅堂梁栋止用土黄刷饰	厅堂梁栋止用粉青刷饰	不许彩色装饰
油漆用色	四城正门以红漆金涂铜钉，前后殿座用红漆金		家庙窗枋柱用金漆或黑油饰	门用绿油	门用黑油	门用黑油	–	
年代	洪武四年	洪武九年	洪武二十六年				洪武三十五年	洪武二十六年
出处	《大明太祖高皇帝实录》卷六十	《大明太祖高皇帝实录》卷一百六	《明会典》卷六十二					

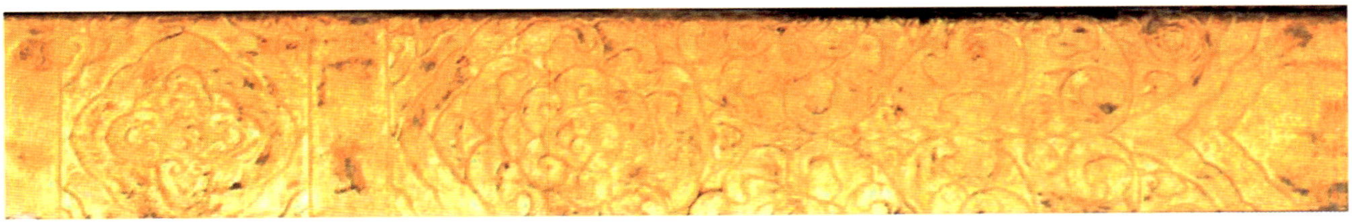

图5：[明]武当山金殿浑金彩画（永乐十四年）

图6：[明]智化寺如来殿、万佛阁内檐金线碾玉青绿点金彩画

从色彩角度来看，明代旋子彩画，主体色调以青绿色为主，间以红色为辅，以墨线和金线作为纹饰的轮廓线和色调分界线。凡青色之外即为绿色，绿色之外即为青色，两色反复相间使用。所有青绿色一律顺线路认色（不是纯白色，而是青绿色的同色系的浅色）拶退加晕，方心线和楞线造型为三段内弧线型，方心线和皮条线的内外采用对晕的技法，即与主要线路（金线或墨线）对晕，让浅色相对。整体色调以青绿冷色为主，其间点缀朱、金，色彩对比鲜明醒目，且无一处利用白色为界限，乃其色调柔和素雅、优美之主因（图9）。

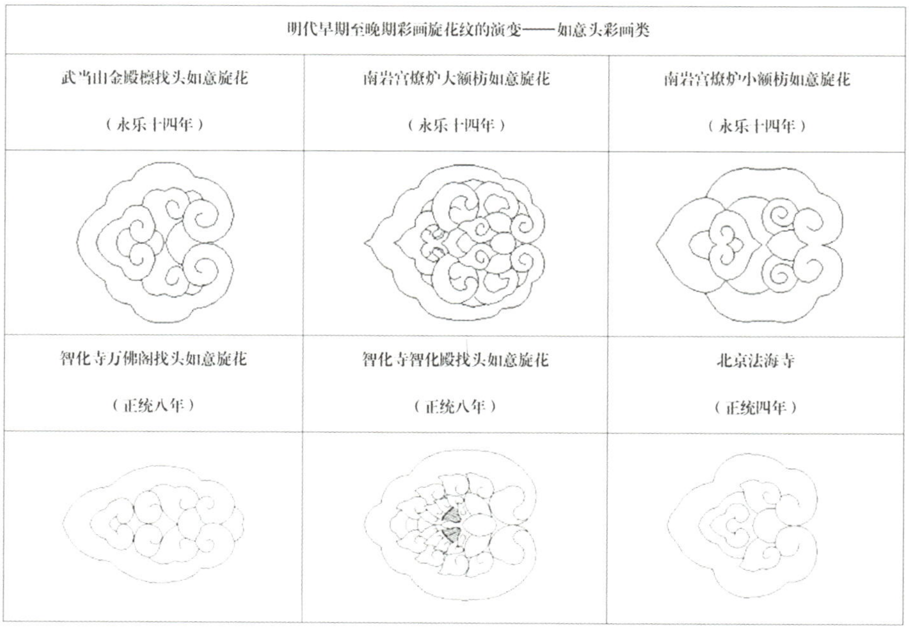

图7：明代早期至晚期彩画旋花纹的演变

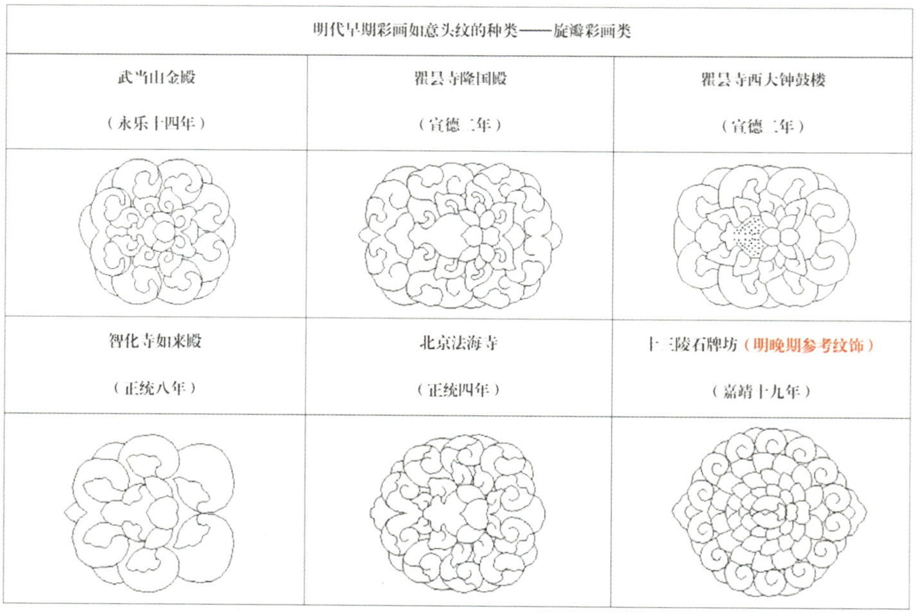

图8：明代早期彩画如意头纹的种类

图9：[明]智化寺建筑彩画色彩小样（资料来源：《中国建筑彩画图案·明》，人民美术出版社）

图 10：[清] 乾隆朝金龙和玺彩画

图 11：[清] 嘉庆朝金琢墨石碾玉旋子彩画

图 12：[清] 乾隆朝方心式金线苏画

图 13：[清] 康熙朝宝珠吉祥草彩画

图 14：[清] 乾隆朝海墁彩画

第二部分：清代官式彩画图案设计艺术特征

清代彩画是从明代彩画发展演变而来，继承了旋子彩画的类别并有所发展，同时在清初，随着清军入关满族宝珠吉祥草彩画被带进北京；其次还萌生了新的品种“和玺彩画”；乾隆皇帝六下江南把江南的原装苏式彩画带入京城，和官式彩画结合为“官式苏画”；并且加入了一种活泼自然，充满文人意趣的海墁彩画。从清代彩画颜色看较明代又有了发展。基调为以青绿色为主的冷色调，但是用红色的范围比明代多了，五彩缤纷、五色俱全。尤其到清康乾时期，彩画的用金量骤增。比如故宫的太和殿、奉先殿的彩画使用金箔面积占50%～100%。随着物质基础、生产力的不断发展、生产手段的提高，清代彩画进入了一个全盛时期。

清代官式彩画亦分为五大类型：和玺彩画、旋子彩画、苏式彩画、宝珠吉祥草彩画、海墁（图10至图14）。纹样种类则表现得更为多样，典型母题有龙纹、凤纹、植物纹、宝珠纹、斑竹纹、故事性纹样等。

在整个授课过程中，学员们与杨红老师积极互动，在老师的引导下辨析不同年代彩画的特征，学习彩画年代判断的依据（图15）。如明代彩画典型特征为构件端头为副箍头、方心头造型线呈二段或三段内凹弧形，找头中旋花纹纹饰一整二破头路瓣为写生花瓣状、二路瓣为凤翅瓣及花心为石榴头、云头等造型特征，旋花造型写生化是明代早期官式建筑彩画的典型特征；而明代晚期旋花纹逐渐趋于几何化造型。杨红老师还指导学员尝试柱头部位彩画的绘制，以亲身体验的方式加深对彩画绘制方法的认识。

洪武至弘治时期	嘉靖至康熙时期	顺治至雍正时期	乾隆至道光时期	道光至民国时期
一波三折	宝剑头	花瓣状 1	花瓣状 2	海棠盒状

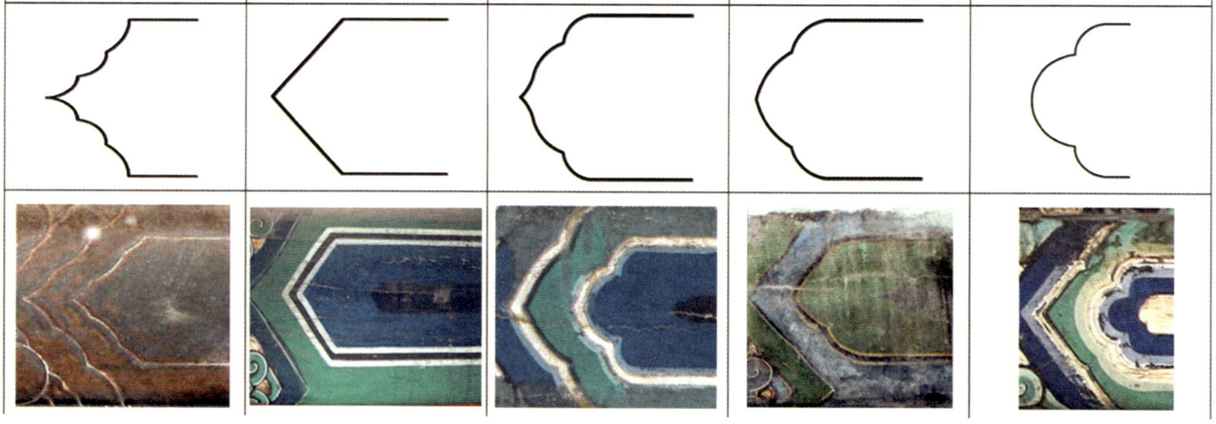

图 15：大线纹饰造型演变规律

同时，杨红老师进一步带领学员深入理解清雍正朝颁布的官书——工部《工程做法》中对彩画类别的描述。杨红老师指出，当今我们所说的“五大类”彩画，在清工部《工程做法》中并没有出现。书中只提到“合细伍墨沥粉金龙方心”，后人理解为和玺彩画。旋子彩画也没有，只提到“金线大点金沥粉云龙方心伍墨彩画”“小点金龙锦方心伍墨”“雅伍墨花锦方心”，以及大点金、小点金、雅伍墨、土黄三色等词。彩画是按照贴金面积大小、方心纹饰内容、色彩运用，而命名彩画名称的，大体归纳为四类。

本次课程中杨红老师还重点以大量现存官式苏画实例与复原案例为素材，图文并茂地为同学们讲授了清代官式苏画的构图形式、装饰题材和工艺做法。

官式苏画，即官式做法的苏式彩画，是由当地建筑管理部门按照当时的等级制度和工料限额直接组织官匠制作的一种定型做法。它的服务对象主要是皇家园囿建筑、王公大臣府邸、敕建的寺庙和各级衙门。

（一）官式苏画的类别

清工部《工程做法》记载，官式苏画的构图形式分为三大类：一为方心式苏画（图16），二为海墁式苏画（图17），三为包袱式苏画（图18）。每种类型按照工艺做法或纹饰题材的不同又可分为多种。方心式苏画可分为：金琢墨苏式彩画、聚锦苏式彩画线路贴金夔龙宋锦方心、花锦方心苏式彩画、花草方心苏式彩画，苏作雅伍墨花锦夔龙方心做走兽彩画。海墁式苏画包括：博古苏式彩画、寿山福海苏式彩画、五福庆寿苏式彩画、年年如意苏式彩画、福缘善庆苏式彩画。包袱式苏式彩画又分为：云秋木苏式彩画、福如东海苏式彩画、锦上添花苏式彩画、群仙捧寿苏式彩画。以方心式苏画为例，它的构图元素包括找头（箍头、卡子、聚锦、花团、花卉等）、方心和找头三部分，随着彩画细部方心纹饰、卡子、聚锦的样式与做法的不同，官式苏画也呈现出丰富多彩的样式种类。

（二）官式苏画的装饰题材

官式苏画虽然不运用在皇帝登基及处理政务的重要宫殿，但也是为皇家服务的，因此在题材的选择上也要体现皇帝的尊严、皇权的威严，就像家具和玉器一样，同样出现了一些以真龙纹、夔龙纹、真凤纹、夔凤纹为主题的图案，配以博古、写生画、人物画、花鸟画等活泼的纹饰。总结起来，官式苏画的装饰题材可以分为四大类：一是吉祥图案，如海鹜添筹、福缘善庆、万福流云等；二是花卉图案，如富贵多子、一路青莲、桃柳燕争春等；三是动物图案，如春牛图、封侯挂印、探花及第等；四是人物故事，如“渔樵耕读”“四如八爱”“竹林七贤”“八仙过海”等；除此之外还有以戏文或民俗为题材的图案，如最常见的婴戏图（图19至图21）。

中国传统图案讲究图必有意、意必吉祥，官式苏画的装饰图案描绘了人们日常生活的美好图景，蕴含着对长寿、富贵、福运等愿景的向往，同时也传达出了一定的教化意义。

（三）官式苏画的工艺

官式苏画的工艺做法，主要有沥粉贴金箔、平金开（红）墨、窝金地、拶退活、画白活等，其中拶退活还包括金琢墨拶退、烟琢墨拶退、烟琢墨拶退点金、玉作等。画白活（写生画）又分为落墨搭色、硬抹实开、拆垛、作染、洋抹五种绘画技法；另有捻连珠、退烟云、盒子岔角等工艺做法（图22至图26）。

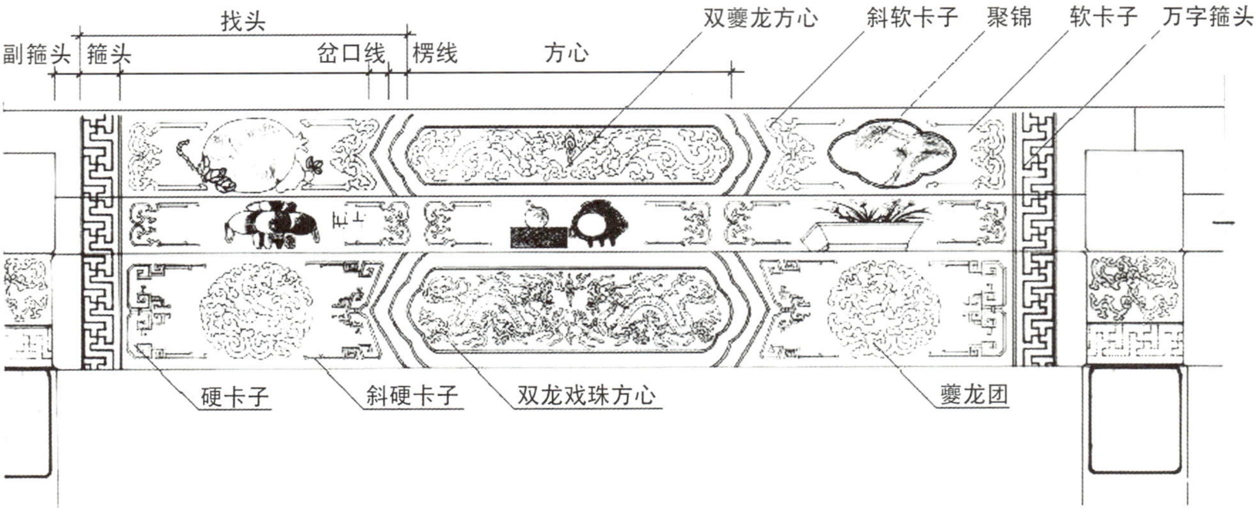

图 16：方心式苏画构图与纹饰、颜色组合规律

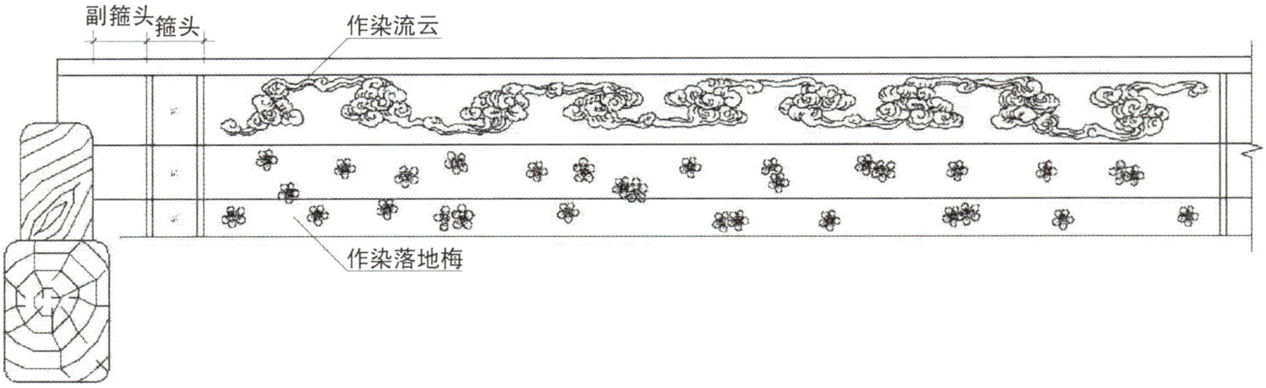

图 17：海墁式苏画构图与纹饰、颜色组合规律

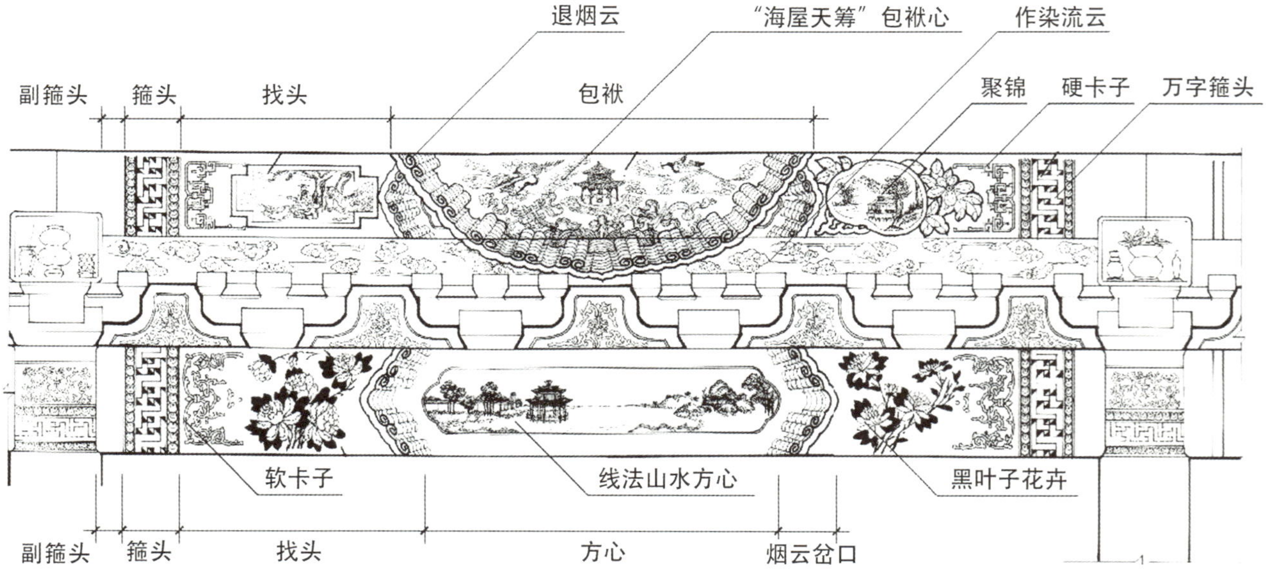

图 18：檐檩包袱式苏画构图与纹饰、颜色组合规律

图 19：“四如八爱”之如负薪

图 20：“四如八爱”之如挂角

图 21：故宫外东路庆寿堂彩画方心“海鹜添筹”

图 22：双龙戏珠纹方心“沥粉贴金箔”

图 23：屏门红油地“平金开（红）墨”

图 24：夔龙方心“金琢墨捞退”

图 25：青绿山水方心“窝金地”

图 26：找头聚锦水墨山水“画白活”

彩画纹饰在不同时期会呈现出一些典型的特点或规律，这些特点和规律可以帮助我们对彩画进行时代特征的判断，这种判断方法称为“风格测年”。对于官式苏画来说，清晚期时，箍头形式以花箍头为主；在方心式苏画中开始出现烟云岔口，而包袱式苏画的包袱边，形成了以两个烟云筒组合的定式，且开始与烟云托子组合出现；方心纹饰出现“桃柳燕争春”“金鱼水草”等题材内容；在找头部位的图案组合也呈现出“青地绘硬卡子聚锦、绿地绘软卡子写生花卉”的固定搭配；方心或找头部位的图案，在绘画技法上常用兼工带写的小写意来表现；此外在设色规律上遵循青香绿紫的搭配原则。总体来说，与清中期相比，清晚期的官式苏画，不论在构图形式、纹饰题材或是表现技法上都呈现出较为明显的规律性，这种明显的规律性在一定程度上可以说是历代艺术的集大成在等级制度下的必然产物。

课后，学员们围着杨红老师进行了热烈的讨论（图27）。杨红老师授课严谨且极具感染力，引起学员们阵阵掌声。首都师范大学附属中学裴姗老师认为，杨红老师在课程中列举了大量的彩画实例，让同学们大开眼界、受益匪浅，使之前的彩画理论学习与实例相结合，加深了学员们的认识，让学员对苏式彩画的年代脉络更加清晰。明清官式彩画两天的课程，为学员们今后的设计灵感和构思提供了极具价值的基础资料，拓宽了学员们的创意思路，也为培训班即将开始的官式彩画创作课程积累了丰富的创意设计元素。

图27：课间杨红老师与学员们一起讨论

历代彩画艺术特征鉴赏（地方）·一

江南建筑彩画艺术 [1]

纪立芳，故宫博物院古建部正高级工程师，主要从事官式建筑裱糊与彩画勘察与设计工作。主持或参与故宫养心殿、乾隆花园、宝相楼、承乾宫等处裱糊、彩画保护修复工程，发表多篇论文，著有《江南建筑彩画研究》一书。

纪老师在课堂开始以《论语》第一篇为切入点，提出对本此培训的希冀：“学而时习之”，叮嘱大家经过近十天的理论学习，要多温习并实践所学课程内容以实现逐步提升；“有朋自远方来”，为了共同的学习目标，各专业教师以及来自不同地方、不同专业背景的同学齐聚一堂，每位专业教师给学员赋能，学员之间互相赋能，最终实现官式彩画的活化利用。其后，纪老师以儒学经典四书《中庸》中的“中”“和”，阐明我国官式建筑彩画所体现的文化价值，援引山东曲阜孔庙建筑虽历经两千多年的改建，官式建筑彩画赓续绵延，相关文献档案历代未曾中断，并且体现出官式彩画由朱青绿逐渐向青绿转变的历史脉络，实为中国古代彩画发展史的奇观（图1）。

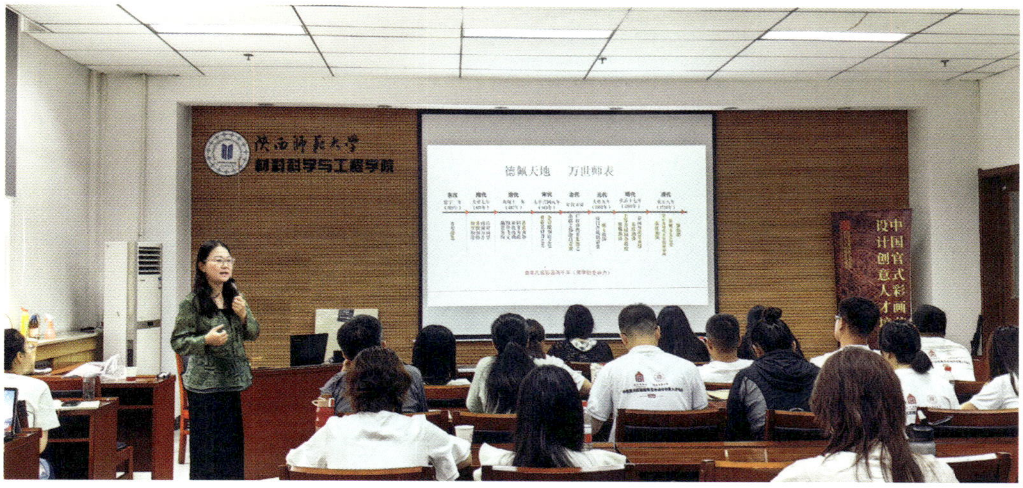

图1：纪老师授课现场

纪老师在课上指出，江南地区的地理范围在历史上是不断变化的，学者李伯仲认为自明代以后其范围才基本确定。划分为广义上的苏南、皖南以及浙江全部；狭义上指环太湖

1　本篇图片及文字根据纪立芳老师授课记录整理编写。

流域。因历史上南京和杭州曾建立都城，江南彩画体现出民式与官式不断交错、渐变的演变过程。课上，她以江南彩画在历史上的发展为脉络，选取较有代表性的历史时期展开讲述：南朝时期许嵩在《建康实录》中曾记录梁朝著名画家张僧繇在寺庙门楣上所绘“凹凸花”。由画坛圣手亲自参与的彩画作品，极大地提高了官式彩画的艺术感染力。这一时期印度佛教题材绘画中的叠晕技法与传统书法的骨法用笔相结合。其后，五代时期南唐二陵与吴越国的帝王墓室的彩画多以朱红为主色调，与中原地区帝王陵寝无论在色彩上还是在纹饰题材上都非常一致，特别是吴越国康陵“五彩间金”彩画可为宋《营造法式》彩画作上五彩中“五彩间金”的重点案例（图2）。南宋建都临安，但所有宫殿官署均毁于亡国时，南宋《五山十刹图》中有一张浙江临安佛教寺庙“径山法堂月梁”可见彩画端头作“三卷如意头”构图。明初建都南京，而地面建筑荡然无存，目前发现明代中晚期浙江绍兴吕府与何家台门仍保留有中晚期准官式旋子彩画，其旋花造型外轮廓呈如意头，内有凤翅瓣状旋瓣，整体造型圆润饱满（图3、图4）。除官式彩画外，明代江南一带流行的“包袱锦”彩画，与该区域分布全国重要官营织造机构密不可分。明末清初苏州一带的地方彩画，因其构图灵活，纹饰典雅，沿运河一路北传，促使了官式苏画的最终成为官式彩画的重要品类，官式苏画又在清代中晚期影响了江南一带地方彩画大量写生题材的出现。

(a) (b) (c) (d)

(e) (f) (g)

（a）[五代]浙江临安吴越国康陵后室彩画(939年)；（b）南唐李昪陵斗拱彩画；（c）南唐李璟陵立枋彩画；（d）南唐李昪陵柱头彩画；（e）[五代]李昪陵东壁北侧立枋彩画；（f）[五代]浙江临安吴越国康陵后室垂幔彩画；（g）[五代]南京南唐李界陵后室彩画(943年)

图2：五代时期南唐二陵与吴越国的帝王墓室彩画

图3：明代中晚期浙江绍兴吕府准官式彩画

（a）钟粹宫明早期如意形旋花样式；（b）智化寺万佛阁；（c）何家台门；
（d）武当山金殿；（e）长春宫；（f）吕府；（g）养心殿西群房明晚期样式；
（h）明十三陵大牌坊；（i）神武门东大房；（j）咸福宫同道堂

图 4：明代中晚期各式旋花造型

随后，纪老师以精美的江南常熟彩衣堂（图5、图6）与徽州呈坎宝纶阁彩画（图7、图8）为例，总结该区域彩画的特点：（1）繁简得宜，素地留白手法的运用，是江南彩画最富有诗意的特质；（2）木衣锦绣，锦纹与扁作及圆作月梁等构件的完美结合，在方寸之内展示典雅富贵之美；（3）绘制灵活，突出体现构件之间主体大线无须对齐，找头与方心的长短也无固定比例，锦纹绘制亦多以“摊活”为主。纪老师分享了徽州呈坎宝纶阁彩画绘有明晰网格辅助线，体现了活的线条。课程的最后纪老师更以“彩画千年、和合为美”为主题，向学员们展示了以和谐为主题的彩画纹饰与当代文创产品的结合。

图 5：常熟彩衣堂包袱锦彩画 1

图 6：常熟彩衣堂包袱锦彩画 2

图 7：安徽呈坎宝纶阁彩画

图 8：安徽呈坎宝纶阁彩画锦纹“摊活”线稿痕迹

下午，纪老师组织学员中来自山东的彭凯、安徽的梁磊、河南的朱艺、云南的贾云分享了曲阜孔庙彩画、徽州呈坎宝纶阁彩画、河南彩画、云南彩画等内容，在相互交流中让大家了解地域建筑彩画的特点以及在当代的应用等。课程最后，纪老师为全体学员发放了传统手工笺，让大家放下手中的电脑和手机，拿起笔来，通过书写或绘画的方式对此阶段学习进行总结，完成一次由心到笔的表达。回应本课初始提到孔子的教学理念“学而时习之，不亦说乎”。本次课通过纪老师用心组织的开放式课堂以及娓娓道来的讲述方式让大家感受到了别样的喜悦和充实（图 9、图 10）。

图 9：学员课堂手绘场景

图 10：学员课堂上完成的作业

| 历代彩画艺术特征鉴赏（地方）·二 |

山西五台山佛寺建筑彩画[1]

张昕，北京工业大学建筑与城市规划学院教授，她讲授“山西五台山佛寺建筑彩画”。张昕老师2007年毕业于同济大学建筑系，获建筑历史与理论专业博士学位，2008年受聘为《古建园林技术》杂志执行编辑及中国民族建筑研究会风格艺术专业委员会专家委员，主要从事建筑遗产保护的理论与实践。张昕老师以发展的眼光研究建筑遗产保护方面的问题，并应用于保护规划、设计实践及文化传播。

课程分为彩画综述、下五彩檩枋梁构图与典型纹饰、上五彩檩枋梁构图与典型纹饰、辅助构件彩画特征四个部分。

五台山彩画是我国北方风土彩画的重要类型。“风土”本身包含风俗习惯与地理环境等内容，与之相应的“风土建筑”则可归纳为“土生土长，具有环境性格、风俗内涵和生活场景特征的各类房屋及其他历史地标”。风土彩画即与官式彩画相对应、与风土建筑相适应的彩画类型，通常分布于一定的空间和时间范围内，且体系完整、脉络清晰、传承稳定，并具有明显的地域和风俗特征。五台山地区的风土彩画因独特的敕建背景而受到官式彩画的影响，并因文殊信仰而具有突出的宗教属性。此类彩画以清代后期为代表，分属于旋子彩画和苏式彩画两大体系，但从基本属性、类型划分到等级安排均与官式彩画有所区别。

（一）分布范围与影响因素

在长期的演进过程中，五台山逐渐形成了与佛寺营建相应的匠作区域。佛寺彩画在敕建背景、风土环境和宗教信仰等因素的共同作用下，体现出雅俗相间、古今相通、汉藏结合、三教交融的多元特征。其丰富的元素和多样的题材则显示出五台匠帮与其他匠帮的广泛交流，及其对新生事物的积极吸纳。

（二）五台山彩画的发展阶段与基本特点

五台山佛教寺院包括汉传与藏传两大类，现存彩画主要集中在清代。彩画的发展可以划分为四个阶段，即明末清初、清代前期、清代后期和清末民初，且与官式彩画影响的消

1 本篇图片及文字根据张昕老师授课记录整理编写。

长息息相关。官式彩画因明末至清代前期的大量敕建活动而对风土彩画的发展产生了重要作用。随着敕建工程的减少，其影响自清代后期趋于弱化。风土彩画逐渐形成了自身的风格，并成为五台山彩画的代表。

1. 明末清初官式与风土彩画的显著差异

明末清初的大致范围约在明代晚期至康熙前期，以明万历年间的敕建活动为盛。虽然佛寺建筑的持续使用和不断更新使保留至今的彩画集中于相对晚近的历史时期，这一时期五台山佛寺彩画的主要特征在于基本类型的二元分立。因为藏传佛教尚未全面兴起，所以黄庙彩画与青庙彩画的区别并不明显，且未形成突出的特征（图 1）。

2. 清代前期官式与风土彩画的相互交流

清代前期约自清康熙至乾隆时期（约 1662—1795 年），其时五台山敕建寺院剧增。清圣祖曾五次朝山，先后修葺寺院 20 余座，并于康熙四十四年（1705 年）敕令五台山菩萨顶、罗睺寺等 10 座汉传佛寺改为藏传佛寺，随之强化了汉、藏文化的交流。随着敕建中五台画工的参与，清代前期汉传佛寺的官式与风土彩画在自身更新的基础上展开了相互交流。藏传佛寺彩画随藏传佛教的大兴而发展，逐渐增加了六字真言、十相自在等藏传符号。但除个别符号外，与汉传佛寺彩画区别有限（图 2）。

图 1: 塔院寺大慈延寿殿内檐官式彩画与晋南风土彩画对比

图 2：罗睺寺天王殿内檐彩画与菩萨顶大文殊殿内檐对比

3. 清代后期风土彩画的发展与成熟

清代后期约自清嘉庆至光绪时期（约 1796—1908 年）。随着王朝的衰落，五台山佛寺的敕建工程急剧缩减。这一时期汉传佛寺的主要变化在于官式彩画的逐渐退出与风土彩画的发展成熟。官式彩画未能得到及时更新，逐渐分解为片段融入风土彩画中。藏传佛寺彩画的发展与汉传佛寺相近，其特征仍多限于个别符号，且集中在中、高等级的彩画内。彩画中遂出现了佛足、坛城、明王、度母、先师、宝珠吉祥草、观头箍头、半拉瓢卡池子，甚至和玺彩画的部分内容，一些藏传佛教符号还出现在汉传佛寺中。

清代后期的风土彩画逐渐形成了自身的风格，其遗存众多、体系完整、传承稳定，成为五台山汉藏佛寺彩画的代表。这一时期的风土彩画根据纹饰和造价由低到高分为“下五彩”“中五彩”“上五彩”三个等级，而中五彩又细分为下中五彩和上中五彩两种类型。其中下五彩和下中五彩可以纳入旋子彩画体系，但找头多施佛教特征鲜明的单路莲瓣，盒子则多用锦纹。上五彩和上中五彩可纳入苏式彩画体系（主体为乾嘉时期风格），但找头大量使用龙凤及佛教渊源深厚的狮子，且方心几乎不用锦纹。同时，尚有一种简单的“画木纹”。其主体类似清代早期的官式“云秋木做法”，局部引入了同属自然纹饰的老斑竹纹。在五台山地区，这种做法并不独立，多与较低等级的彩画类型相结合。此外，藏传佛寺还偶有特殊的海墁吉祥草做法（图 3）。

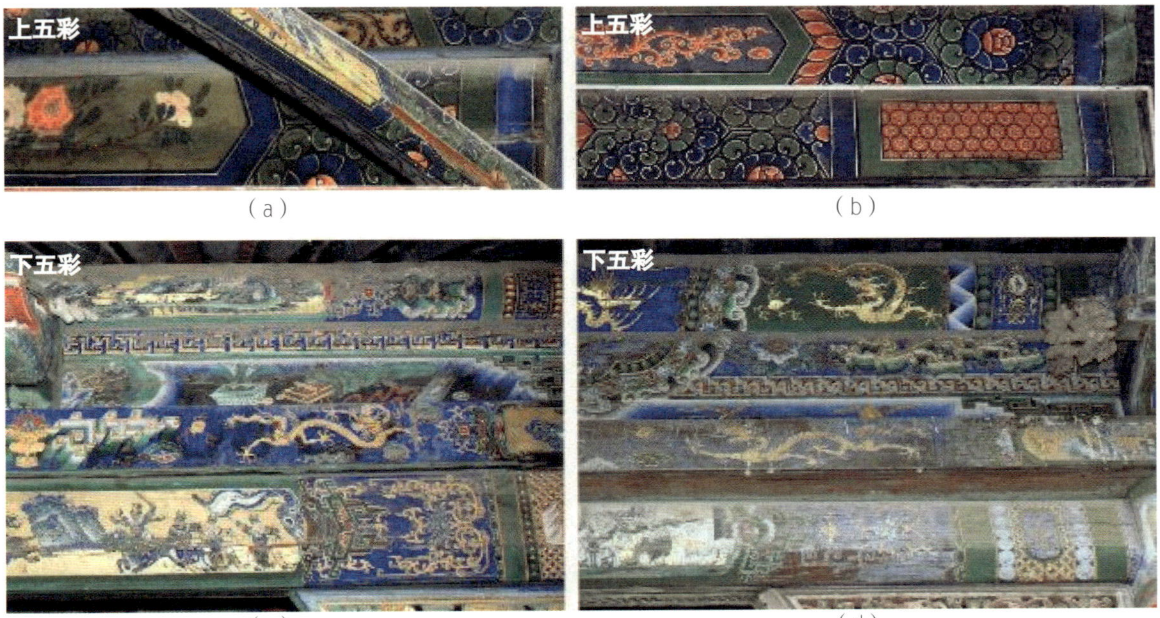

（a）广宗寺大雄宝殿内檐；（b）镇海寺文殊殿内檐；（c）龙泉寺观音殿外檐；
（d）万佛阁龙王殿外檐

图 3: 清代后期五台山典型的下五彩和上五彩

4. 清末民初风土彩画的世俗化演进

清末民初约自清宣统至抗战前夕（约 1909—1937 年），其时五台山汉传佛寺的风土彩画在原有基础上巩固发展，并在局部引入了一些与宗教信仰无关的流行纹饰。此类新生做法常见于等级较高的上五彩和上中五彩，多施于主要建筑的后檐、山面、廊内、内檐，以及辅助建筑的外檐，一般不占重要位置。实际上，类似的变化在光绪年间就已出现，显示出风土彩画紧跟时代发展的开放性特征。

早在崇祯年间，民间宗教白莲教的一个支派八卦教便传入了五台山，清末继传于金阁寺的普济和尚（俗名李向善），改名为九宫道。伴随着九宫道的兴起，为吸引香客、满足民众追新求变的心理，五台山彩画也开始推陈出新。经由西风东渐而来的近代建筑及其特殊的透视关系、色彩效果、光影处理与传统的人物、花鸟、龙凤等相互交替；自行车、眼镜等时尚元素亦纷纷出现。随着民国初期晋中商帮的衰落以及晋中画工的北上，晋商大院中典型的彩画元素也在五台山应运而生了（图4）。

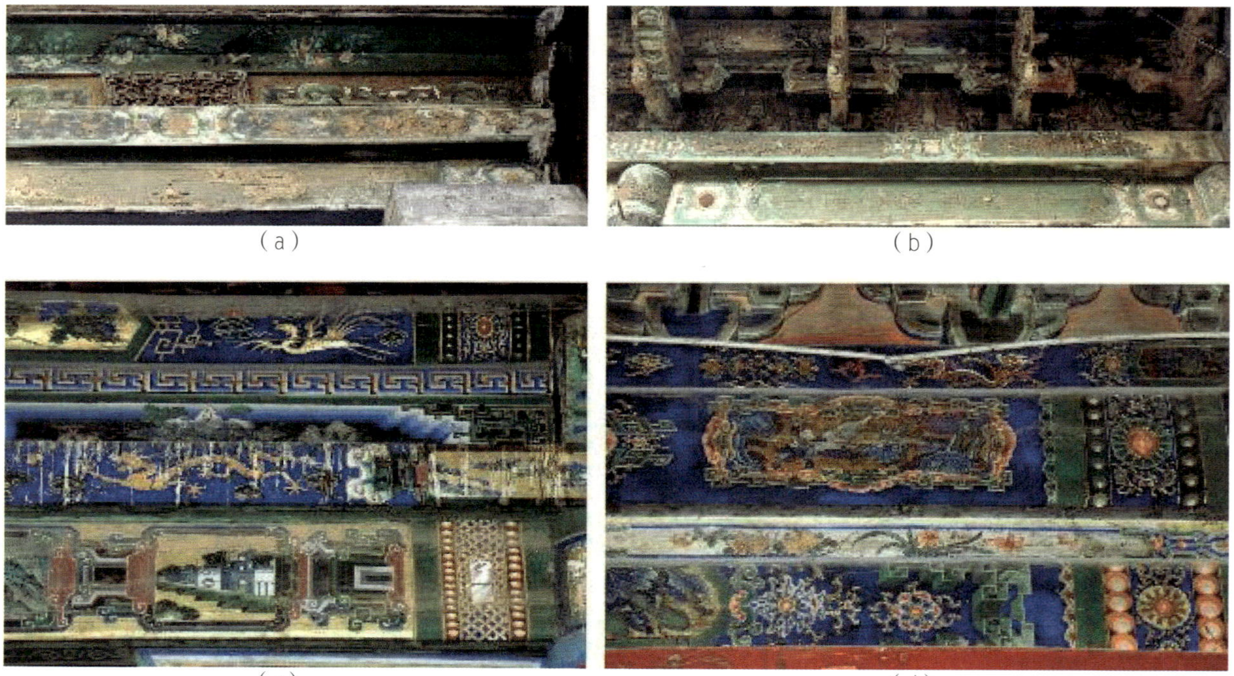

(a) (b) (c) (d)

(a) 祁县乔家大院五院过厅外檐；(b) 太谷上观巷2号正房外檐；(c) 龙泉寺观音殿外檐；
(d) 塔院寺藏经阁内檐

图4：清末民初晋中地区风土彩画及五台山彩画中相关元素的引入

（三）基于木结构体系的下五彩类檩枋梁彩画构图

在五台山风土彩画中，下五彩类属于旋子彩画体系，包括雅伍墨类下五彩与适量贴金的下中五彩。二者檩枋梁构图以方心式为基础，且做法相近。如将作为构图重点的找头、盒子和箍头统称构图元素，则此类元素的构图组织、组合方式与比例关系均受到木结构建筑不同程度的影响。同时，清代官式彩画与周边风土彩画的共同作用亦使彩画构图呈现出过渡性与多样性特征（图5）。

彩画中的构图元素与加固木结构节点的金属构件密切相关，从而使彩画构图随木结构的发展而变化。作为官式与风土彩画交互作用的产物，下五彩类同风土建筑相适应，其檐檩、

(a) (b) (c)
(d) (e) (f)

(a)［春秋］凤翔秦雍城遗址；(b)［宋］佚名《折槛图》；(c)［宋］《妙法莲华经》扉页；
(d)［宋］佚名《宋太祖坐像》；(e)［金］汾阳北郊 M5；(f)［清］北京故宫太和殿）

图 5：历代木结构与仿木结构中用于节点加固的金属构件

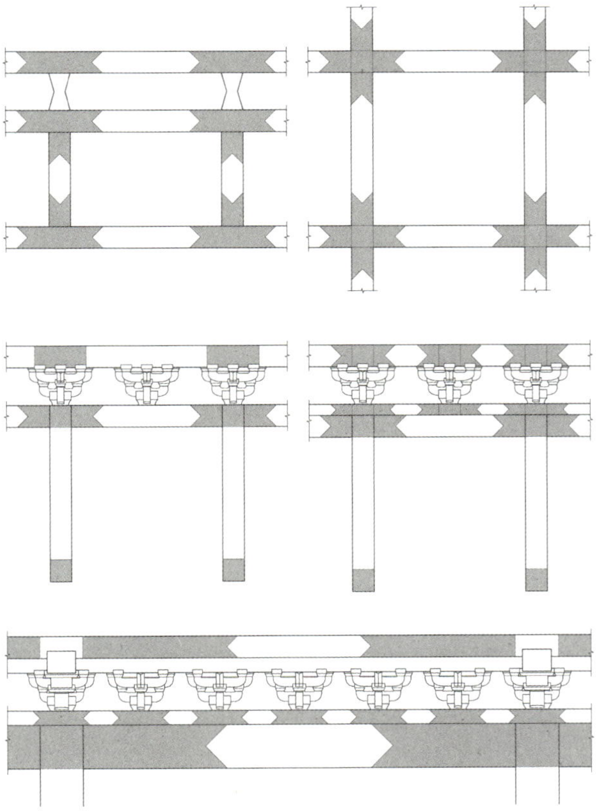

图 6: 节点加固作用下构图元素与木结构的关联性演化示意

檐枋构图的相似性显示出清代官式彩画影响，平板枋同檩、枋构图的关联性则体现出早期特征。在檩枋梁相邻构件中，部分构图元素与方心的交替已突破结构限制，更多呈现出装饰性（图6）。

五台山下五彩类檩枋梁的主要纹饰以旋花为基础。就构图元素而言，找头的旋花与单路莲瓣分别由两瓣如意头和三瓣如意头角叶发展而来，形成了横列团花与纵列花瓣的组合；箍头与盒子纹饰的比例和组织则受到源于旋花的模数单元之控制。就方心而言，典型的几何、植物和动物纹饰均表现出同找头旋花的协调（图7）。

（a）藻井［隋末唐初］敦煌莫高窟第380窟壁画；（b）釉陶棺顶及座［辽］大同马家堡M1；（c）坐具［唐］佚名《宫乐图》；（d）［宋］马和之《女孝经图》；（e）小木作类［宋］山花蕉叶佛道帐图样；（f）［清］五台极乐寺大雄宝殿；（g）［元］济南司里街墓葬；（h）［元］蒲城张按答不花墓，降魔云；（i）［清］五台塔院寺天王殿内檐；（j）［清］五台罗睺寺天王殿内檐

图7: 历代遗存中如意头尖端逆向的二方连续组合

（四）上五彩檩枋梁构图与典型纹饰

五台山上五彩类风土彩画属于苏式彩画体系，包括上五彩与在其基础上适量简化的上中五彩。二者檩枋梁的构图方式相近，包括方心式、海墁式、包袱式三种类型。三者以方心式为基础，并具有较强的关联性。相关构图组织、元素组合及构图比例各具特色，但均离不开模数制的内在作用（图8）。

（五）辅助构件彩画特征

在官式彩画的作用下，清代后期五台山辅助性构件的风土彩画多有不同程度的简化或分化，以突出作为重点的檩、枋、梁。至于其简化程度，则与彩画的等级，以及构件的尺寸和位置相关。同时，各类构件不同表面的构图方式亦受到檩枋梁彩画方心式、包袱式及海墁式构图的影响。

上、中、下五彩的分类体现出彩画在官式彩画影响下，作为风土彩画的贯穿古今之特征。官式彩画的影响至迟见于宋代。宋《营造法式》卷二十八诸作等第中，就记载了将诸作皆分为上、中、下三等的做法。延至清代，《工程做法》卷五十八的画作用料中，“合细伍墨金云龙凤沥粉方心青绿地伏上五彩”亦说明合玺彩画与上五彩的并列关系。与五彩相似，上、中、下五彩的分类在江南地区的风土彩画中普遍存在，分类标准也颇有相近之处。如江南地区的彩画可根据用金量与工艺的差异分为上、中、下五彩，其中上五彩沥粉贴金、下五彩不施金饰的特点与五彩画颇为相近。同时，江南明式彩画亦有相应的分类和特点。

张老师带学员了解了山西五台山佛寺彩画物质与非物质的双重属性及其重要意义，也了解了山西五台山佛寺彩画与建筑遗产的整体保护与发展方向。

(a)　(b)　(c)　(d)　(e)　(f)

(a) 普化寺观音殿外檐；(b) 龙泉寺观音殿外檐；(c) 广仁寺大雄宝殿外檐；
(d) 佑国寺天王殿外檐；(e) 龙泉寺祖师殿配殿外檐；(f) 罗睺寺大雄宝殿抱厦外檐

图 8：五件型结构上五彩类方心式构图中的元素交替

(a)　(b)　(c)　(d)

(a) 西藏坛城唐卡；(b) [清] 北京北海永安寺善因殿；(c) 广仁寺大雄宝殿（五台藏传佛寺）；(d) 广仁寺弥勒殿（五台藏传佛寺）

图 9: 天花坛城及其与相关纹饰的对比

| 历代彩画艺术特征鉴赏（地方）·三 |

藏传佛教建筑彩画[1]

陈捷，中央美术学院人文学院非物质文化遗产研究中心常务副主任、艺术史与艺术遗产系主任，他为学员们进行“藏传佛教建筑彩画”授课。陈捷老师主要研究佛教美术、建筑艺术与遗产保护领域，在本次课程中，他深入浅出地阐述了明清时期传统建筑彩画中的佛教元素。主要内容分为7部分，分别介绍了汉藏佛教发展、彩画中佛教元素的意义构建、佛教元素的主要内容、佛教元素的主要样式、佛教元素的表达方式、明代佛教元素彩画实例与清代佛教元素彩画实例。课程通过大量实例，分析解读了明清建筑彩画研究与制作中较为罕见的佛教元素内容。可以有效帮助学员增进对明清建筑彩画文化内涵的理解，了解其时代特征与工艺技术特点。

（一）佛教的传播及流派

课程伊始，陈捷老师简要介绍了佛教在中国的发展脉络。佛教起源于印度恒河中下游地区，其传入中国主要有三条路线：西线沿恒河谷地向西，经白沙瓦（现属巴基斯坦），沿丝绸之路进入中国，向北传播至华北地区、长江流域，进而影响到朝鲜半岛和日本等地，形成了汉传佛教，即大乘佛教。南线从印度进入东南亚，经中国云南等地传入，为南传佛教，主要集中于云南地区，也称为小乘佛教；还有一支翻越喜马拉雅山，传入西藏地区，发展为藏传佛教。

藏传佛教在发展过程中经历了前弘期和后弘期，其中后弘期与现代关系更为紧密。在后弘期，藏传佛教产生了五大支派，即宁玛派、噶当派、萨迦派、噶举派、格鲁派。自元代至清代，格鲁派影响力最大，因其僧装常用黄色，又被称为“黄教”。格鲁派与中原王朝的高层直接联系，在康、雍、乾时期，对清王朝建筑尤其是建筑彩画产生了深远影响。

（二）佛教元素主要内容

藏传佛教彩画元素有哪些？为什么佛教元素会出现在彩画里？它的目的是什么？陈捷老师引领学员们思考。

---

1 本篇图片及文字根据陈捷老师授课记录整理编写。

他讲道，藏传佛教元素在建筑彩画中出现具有两层含义：一是塑造空间特征，二是赦罪免灾、普度众生。藏传佛教建筑彩画中的佛教元素主要分为五大类：五方佛、八大菩萨、三部主、四大天王和供物。五方佛是藏传佛教瑜伽部的瑜伽五部佛，包括中东南西北对应的毗卢佛、不动佛、宝生佛、阿弥陀佛、不空成就佛，以及与之匹配的四个佛母。八大菩萨分别是：观自在、慈氏、虚空藏、普贤、金刚手、曼殊室利、除盖障、地藏。三部主，也叫三大士、三怙主，分别是文殊、观世音、金刚手菩萨。护法层面的四大天王分别为：东方持国天王、南方增长天王、西方广目天王、北方多闻天王。供物主要常见的有佛八宝（轮螺伞盖花罐鱼长）、五供（烧香、花鬘、灯明、涂香、水果）或十供、五欲供（宝镜、琵琶、香水、水果、丝绸）等。

佛教元素在彩画中通过四种形式表达。

第一种形式就是曼荼罗（图1）。曼荼罗，梵文为Mandala，意译为坛城，就是诸佛修法的道场。在彩画中，曼荼罗有大曼荼罗（佛的具象形式）、三昧耶曼荼罗（用法器法

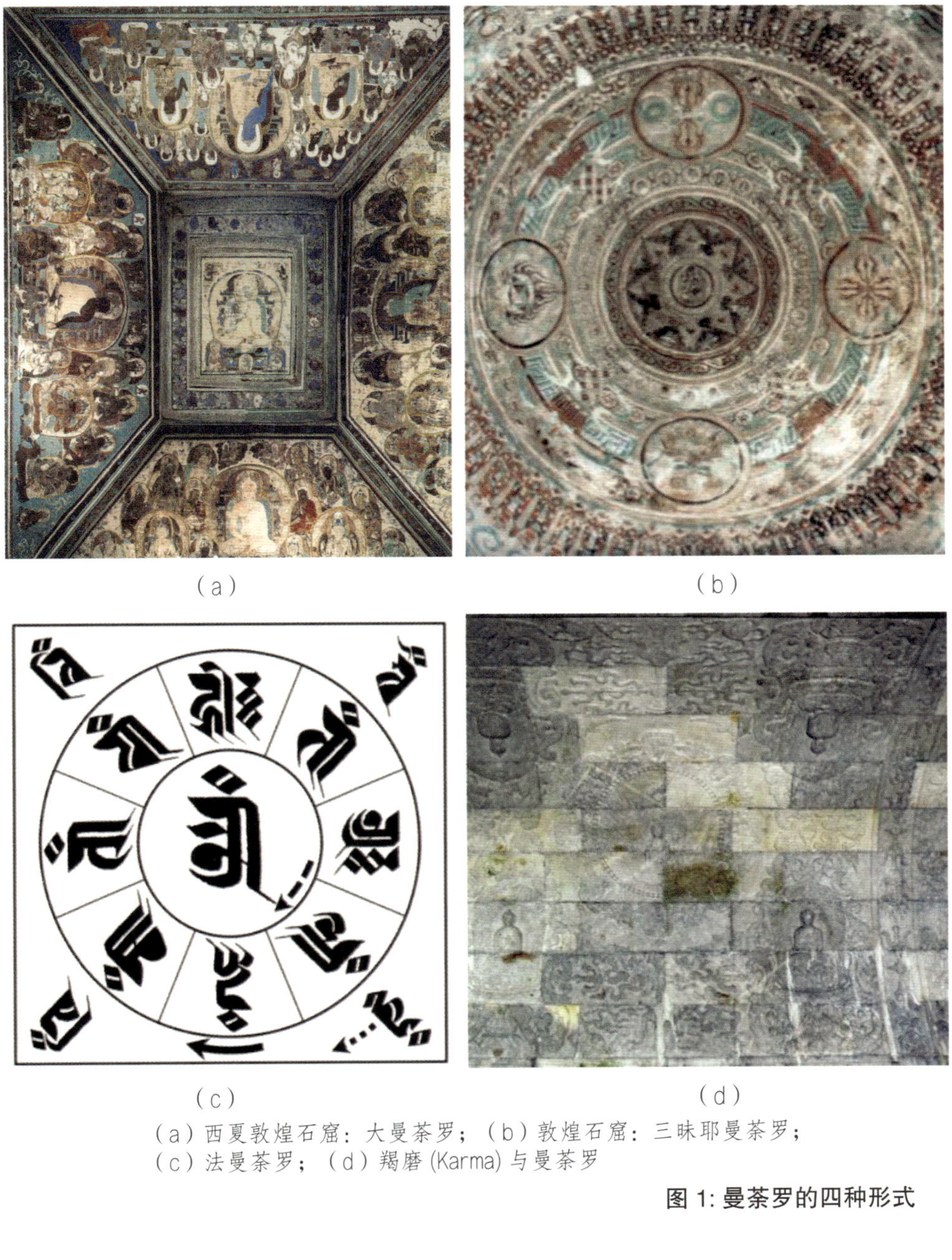

(a) (b)

(c) (d)

(a) 西夏敦煌石窟：大曼荼罗；(b) 敦煌石窟：三昧耶曼荼罗；
(c) 法曼荼罗；(d) 羯磨 (Karma) 与曼荼罗

图 1: 曼荼罗的四种形式

宝代表佛）、法曼荼罗（用梵文种子字代替佛）、羯磨曼荼罗（雕刻立体形式）四种形式。

第二种形式就是陀罗尼咒，也就是真言（图2）。在建筑彩画中，真言主要以三部主真言为主要形式。真言的书写形式有梵文悉昙体、兰札体和藏文三种，元代以前常见悉昙体，元代以后常见兰札体。

第三种形式是咒牌（图3）。咒牌是将多个兰扎体梵文文字组叠成一个字，如常见的十相自在图，也叫时轮金刚咒牌。

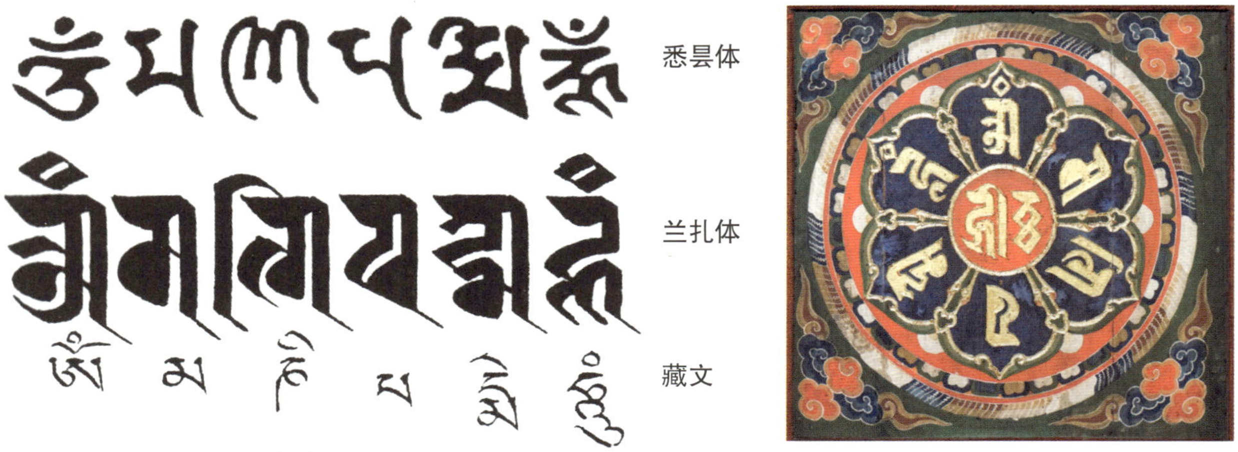

（a）　　（b）

（a）六字真言的三种书写字体；（b）兰扎体观音菩萨真言

图2：六字真言各种书体

第四种形式为梵文单字（图4）。通常是佛菩萨的种子字，常见的有毗卢佛种子字、阿弥陀佛种子字等。经过前两部分的佛教元素基本概念的讲解，陈捷老师后面为大家重点讲解了佛教元素在彩画中的具体表达方式。

图3：时轮金刚咒牌

图4：阿弥陀佛种子字

（三）佛教元素的表达式

1. 五方佛与四佛母

在建筑彩画中，五方佛与四佛母主要以曼荼罗的形式表达。以五方佛法曼荼罗为例，竖向横向为五方佛种子字，斜45度方向为四佛母种子字，天花岔角为四大天王种子字。这种组合形式的五方佛法曼荼罗是明代彩画中非常标准的模式（图5）。

图5：五方佛与四佛母曼荼罗

2. 菩萨的表达方式

菩萨元素多以真言、种子字的形式表达。八大菩萨种子字在彩画中很少见，少量见于明代佛教器物上，如智化寺藏殿经柜上的八大菩萨种子字（图6）。彩画里常见的菩萨元素多是三大士真言、种子字（图7）。

图6：智化寺经柜上的八大菩萨种子字

图7：智化寺观音菩萨真言天花

人们最熟悉的观音菩萨真言，其书写形式有：嗡嘛呢叭咪吽、嗡嘛呢叭咪吽＋种子字、嗡嘛呢叭咪吽 ＋种子字＋尾音＋句号（图8、图9）。

通常，横着书写的真言常出现在旋子或和玺旋子彩画的方心里。天花上的六字真言多数以绕圈的方式书写，顺时针或者逆时针书写皆可，然而在智化寺明代早期天花彩画上，呈现出较为特殊的六字真言书写形式，是以S形的形式排列。

兰扎体梵文

拉丁音译　om　ma ni　pa dme　hūm hrī/ 种子字

汉语音译　嗡　嘛 呢　叭 咪　吽 赫利

图8：观音菩萨真言写法

图9：观音菩萨种子字及尾音写法

该天花彩画的中央是毗卢佛咒牌，绕着咒牌S形排列六字真言，天花岔角为四大天王种子字，中间的宝珠和莲花与观音真言相互呼应（观音真言里“嘛呢”代表宝珠、“叭咪”代表莲花，翻译过来即宝珠莲花）。这种复合形式的六字真言天花仅在智化寺天花彩画上出现，形式极为独特。

图10：三字总持真言（智化寺如来殿二层天花）

彩画里出现的菩萨真言，除了三部主真言以外，还有三字总持真言，嗡阿吽，代表一种无上的法力。还有佛顶无垢真言，也叫十字真言，多见于水平构件、天花支条上（图10）。

3. 供物

除了包含神佛元素的彩画外，还有一些带有供物元素的彩画，例如佛八宝（图11、图12），在彩画中极为常见。佛八宝在明清时期有两种较为流行的八宝排序，分别是“轮螺伞盖花罐鱼长”以及“伞鱼瓶花螺结幢轮”。而其他如五供（图13）、十供等元素在彩画上的案例相对较少。在智化寺如来殿的经柜上能够看到五供的雕刻。

最后，陈捷老师分享了几个明代、清代的藏传佛教彩绘案例。清代藏传佛教建筑彩画相对明代彩画而言，其佛教元素的表达形式相对简单，主要是以六字大明咒、时轮金刚咒牌、八宝等元素为主。比较有代表性的有清西陵永福寺、承德外八庙等相关建筑，而现存明代代表性建筑有智化寺、法海寺等。

陈捷老师为大家详尽地分享了汉地藏传佛教彩画相关内容，内容丰富翔实，讲解透彻清晰。课程临近尾声，杨红老师提出一个问题：智化寺六字真言天花中心的毗卢佛种子字与雨花阁天花六字真言中心的阿弥陀佛种子字，二者在空间意义上存在何种区别？陈老师回应道：在清代乾隆时期，六字真言天花的中心种子字基本皆为阿弥陀佛种子字，而智化寺如来殿的明代六字真言中心毗卢佛种子字在彩画中属于特例，原因在于如来殿的等级相较于智化殿更高，所以在彩画设计时特意将如来殿六字真言中心种子字设为毗卢佛种子字。整个课程系统地讲解了佛教元素在佛寺彩画中的应用，为学员们今后的相关工作奠定了理论基础。

图 11：佛八宝：轮螺伞盖花罐鱼常

图 12：佛八宝：伞鱼瓶花螺结幢轮

图 13：五供：香花灯涂果

| 历代彩画艺术特征鉴赏（地方）·四 |

宝鸡绿蓝草建筑彩画艺术[1]

王晓燕，陕西师范大学教授，她带来题为“宝鸡绿蓝草建筑彩画艺术”的精彩讲座（图1）。王晓燕老师为陕西师范大学美术学院副院长、教授，教育部普通高等学校本科教育教学评估专家，陕西省室内装饰协会第七届理事会常务理事，主要从事教学、科研和室内外环境景观设计实践工作。主要研究方向为人居环境设计、艺术文化史、设计教育。主持、参与国家级、省部级科研项目9项，出版专著、画册、教材各1部，发表学术论文10余篇。王晓燕老师从绿蓝草彩画的基本概况、艺术特征、溯源研究、地域交流及影响等方面给学员们授课。

图1：王晓燕老师讲课现场

（一）绿蓝草彩画基本概念

课堂伊始，王晓燕老师介绍了绿蓝草彩画的概念。绿蓝草彩画是陕西关中西部即宝鸡地区的一种特有的民间建筑彩画类型，与当地民间社会的审美追求和自然情怀息息相关，并且优越的地形地貌和稳定的气候环境为彩画的创作与保存提供了极为合适的条件。绿蓝草彩画分布核心区域主要在岐山、扶风、眉县等地，其中以岐山县周公庙周公殿、姜塬殿、五丈原诸葛亮庙、金台区金台观等最具代表性。

（二）绿蓝草彩画的基本特征

王晓燕老师认为从整体来看“蓝草成路，绿草补空，朵子分隔”的基本布局逻辑是绿蓝草彩画特有的视觉效果，同时针对绿蓝草彩画的艺术特征进行了细化分析。

1 本篇图片及文字根据王晓燕老师授课记录整理编写。

1. 视觉构图层面

宝鸡绿蓝草彩画的构图样式自由，框架线多变，呈现出非对称均衡的视觉效果。虽然其构图比例采用传统的三段式做法，少数为多段并列式。但在构图样式的表现上，却明显趋于自由，追求“稳重求变”的装饰风格（图2）。

图 2：绿蓝草彩画基本构图

2. 色彩配置层面

绿蓝草彩画一般以“绿”“蓝”为主色调。古代泛指“石绿”“石青”两种矿物颜料，且蓝绿两色在彩画中占比 80% 左右，几乎不出现大红色。从现有图像来看，绿蓝草的颜色有严格标准，软草施绿色、硬草施蓝色，均施彩而少沥粉，使其在繁复的图案中，依然精密，统一有序（图 3、图 4）。

图 3：绿蓝草彩画

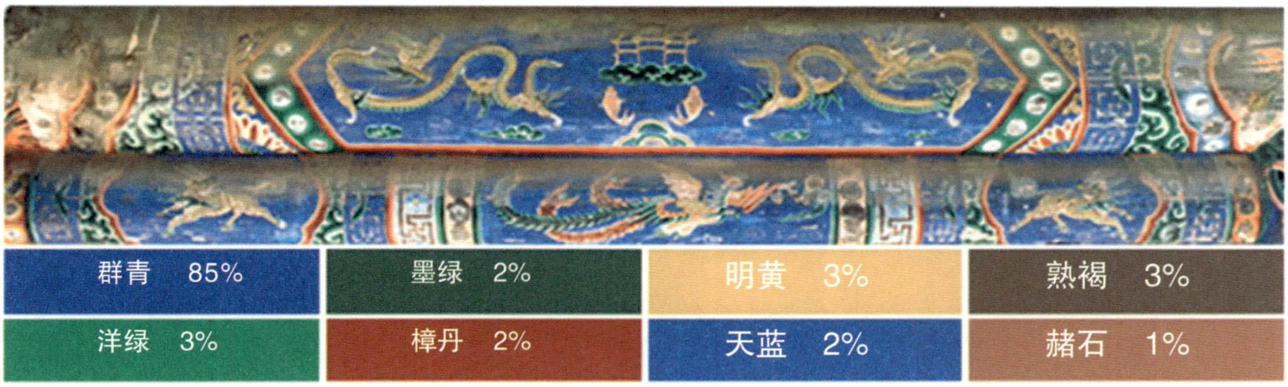

图 4: 绿蓝草彩画的主要色彩配置

3. 构成要素

“草纹”是绿蓝草彩画构图组织的显性元素，具有稳定画面的作用。具体而言，硬草是直线直角的回纹形态，软草则是利用曲线表现的卷草纹形态，通过硬草纵向成“路”，软草进行补空，两者互为相连，间装套接，形成找头装饰与轮廓线图案（图 5）。

图 5：绿蓝草彩画构图要素

4. 朵子图案

朵子是绿蓝草彩画中极具识别度的视觉要素，通常被用于分隔构图。在民间朵子也被称为菊花琢子，造型源于自然界中的向日葵，并有两种表现形式，一种为写实葵花造型，另一种是做绿、蓝、橙等色的晕化处理，花心聚散有致的程式化圆形图案（图 6）。

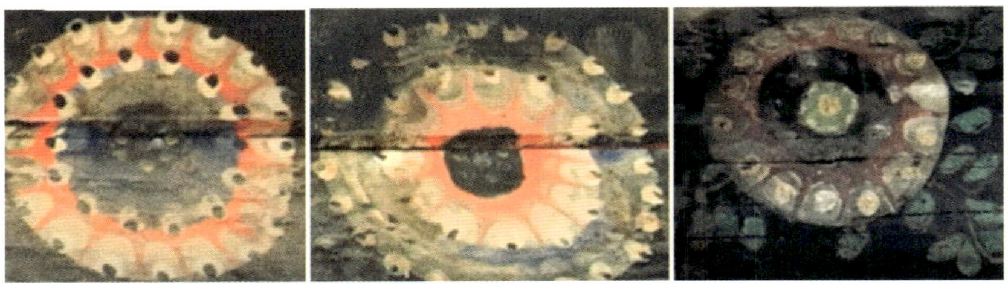

（a）

（b）

（a）写实葵花造型朵子；（b）图案型朵子

图 6：朵子图案

5. 秦腔脸谱图案

其是绿蓝草彩画典型的本土化图案，通过夸张醒目的装饰手法强调表演者的性格特征、精神特质、面积较大的额头、脸颊等则赋以大胆浓厚的色彩与纹饰（图 7）。

（a）

（b）

（c）

（a）西夏敦煌石窟：大曼荼罗；（b）敦煌石窟：三昧耶曼荼罗；（c）法曼荼罗

图 7: 秦腔脸谱的三种画法

6. 吞口图案

吞口是宝鸡绿蓝草彩画中重要的柱头装饰形式，讲究标新立异，从内容上看有龙头、狮头、虎头、异兽、鱼形、四喜娃娃、六喜娃娃等，在工艺上有泥塑浮雕吞口兽头、鼻环

图 8：柱头吞口上的兽面纹

吊饰四喜娃娃等挂件装饰形式（图8）。

（三）绿蓝草彩画的溯源研究

随后，王老师对绿蓝草彩画的起源与发展时间进行了探析。

从当前的纹饰信息、画匠谱系、遗存实物等线索进行研究，表明绿蓝草彩画的发展轨迹为明末清初逐渐萌芽，清中期至后期定型与成熟。近现代以来，宝鸡画匠在原有基础上不断丰富与创造，彰显出其作为民俗艺术特有的视觉魅力。并且从社会归属、地缘文化两个层面剖析图案语言的产生原因及象征意义。

一方面，表明绿蓝草的“草纹”是对青铜器“夔龙纹”的模仿，代表旧时统治阶级的利益，是民间百姓对西周文化的崇拜；另一方面，“草纹”与“生命繁衍”“道家阴阳”“崇尚自然”“生殖诉求”等传统民俗观念紧密相关。另外，通过画匠传承谱系的建构，可将绿蓝草彩画产生时间推至清中期。

最后，从工艺做法上王老师也进行了相关阐述，她认为宝鸡绿蓝草彩画在材料选择和工艺步骤上，与官式彩画有所区分，体现了地域特色与创新精神。例如在地仗层的制作中，会使用当地的麻纤维或棉布，这些当地材料既适用又经济。此外，在工艺与色彩运用方面，也融入了地方特色的创新和改进。

王晓燕老师对于宝鸡地区民间彩画的精准且具有深度的剖析给全体学员留下了深刻的印象，使得学员们对宝鸡地方民间彩画有了全新的认识。

同时，她从工匠传承入手研究民间彩画的思路又给了学员们很大启发，为学员们未来研究民间彩画指出了方向。

历代彩画艺术特征鉴赏（地方）·五

中原古建筑彩画漫谈[1]

宋国晓，河南大学教授、高级工程师，他为学员带来题为“中原古建筑彩画漫谈”的课程。宋国晓教授从事中国传统建筑设计、施工、教学工作三十多年。2017年荣获“2017年度中国圆明园学会个人先进荣誉”称号和“2017北京古建节特别贡献奖”；主持编著《中国古建筑》系列教材；出版《中国古建筑吉祥装饰》一书，与易中天、余秋雨、单霁翔等同著《文化十讲》一书，此外宋老师还发表多篇专业文章。

宋老师授课内容集中且丰富，分为十个单元：中原——中华文明的摇篮、宋代以前中原地区的墓葬壁画、中原佛教建筑的彩绘艺术、中原道教建筑的彩绘艺术、中原伊斯兰教建筑的彩绘艺术、中原文庙建筑的彩绘艺术、中原会馆（关帝庙）建筑的彩绘艺术、中原民居的彩绘艺术、藻井彩绘艺术，以及彩绘维修设计案例分析。

宋老师先以中原地区的地理和历史背景为切入点，详细阐述了中原作为中华文明发源地的重要性，中原文化不仅在政治、经济上占据中心地位，更在文化上具有根源性、原创性、包容性和开放性。中原地区，指的是黄河中下游的洛阳至开封一带，通常特指河南省。河南是众多王朝定都之地。中原文化是中华文明的起源，对政治体制、汉字、商业文明、科技发明和中医药等领域产生了深远的影响。

随后讲到彩画的起源。庙底沟文化，是仰韶文化的一种类型。以豫、陕、晋三省为中心，分布在东至泰岱，西至湟水，北至河套，南至淮汉，对周边地区文化的影响非常大，尤其是它富有特点的彩陶的传播，这种影响一直越过长江，最远到达洞庭湖以南地区。庙底沟类型的彩陶已处于仰韶文化彩陶（图1）工艺的盛期，多为红底黑花，出现少量白衣彩陶。典型遗址有河南渑池仰韶村、洛阳王湾、郑州大河村遗址等。

图1：弧线三角纹彩陶盆庙底沟博物馆藏

通过对宋代以前中原地区墓葬壁画（图2至图4）的分析，宋老师展示了彩画艺术从商代至东汉的演变过程。目前现存于世的元代之前的古建筑已屈指可数，且木构件上存留

1　本篇图片及文字根据宋国晓老师授课记录整理编写。

下来的彩画纹饰原迹更是少得可怜，实难作为例证依据。前期的彩画研究就只能参考出土的墓葬壁画，中原地区出土的古代壁画墓葬，目前最早可以追溯到商代，1975 年在安阳殷墟出土的壁画残块，是“在白灰墙皮上，以红色绘出对称的图案”。

图 2:［西汉］羽人、朱雀图（阳市西郊浅井头汉墓出土）

图 3：［唐代］胡人牵骆驼图（洛阳市唐安国相王孺人唐氏墓出土）

图 4：备茶图［北宋］（登封市李守贵墓出土）

在佛教建筑彩画部分，他通过对比分析，揭示了佛教彩画在不同历史时期的风格变化。隋代佛教在中原地区的发展已颇具规模。唐代佛教受到李唐王朝的大力支持，在中原地区的传播和发展也是空前的。元代对各种宗教兼容并蓄，佛教亦得到较大发展。明代对佛教倍加推崇，至民国时期，大部分寺院日渐残破。中原地区保留下来的有代表性的佛教寺院建筑彩画有：济源静林寺（图 5）、济源大明寺（图 6）、汝州风穴寺、襄城乾明寺等寺院的彩画。

道教是在汉文化发展过程中孕育成长起来的本土宗教，长久作用于民族心理、风俗习

图 5：济源静林寺大雄宝殿内檐梁架彩画

图 6：济源大明寺后佛殿内檐梁架彩画

图 7：武陟嘉应观内檐梁架彩画

惯、科学技术及社会政治经济生活的各个方面，对中国社会的影响巨大且深远，道教建筑与道教文化密切相关，并行发展，密不可分。道教建筑又称宫观建筑，是从古代中国传统的宫殿、神庙、祭坛建筑发展而来的。中原地区道教建筑彩画风格独特，其代表有：济源阳台宫、武陟嘉应观（图7）、禹州城隍庙等。

伊斯兰教方面，宋老师讲述了清真寺作为伊斯兰文化与中原传统文化结合的平台，展现了阿拉伯式建筑与中国传统建筑的巧妙融合。他通过开封清真东寺等案例，展示了中原地区伊斯兰教建筑彩画的特色。

在中原文庙建筑彩画的讲解中，让学员了解到文庙的祭祀功能和建筑布局的演变。他通过郏县文庙、南阳府文庙等实例，展示了文庙建筑彩画的艺术魅力。文庙即孔庙、学庙，是封建社会由政府设立的祭祀我国古代思想家、政治家、教育家、儒家思想的创始人孔子的庙宇。

中原会馆（关帝庙）建筑彩画部分，宋老师通过禹州十三帮会馆（图8）、洛阳山陕会馆（图9）、周口关帝庙等案例，揭示了会馆建筑彩画的文化内涵。会馆建筑始建于明代前期，嘉靖、万历时趋于繁荣，清代中期在数量与规模上达到鼎盛。会馆是顺应商品经济发展和人口流动频繁而兴起的，以乡土为纽带为流寓各地的同籍人自发设置，对于保护工商业者的自身利益起到了非常重要的作用。

图8：禹州十三帮会馆内檐梁架彩画

图9：洛阳山陕会馆内檐梁架彩画

以襄城宋氏祖宅彩画为例，他通过对彩画纹样的分析，展示了中原地区民居建筑与市井文化的关系。民居是一个地区、一个民族建筑文化的重要组成部分，传统民居通过其长期形成的建筑形态反映了所代表的地域、民族的建筑特色。并在社会生活承载及民族传统文化的延续方面都表现出重要的生态价值及社会文化价值。其建筑表面保留下来的彩画更能体现中原地区的民居建筑与市井文化。

宋老师讲述藻井的历史演变和装饰意义，从汉代的简单装饰到明清时期的华丽藻井（图10），展现了藻井在建筑中的重要地位。藻井是室内天花的重点装饰部位，多见于宫殿、坛庙、寺庙建筑当中，是安置在庄严雄伟的帝王宝座上方或神圣肃穆的佛堂佛像顶部天花中央的

图 10：故宫万春亭藻井彩画

一种“穹然高起，如伞如盖”的特殊装饰。藻井在汉代就已有之，《风俗通》记载：“今殿做天井。井者，東井之像也；藻，水中之物，皆取以压火灾也”。东井即井宿，二十八宿中的一宿，古人认为是主水的，在殿堂、楼阁最高处作井，同时装饰以荷、菱、莲等藻类水生植物，都是希望能借以压伏火魔的作祟，以护佑建筑物的安全。

最后，宋老师分享了彩画维修设计案例，随着时间的流逝，许多古建筑彩画面临着自然侵蚀和人为破坏的双重威胁。保护这些珍贵的文化遗产，已成为我们迫在眉睫的任务。彩画的修复不仅需要高超的技艺，更需要对历史文化的深刻理解。通过这些案例，学员深刻理解彩画的修复不仅仅是技术上的挑战，更是一种文化传承的实践。每一幅彩画都是历史的见证，每一项修复工作都是对未来的承诺。

宋老师的这堂课不仅提升了学员们的艺术鉴赏能力，还激发了学员对传统文化的热爱和尊重，为彩画艺术的传承与发展注入了新的活力。

丨传统彩画临创应用示范·一丨

明清官式彩画传统绘制工艺与艺术创新[1]

王光宾，北京市园林古建工程有限公司技术专家、古建油饰彩画传承人，她在课程的彩画图案临创应用实践环节，围绕“明清官式彩画传统绘制工艺与艺术创新”主题内容为学员们授课。课堂上，王老师讲授了明清时期不同类型官式彩画的工艺特征，并向学员们演示了各类型彩画的工艺流程和关键技法；最后，指导带领学员们绘制临创作品（图1）。

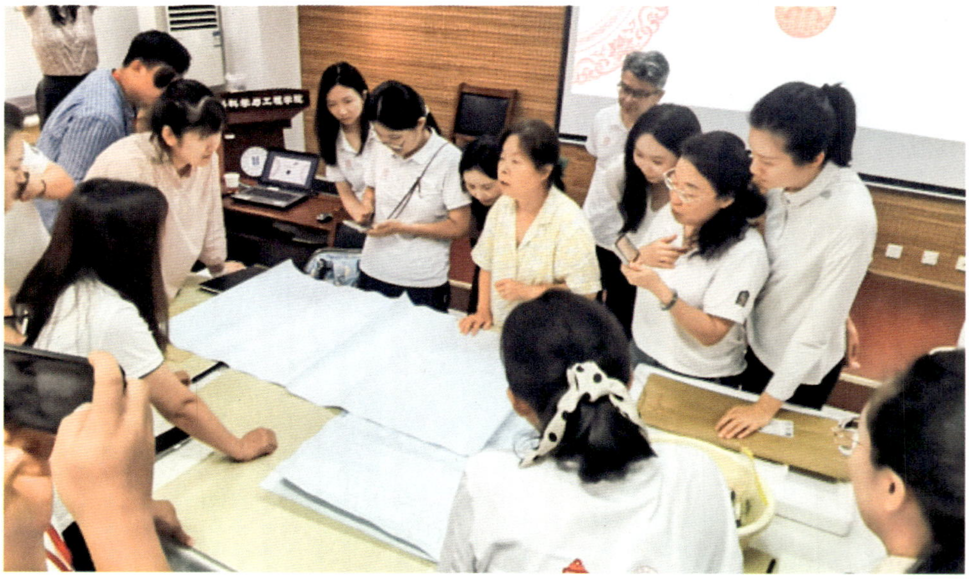

图1：王光宾老师为学员们讲授明清官式彩画传统绘制方法

在讲授环节，王老师还介绍了不同类型的图案纹饰特征及其背后蕴含的吉祥寓意。祥瑞之寓、自然之趣，是彩画的重要体现。祥瑞走兽是其重要题材之一，如：龙、凤、鸾和麒麟等，都被赋予了神圣吉祥寓意。植物题材也被广泛应用，如卷草、海石榴花、宝相花、莲花和牡丹等，象征着对高尚情操、出淤泥而不染的品质以及富贵美满的追求。这正是中国传统纹饰独特的表达语言，“意”“象”结合。

王老师给大家看了大量的天花彩画，还特地选取了五幅精美的天花图案制作成谱子，如：坐龙纹天花（图2）、夔龙纹天花、西番莲纹天花、六字真言天花、花卉天花（图3）

1 本篇图片及文字根据王光宾老师授课记录整理编写。

等，给大家进行临摹。并希望学员们在传承与创新的碰撞中寻找到突破口，在绘制过程中琢磨图案的规律、体会工艺技法的效果，溯本追源，为后期的创意设计积蓄灵感和素材。在彩画传统绘制工艺实践环节，王老师为学员们详细讲述了多种工艺的流程和关键技法，如：墨线大点金旋子彩画、平金开红墨做法、片金做法、跟头粉拶退夔龙天花、烟琢墨拶退夔龙天花；流程变换多样且极为复杂。例如：墨线大点金旋子彩画工艺流程包括起谱子、扎谱子、拍谱子、沥粉、刷大色、包黄胶、打金胶油、贴金、套拍谱子、拘黑、拶深色、压老色、行大粉等多道工序。除此之外，还介绍了许多制作技法，如：沥粉、贴金箔、拶退、作染等，均可以使彩画呈现出不同的视觉效果。明清彩画工艺流程之繁复、技法之巧妙、效果之精美，极大地调动起了学员们的主动性和积极性，大家纷纷选择自己所喜爱的纹样开始了临创练习。

图 2: 坐龙天花谱子（资料来源：边精一著，《中国古建筑油漆彩画》，中国建材工业出版社，2013。）

图 3: 玉堂富贵天花谱子（资料来源：边精一著，《中国古建筑油漆彩画》，中国建材工业出版社，2013。）

本次明清官式彩画图案临创训练实践部分天花彩画的基本绘制过程如下：

1. 裱纸

将精选的皮纸裁至适当大小，置于画板上。用糨糊或乳胶粘实一面纸口。用排刷（排笔）在纸上由中间向两边通刷胶矾水，注意使纸全部沾湿即可，不必过湿，以免粘在画板上。刷完后拎起未粘合的两角，缓缓放下，使纸自然、平整贴合画板。待纸约干至七八成时，用糨糊或乳胶封粘其余三面纸口。注意应在一面纸口上留一个小口，用于后续向纸与板间吹气，防止刷色过程中纸与画板粘连。等待纸充分干透后即可使用。

2. 起、扎谱子（图 4）

起谱子是一项相对独立的工作，先在牛皮纸上起好谱子。谱子的尺寸、纹饰特征正确与否，直接决定该工程质量的优劣，故起谱子是一项对技术要求非常高并具有决定性作用的关键工艺。谱子起好后，在牛皮纸下面垫上泡沫板，按照谱子的纹饰，用针扎出均匀的孔洞，针孔不得偏离谱子纹饰，要求针孔端正、孔距均匀，一般要求主体轮廓大线孔距不超过 6mm，细部花纹孔距不超过 2mm。

3. 拍谱子（图 5）

将起好的谱子对准纸张中心，用粉包（在纸上画需用深色的颜料，如：群青加滑石粉，包裹在豆包布内）对谱子进行反复拍打，使粉包中的群青颗粒上透过谱子的针孔，将天花主体轮廓大线，即方鼓子线、圆鼓子线等造型纹饰露在裱好的纸张表面，圆鼓子内细部纹

图 4: 扎谱子

图 5: 拍谱子

饰及岔角纹饰需要刷大色后呈现二次拍谱子。

4. 沥粉（图 6、图 7）

沥粉是一种立体塑形方法，首先将土粉和滑石粉调入一定量的胶液混合成稀稠度合适的膏状物，装在沥粉器中（白铁皮制作的粉尖子套上粉筒子，后面加上塑料袋）。通过手的挤压将粉浆挤出，顺彩画图案线路描出花纹，使花纹呈半圆形凸起粉条。在凸起的粉条

图 6：学员们在练习调制沥粉

图 7：沥粉

上贴金箔、上色等可增加立体感，有着低浮雕的效果。沥粉分为大、中、小三种粗细线条，沥粉时应注意先后顺序，一般情况下应先沥直线、后沥曲线，先沥图案框线后沥细部纹饰，这样才能避免剐蹭。

5. 刷大色

刷大色前需先调制颜色，调制过程中，控制颜料入胶量是直接关系到彩画质量优劣的关键问题：若用胶量过大，色度会偏暗不正，色面会出现明显的胶花及龟裂，严重者甚至会起翘脱落；若用胶量偏小，则容易掉色，或与其上重叠涂刷的其他颜色混色。所以在调制过程中，应逐次少量向颜料粉末之中加入骨胶（或乳胶），确保胶量适度。刷色即平涂各种颜色，应先刷大色，后抹小色。大色指彩画用量较大的颜色，清代彩画大色主要包括青色和绿色，刷大色可用较宽的羊毛刷。应做到均匀平整、颜色饱满、不透地色、无刷痕及颜色坠流痕，刷色边缘直线直顺、曲线圆润、衔接处自然美观。要求至少涂刷两遍成活。

6. 抹小色、拶深色、勾线、作染等（图 8 至图 11）

完成刷大色之后，学员们根据自己所绘的图案进行套拍谱子、勾纹饰轮廓线、抹小色、拶深色、作染等工序。其中，小色是相对大色而言的用量较小、颜色明度较浅的颜色。抹小色可换用中白云笔，其他要求与刷大色的要求一致。花卉天花绘制流程先进行作染工序，首先用白色垛花朵造型；三绿色垛叶子造型；然后进行分染花朵，调好粉红色国画颜料，用一支毛笔刷颜色，一支笔蘸清水迅速将粉红色颜料晕染开来，形成一种自然过渡；叶子也相同。分染后再罩染，再用相同色的深色勾勒花朵及叶子的轮廓线；此种做法经常用在

图 8：学员吴珊莉和裴姗在抹岔角云小色

图 9：拶深色

图 10：勾线

图 11：王老师为学员们示范花卉作染

花卉、流云、博古、人物等写实性题材的图案绘制中。

7. 包黄胶、打金胶油、贴金（图 12、图 13）

完成前面的花卉作染工序步骤后，即可进行最后的贴金工序。贴金前需在沥粉的线条上包黄胶、打金胶油，等待金胶油达到一定的黏度时，开始正式贴金。贴金时，先把金箔按贴金纹饰图案及线条的大小、宽窄，撕成不同宽度的条状，用金夹子辅助将金箔贴到涂有金胶油的线条上，同时用手指按实，使金箔和金胶油紧密结合。之后用棉花轻轻地帚金，将多余细碎的金箔颗粒，用毛刷扫到容器中。贴金是明清官式彩画的一个重要工序，这一

图 12：包黄胶

图 13：王老师为学员们示范贴金箔

作法可以使画面呈现富丽堂皇的效果，起到画龙点睛的作用。

经过五天系统的学习与实操训练，培训班的学员们深切感受到了古人的智慧与传统工艺的魅力，体会到每一步工艺背后都是历代匠人日复一日的练习、打磨，以及贯穿作品制作过程的细致和对完美的坚持。这一阶段的临创训练，帮助学员们感受到了古建筑彩画背后的传统文化精神，为后面的创意设计奠定了坚实的基础。同时学员们也深刻体会到王光宾老师的工匠精神。

| 传统彩画临创应用示范·二 |

清代官式彩画绘制演示与艺术创新指导[1]

张志国，故宫博物院彩画技术专家，在故宫博物院修缮技艺部技艺传承组负责古建彩画技艺传承的工作，并且是北京市东城区非物质文化遗产代表性传承人。他曾赴澳门参加“太乙嵯峨”古建筑艺术展，赴天津参与第二届非物质文化遗产展示活动，赴武汉参加文化旅游博览会进行官式古建彩画技艺的精彩展示，还在多所大学教授古建彩画实操课。张志国老师本次以“清代官式建筑彩画绘制演示与艺术创新指导”为题进行授课，从清代官式彩画的分类、彩画的颜料和工具、各类彩画的绘制基本工艺三方面进行讲解（图1）。

故宫——这座宏伟的古代建筑瑰宝，其彩画绝不仅仅是一种装饰，而是中国古代建筑文化中一颗璀璨的明珠。故宫彩画的绘制工艺复杂且精细，凝聚着古代工匠超凡的技艺和无尽的智慧。

张志国老师首先介绍的是清代官式彩画的分类。清代官式彩画按照等级、绘制纹样与题材，可以分为和玺彩画、旋子彩画、苏式彩画、宝珠吉祥草彩画和海墁彩画五大类（图2）。其中，和玺彩画又按照纹饰分为六个等级，旋子彩画按照贴金量分为八个等级。这两类彩

图1：张老师授课现场

图2：彩画的五大类型

1 本篇图片及文字根据张志国老师授课记录整理编写。

画广泛应用于皇家宫殿、庙宇及重要建筑之上，每类、每种等级都有明确的使用规定、严格的比例和复杂的绘制方法（图3）。

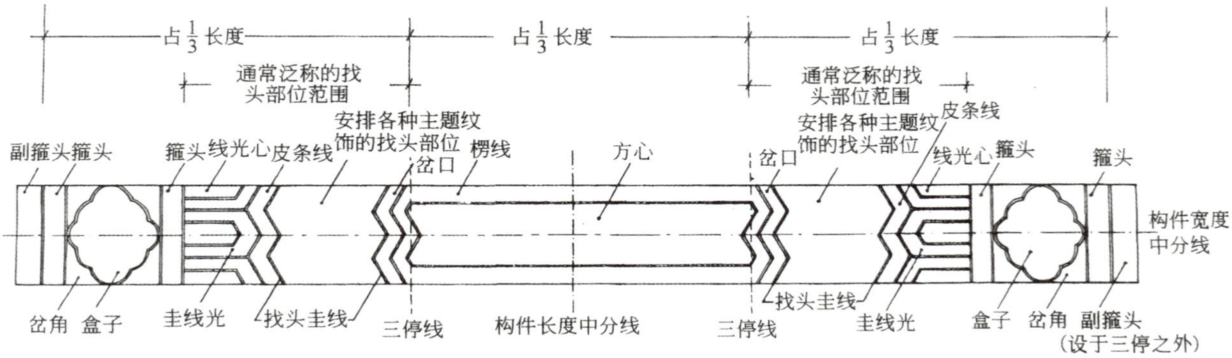

图3：和玺彩画的绘制比例（资料来源：蒋广全著，《中国清代官式建筑彩画技术》，中国建筑工业出版社，2005。）

随后，张志国老师就彩画的颜材料和工具进行介绍。清代彩画的颜料多是天然矿物经研磨、提纯，加入胶油调制而成，制作时，工匠会根据颜料的色系与矿物性质的不同，调整胶与油的比例。常用的绿色系颜料有石绿，红色系颜料有银朱、章丹，青色系颜料有石青、群青，黄色系颜料有石黄、土黄，白色系颜料有定粉，黑色系颜料有黑烟子。绘制彩画的工具多是工匠用其他实用工具改装或手工制作而成（图4），以适应实际作业中于脚手架上绘制的工作环境。

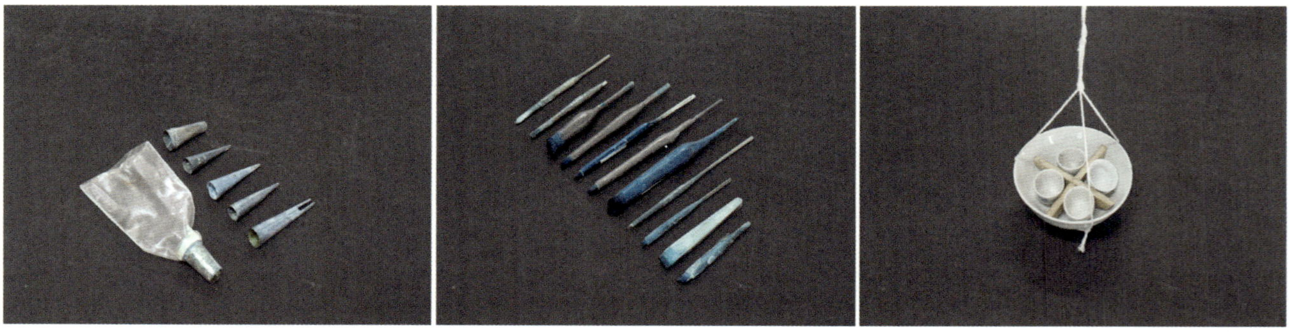

图4：实际作业中彩画工匠使用的工具

最后，张志国老师详细介绍了每类彩画与具体工艺的绘制工序。彩画绘制工序纷繁众多且要求严苛，其中地仗处理环节至关重要，清代建筑彩画地仗大部分采用“一麻五灰”的工艺，极大增强了彩画与木构件的附着力，同时有效保护了木材。在整个绘制过程中，工匠们必须严格遵循传统工艺规范和技术要求，关注每一处微小的细节，精心操作每一道关键工序，以确保彩画的质量和艺术效果。课后，张志国老师耐心指导学员们的临摹、临创作品与用色、用笔的方法，并以和玺彩画的包黄胶、打金胶、贴金为例进行示范，在实操中深化学员们的理解。

通过本次课程的学习，学员们对清代官式彩画的类型和工艺有了基本的理论了解，并于实操中加以运用理解。正如张志国老师所说：“古代工匠时靠‘口口相传’与‘手把手地教’进行学习、传承。我们应在学习理论的同时注重实操。”

丨传统彩画临创应用示范·三丨

唐宋彩画图案临创[1]

故宫博物院正高级工程师陈彤老师，用三个半天以“唐宋彩画图案临创”为主题为学员们进行集中授课。陈彤老师在课程开始前以孟子名言“居移气，养移体，大哉居乎”为切入点，阐明了衣食住行中的“住”对古人的重要性。建筑作为人类的栖身之所，建筑的造型、空间以及装饰，能够在潜移默化中影响人的精神气质。中华先民崇尚天人合一，追求与自然的和谐共生，善于营造充满诗意的居住环境。建筑上的纹饰题材丰富多样，蕴含着丰富的文化内涵和吉祥寓意，与人们的生活紧密相连。课上，陈彤老师深入细致地解读了唐代彩画及宋《营造法式》“彩画作”图案，为我们逐步揭开了唐宋彩画的神秘面纱。

首先，陈彤老师为学员们介绍了宋《营造法式》彩画图案的“解码”简史，谈到了“守正创新”的“求正”之难。通过对故宫本宋《营造法式》彩画图样细节的深入辨析，与陶本图样以及几代学者的复原图进行对比，为大家详细评述了其中的优劣得失。并引用王仲杰先生的教导：“学术史的本质就是淘汰史，任何人的研究成果都是阶段性的，或被他人超越，或被自己超越。”勉励大家要不断进取，持续修正。进而以此为例讲述研习古建筑的三重境界：第一重是“导游境界”，有人学习古建热衷于分类、“贴标签”，认为通晓各种古建筑的名词术语便是了解了古建；第二重是“匠人境界”，能够熟悉古代匠人的图纸、口诀与工艺流程；第三重则是“神通境界”，宏观探微，对中国古代建筑的精髓了然于胸，并能深刻体察背后的政治、经济、文化等方面的动因，做到通古今之变。同时他建议大家不要做知识的“收款机”，而要做知识的“验钞机”，面对前人的学术成果首先要“辨析”其正误得失，而非全盘接受。

图 1：《捣练图》右起第十人上襦簇十二球纹锦

其次，陈彤老师以《捣练图》中人物衣着纹样为例，通过讲述让学员们加深对唐宋锦纹的感受。强调宋人极其敏锐，对于自然万物拥

1 本篇图片及文字根据陈彤老师授课记录整理编写。

有宏大而精妙的洞察力，特别注重心灵的微妙感受，其美学堪称“极微妙主义”（图1）。因此，当我们绘制宋代彩画图案时，需要静心体悟宋人的审美情趣，挖掘其背后的影响因素，诸如时代、文化背景等深层次动因。

随后，陈彤老师为我们详细介绍了宋《营造法式》彩画的五种锦纹类型及其细部特征。陈老师认为彩画是构成中国古代建筑艺术形象的重要因素，其主要功能在于“装饰”与“彰别”。宋《营造法式》的彩画，上承大唐规范，下启明清制度，是彩画艺术史上超越时空的经典，纹饰华妙、庄丽静雅，体现了宋代皇室追求优雅浪漫的情怀。

然而，宋代恢宏壮丽的官殿建筑早已灰飞烟灭，原书精美的彩画图样也因翻刻传抄而变形失真。为了重现宋代官式建筑整体形象，须尽量准确地复原宋《营造法式》彩画，并揭示其蕴含的装饰美学思想。陈彤老师的解读，让我们重新认识了宋代彩画的博大精深。

他反复强调，北宋官式彩画造型婉丽，设色古雅，线条追求轻重徐疾的变化，色彩配置既有规律可循，又灵活随意。其设色并非简单机械的平涂，而是富于微妙的变化。宋《营造法式》彩画图样的复原不能“急于求成”，需要循序渐进，更不可能“一劳永逸”，必须持续地修正（图2、图3）。

图2：［盛唐］莫高窟217窟藻井

图3：［盛唐］莫高窟217窟藻井复原图（陈彤绘制）

此外，陈老师还强调了对宋《营造法式》彩画概念的精准理解，要基于对细节的深入体察。以“彩画作”图样中的自然形植物花纹为例，可分为“装饰花”与“写生花”两个大类。

其中的写生花与宋画中的折枝写生花卉有所不同，是半写生半装饰性的。“装饰花”又可分为“支条卷成”“铺地卷成（图4）”“双支条花”与“单支条花”四种。前两种只适用于海石榴花（因叶片肥大，第一种支条微露，第二种则不露支条），第三种则用于通用六等花（叶片较小，故支条大部分露明）。前三种以青绿红三色为地，不用白地。第四种等级较低，支条以单线勾勒，叶片最小且稀疏，仅用于白地。

图 4：佛光寺东大殿额上壁的“铺地卷成”卷草

每日上午的授课时光转瞬即逝，学员们依旧沉浸在陈老师风趣幽默的授课氛围中。陈老师鼓励大家对每日授课进行提问或者发表感想。例如学员梁磊对“叠晕、对晕、合晕”的技法使用仍有疑惑，陈老师便以五彩遍装为例，为他详细解读。并且，陈老师还现场给学员们示范，强调绘制线稿，笔要选择狼毫叶筋笔，笔毛有一定的韧性，绘制时要一气呵成，保持线条的连贯性。要看清楚植物花卉的茎叶走势，要交代清楚叶片翻卷关系。注意绘制叶子筋脉的用笔顺序，总结出三笔绘制的经验。在弧线处要体现出来线条的弹性和张力等等（图 5）。

同时，陈彤老师鼓励大家不拘于形式，尝试使用不同的工具手绘唐宋彩画图案，体会自然随性的灵动感和生命力。学员们有的选用彩铅、有的选用丙烯马克笔、有的选用秀丽彩色笔，还有的学员用平板电脑中的*Procreate* 软件进行绘制。不同的绘画工具呈现出各具特色的画面效果。

图 5：陈彤老师为学员示范绘制

| 传统彩画临创应用示范·四 |

鼠标赋青绿·传统彩画的现代表现[1]

高业京，北京房地集团彩画技术专家、北京市建筑装饰协会优质工程评审委员会古建彩画专业评委、北京市文物保护培训中心古建彩画讲师。他拥有四十多年丰富的从业经验，始终奋战在古建保护与修缮的第一线，曾参与过中南海紫光阁、醇亲王府、人民大会堂、故宫养心殿等多项重大古建保护修缮工程。高业京老师对中国官式彩画有着全面且深入的了解，熟悉彩画的形制、规则和绘制工艺，并能够熟练运用计算机绘图软件进行彩画装饰图案的摹绘、复原与设计。高业京老师以“鼠标赋青绿·传统彩画的现代表现”为题，为学员们介绍了传统彩画结合现代绘图方式进行彩画修复、复原，以及绘图软件相较于传统手工绘制的使用范围与优缺点。（图 1）

图 1：高业京老师授课现场

在现代彩画修复、复原中，使用计算机绘图软件辅助修复的工作方式，已经在传统彩画勘察与设计领域广泛应用。绘图软件主要包括绘制精准线稿的 AutoCAD 和为彩画上色、添加肌理质感的 Photoshop。

在故宫古建筑的修缮保护工作中，AutoCAD 被用于绘制官式建筑彩画的现状图、施工

1　本篇图片及文字根据高业京老师授课记录整理编写。

图与彩画复原方案图的前期线图。AutoCAD 绘制的效率优势极为显著，且精准度高，通过使用复制粘贴、镜像、阵列指令等功能，能迅速完成重复的绘制工作，可极大地节省时间和精力。再者，AutoCAD 强大的图形编辑功能，使设计师对绘制内容的调整变得轻松简便。此外，AutoCAD 可利用相应功能将常用的彩画元素制成图块，如同搭建积木一般应用于不同建筑修复，大大减少了重复劳动、显著提高工作效率。Photoshop 因其强大的上色和增加肌理质感的功能，常用于绘制古建彩画的彩色复原图、修复方案图及方案效果图，能够极其精准地重现彩画纹饰的细节和色彩搭配，为修缮工作提供参考依据。（图 2、图 3）

图 2：高业京老师绘制的养心殿西围房南数第四间横剖面彩画布局

图 3：高业京老师绘制的养心殿西配殿东立面图彩画效果

高老师自学探索绘图软件，且参与一线保护与修缮工作，因此深知用绘图软件绘制传统彩画并非完美无缺。一方面，电脑绘图可能会在一定程度上束缚设计思想：受电脑屏幕尺寸的限制，设计师往往更关注局部，对整体的把控容易受到影响。软件自身功能的局限以及设计师对软件掌握的熟练程度，都可能导致优秀的灵感和创意无法通过绘图软件得到充分展现。另一方面，在艺术感的呈现上有所欠缺。在某地一古庙宇的彩画修复项目中，设计师完全依赖软件绘制，导致最终呈现的效果缺乏了手工绘制的灵动与韵味，显得较为刻板。传统的手绘工作方式更能够生动体现设计师笔下独特的韵味和个性，相比之下，AutoCAD 的精确性要求可能会抑制方案设计中所需的模糊性和随机性，使得绘制出的彩画相对缺乏艺术感染力。

因此，高老师向大家分享了众多实用的小技巧，例如，使用 AutoCAD 的 L（等宽线）、PLING（多段线）、LING（双线）指令，使原本呆板的线条产生粗细变化，以模仿实际笔刷的变化；使用 Photoshop 的油漆桶、涂抹和浮雕工具，模仿实际彩画中的退烟云、沥粉等工艺，使其看起来更贴近显示彩画的肌理（图 4）。

（a）　　　　（b）　　　　（c）

（a）LINE、ARC；（b）等宽 PLINE；（c）粗细 PLINE

图 4：彩画 CAD 制图中不同线型的适宜性

尽管电脑绘制传统彩画存在一定的缺点，但不可否认其仍然具有重要的价值和广泛的应用场景。在实际操作中，可以将电脑绘图与手绘有机结合，充分发挥各自的长处，以获取更出色的绘制效果。

课后他对学员们的临创作品也进行了指导。高老师在实践指导时也表达了对学员们的期待："要想出色地画好中国传统彩画，仅仅在彩画绘制的技法和技巧方面下苦功是远远不够的。还必须在传统书法绘画的领域深入钻研和用心领悟。中国传统彩画与传统书法绘画之间存在着千丝万缕的联系，它们在审美理念、线条运用、构图布局等方面都有着相通之处。只有对传统书法绘画有了深刻的理解和精准把握，才能更好地领会中国传统彩画所蕴含的深厚文化内涵和独特艺术魅力，从而在创作中展现出更高的水准和更丰富的表现力。随着学员们技法技术与绘图理解的持续进步，相信大家会创作出更加优秀的作品。"

学员临创作品

图 1：学员盛卿画稿

图 2：学员彭凯画稿

图 3：学员杨光画稿

图 4：学员裴姗画稿

图 5：学员柳筱娴画稿

图 6：学员周亦光画稿

图 7：学员苏启宽画稿

中国官式彩画图案艺术近代应用·一

中国近代建筑彩画特征[1]

郭华瑜，南京工业大学建筑学院院长、教授，长期从事建筑历史与理论研究、遗产保护、传统建筑设计营造方向的教学科研工作，对民国时期建筑彩画有系统的梳理研究和独到见解。课程分析了中国近代三座代表性城市——南京、北京、上海的近代建筑彩画特征，总结了近代建筑彩画与传统彩画的异同，为新时代的建筑彩画创造提供了很多有益的思考和启示。

图 1：近代“传统复兴式建筑”的三种形式

（一）什么是中国近代建筑彩画

传统建筑彩画主要绘于建筑构件表面，起到保护木构和装饰的作用。近代以来，建筑结构由传统木构向钢筋混凝土结构转变，建筑基底材料发生变化，也使传统彩画的工艺发生改变，出现了油漆涂料饰面、混凝土油饰饰面、马赛克饰面、金属饰面等。至此，彩画对于建筑构件的保护功能式微，开始单纯在装饰属性上发挥功用。

（二）南京近代建筑彩画

《首都计划》的颁布标志着南京近代建筑形式与风貌的形成进入关键时期。根据对传

1　本篇图片及文字根据郭华瑜老师授课记录整理编写。

统建筑彩画的继承与创新程度，南京近代建筑彩画可分为三类：明清官式彩画、简化改良彩画以及民国新题材彩画。这三类彩画被灵活运用于南京近代仿宫殿式建筑、新民族形式建筑以及以传统装饰为特色的现代建筑中，展现出显著的装饰效果（图1）。

南京近代建筑彩画的形式多源于传统的和玺、旋子和苏式彩画。在构图上，近代彩画强调方心比例的扩大化，而找头、箍头、盒子在内容与尺度上均大幅缩减（图2），在方心纹饰方面，以锦纹、植物花卉和吉祥纹饰等装饰性图案为主，而带有等级特征或象征意义的传统纹样则相对少见。

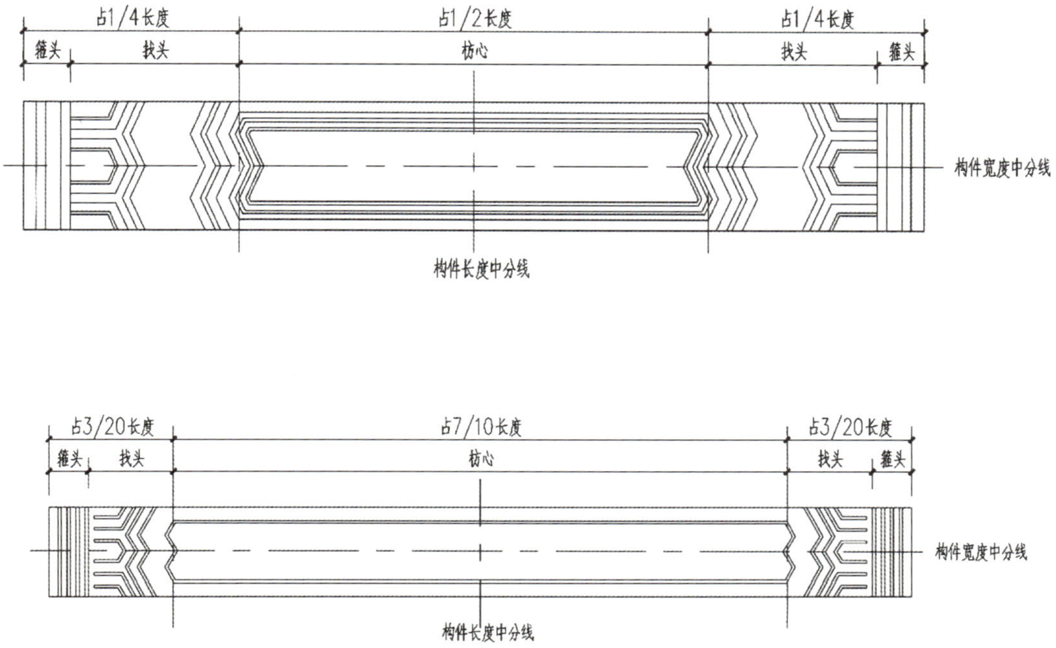

图2：励志社礼堂、中山码头和玺彩画构图变化示意图

近代建筑彩画在设色上继承传统、大胆创新，仍以青绿为主色调，但色彩的明度高、饱和度低，用金很少且多以黄色涂料代替。而随着科技的发展，近代建筑彩画在技术和材料层面也有创新和改良：马赛克（图3）、玻璃、金属等材料都应用在建筑彩画装饰中。

（三）北京和上海的近代建筑彩画

北京现存饰有彩画的近代建筑，有相当一部分是传统的延续，彩画的结构框架和细部纹样，均直接来源于对清代彩画的继承，但在局部进行审慎创新，产生“粗看相似、细看有别”的装饰效果。根据建筑仿传统式样的程度，彩画也会有不同程度的变化，配合建筑的不同使用功能，纹饰题材也有相应的适应和调整。

图3：中山陵祭堂室内马赛克彩画

上海近代彩画一部分沿袭了明清官式建筑彩画的题材纹样和设色工艺，另一部分则以传统彩画图样为基础，在新建筑上找到表达的新途径，其纹饰题材、工艺做法受到近代建筑风潮的影响均有代表时代特征的创新表达，反映出近代上海文化的纳新与包容，碰撞与交流的特殊风气（图 4、图 5）。

图 4：八仙桥基督教青年会内檐新式彩画

图 5：女青年大会、旧上海市立医院新式彩画

（四）近代建筑彩画实例——南京中山陵祭堂的建筑彩画设计

近代建筑彩画的设计有些是由彩画工匠根据建筑规模、类型提供画稿，提交给建筑师审阅后实施，更有些则由建筑师亲自设计，如南京中山陵祭堂的建筑彩画，即由建筑师吕彦直依据建筑的功能属性、装饰的部位进行的创作和设计，包括山花部位纹饰、内檐梁枋及斗拱、天花顶棚等处的彩画装饰，在现存“原中山陵祭堂梁枋及斗拱彩画施工图”（图 6）中，能看到建筑师进行了翔实的尺寸标注和文字说明。

郭老师讲道，在南京中山陵祭堂的建筑彩画设计中，因需而变的彩画题材和彩画构图，

图 6：吕彦直先生的原中山陵祭堂梁枋及斗拱彩画施工图手稿及色彩复原图

在新建筑适宜部位进行彩画装饰的独具匠心，是近代建筑彩画不可忽视的转译手法的表现。

（五）总结

近代建筑彩画脱胎于传统彩画，是传统彩画的沿袭与再生，也是特定的历史时期、特定地域框架，综合政治、经济、文化等因素而形成的特定产物。近代建筑彩画淡化了传统彩画中等级和礼制的属性，中国古代建筑彩画的各时代特征，乃至彩画的颜料、设色工艺等均不再坚守，成为极具新时代特征的、纯粹的建筑装饰物。

教学互动

课后，学员们结合自己的研究领域与郭老师进行交流。

如何进行新时代的建筑彩画创作？郭老师的回答是首先应该准确地认知和了解遗产的价值，同时，彩画装饰一定与建筑创作相关，在传统彩画中攫取适合该建筑精神的装饰纹样，将适宜的装饰用在相应功能或属性的建筑上。我们对建筑彩画的保护、传承、发展是循序渐进、一以贯之的，而建筑彩画的发展创新一定与现代的建筑设计创作密切相关。

也有学员提出什么样的现代建筑彩画创作是成功的，是否有统一的评价标准？针对这一问题郭老师做出以下解答，在进行评价时，一些专业的共识标准，如形式感、协调性、均衡性等可供我们参考，除此之外，一个时代有一个时代的创新和发展，如南京中山陵祭堂的彩画设计，我们看到，建筑师在进行建筑创作的同时也在有意识地进行彩画的创作，但是建筑师的创作手法有自己的时代局限性，每个时代都有自己的创作手法和设计语言，我们在守正传统的同时也应该具备发展的眼光和敏锐的时代洞察力。

中国官式彩画图案艺术近代应用·二

传统建筑彩画在现代建筑中的实践应用[1]

董健菲，哈尔滨工业大学建筑与设计学院副教授、博士生导师、历史与理论教研室主任，黑龙江省传统民居保护专家委员会委员、中国建筑历史学会会员、中国紫禁城学会会员、东亚建筑学会会员中韩青年科学家。主持及参与国际国内科研项目20余项，其中包括自然科学基金面上和青年项目5项，参与国家重点研发项目2项，教育部人文社科2项，国家艺术基金人才培养项目1项、入选国家历史文化传承创新专项项目1项，省自然、社科等6项。

图1：韩国麻古寺内檐彩画

董老师所讲课程为“传统建筑彩画在现代建筑中的实践应用”，她在课中主要探讨了中国传统建筑彩画的发展历程以及其不同时期对东亚各国的影响，乃至明清时期通过传教士与欧洲各国的交流和相互影响。通过对相关历史文献和实例的分析，传统建筑彩画元素依据其独特魅力和价值，依然在近现代建筑中展示出非常重要的实践效用和文化表征力。在现代建筑设计中，结合新技术与新创意，彩画艺术呈现出创新的表现形式，也期待建筑彩画能够作为中国传统文化的代表，在更多领域实现文化应用与创意实践，进一步彰显其独特价值与时代意义。

课程伊始，董老师详细介绍了传统建筑彩画的分类。彩画按时间可追溯到秦始皇时期的咸阳宫，通过早期的记载，人们仿佛能看到彼时那宏伟壮丽的宫殿。唐宋彩画的纹饰和色彩独具特色，宋《营造法式》中记载的多种类型更是让人惊叹古人的智慧和创造力。元代彩画虽数量不多，但为明清彩画奠定了基础。明代彩画的官式和地方做法各有千秋，而

1 本篇图片及文字根据董健菲老师授课记录整理编写。

清代彩画则受到外来文化的影响，展现出别样的风格。彩画不仅按时间分类，还可按建筑装饰部位分为外檐和内檐彩画。它们共同构成了建筑的绚丽装饰，让人感受到古人对建筑美学的追求。

董老师还以大量的实例为我们介绍了中国彩画对其他国家建筑艺术的影响。唐宋时期，中国彩画对日本飞鸟、奈良、平安时代的建筑影响深远，法隆寺、药师寺、唐招提寺等建筑中的彩画元素无不体现着中国彩画的魅力。韩国的建筑彩画与中国也有着紧密的联系，早期的图案化纹样和金银五彩纹样彰显了其独特的装饰风格（图 1、图 2）。而从文艺复兴到巴洛克、洛可可装饰风格的欧洲建筑，与中国官式建筑彩画在强调建筑重要性和装饰主题方面有着相似之处，这些内容都让我们感受到了文化交融的奇妙。在这部分内容中，我们还了解到了中国彩画与外国画师的渊源。18 世纪初，意大利传教士马国贤，法国神父王致诚、蒋友仁等来到中国，参与了宫廷绘画和建筑设计工作，他们的到来为清代宫廷绘画和彩画带来了新的元素。因为当时我们的彩画的一个重要的变化就是三维效果，透视画、通景画的出现。这想必与当时的外国传教士画师的加入不无关系。非常精彩的部分如倦勤

图 2：韩国勤政内檐彩画

图 3：北京故宫绛雪轩海墁彩画

图 4：北京故宫倦勤斋室内通景彩画

图 5：布莱顿皇家馆室内装饰效果

图 6：文艺复兴、巴洛克时期的意大利宫廷室内天顶装饰

斋里面的通景画和壁画、绛雪轩，养心殿等的透视装饰手法等（图 3、图 4）

董老师认为，彩画艺术创作的表达涵盖感官、智慧和精神等诸多层面。凭借传统艺术表达经验和宗教艺术，彩画能够给人们带来感官上的刺激；并且，彩画在宗教和世俗建筑中发挥着宣传教化的作用，传播着教义精髓以及各种历史文化故事。彩画艺术作为一种丰富多彩且内涵深刻的艺术形式，不仅具有装饰作用，还承载着文化、宗教和历史的重要信息。在欣赏彩画时，我们能够感受到不同层面的艺术冲击，从感官的愉悦，到智慧的启迪，再到精神的洗礼，同时，也能体悟到彩画艺术家的创造力以及他们对艺术的深刻理解。

随后，课程进入到近现代建筑彩画艺术创作的部分。近现代，大量有留学经历、爱国情怀的新生代建筑师成为现代建筑的主要设计者，他们在建筑和彩画设计中既有传统性又有创新尝试，为现代建筑注入了新的活力。我们了解到，彩画在现代建筑中不仅具有保护建筑、防腐防虫、抹平建筑表面的实用功能，还在建筑的装饰风格、美化、礼法表征、身份等级表现、中华传统文化和地域特色符号表征以及官式权威体现等方面发挥着重要作用，成为建筑艺术不可或缺的一部分。（图 5、图 6）

这个时期的彩画创作体现了新设计主题的应对、新设计手法的尝试，新材料、新形式表达如中山陵祭堂外檐采用的雕刻手法的彩画纹饰，并多采用纹样色调新概念、新主题适配式，纹样色调的抽象简化式（新色调的调配组合，纹样变异式，相同图案的排列组合式），如广州中山纪念堂和纪念碑（图 7）、南京博物院（图 8）、南京党史史料编纂委员会、南京国民政府行政院（国民政府铁道部）、南京励志社、南京民国邮政博物馆等；装饰模式的抽象表达，如南京国民政府外交部，墨菲、吕彦直等设计的金陵女子大学建筑群以及

图 7：吕彦直设计的中山陵祭堂

图 8：南京博物院老大殿仿古彩画

当时由俄罗斯建筑师彼·谢·斯维列多夫设计的哈尔滨设计的中东铁路普育中学（现哈尔滨第三中学），展示了不同的彩画样式和做法风格，新中国成立之后的传统复兴时期，在中国兴起的大量楼堂馆所也多采用纹样色调与新概念、新主题适配式的彩画设计理念，如北京协和医院（图9）、哈尔滨医科大学、哈尔滨工程大学（图10）、哈尔滨工业大学机械楼等见证了历史的变迁和文化的传承。

最后，董老师谈到了彩画的现代设计。她提出彩画设计师需要掌握布局的几何性规律、

图9：北京协和医院9号院234号楼宇间连廊彩画

图10：哈尔滨工程大学第11号楼烟云包袱落墨搭色彩画

布局特性和装饰要素的适配性、多元属性等基本特征，在符合传统建筑柱间尺度时注意三分法，不符合时灵活应对、分型和分段。同时，要掌握彩画装饰要素，掌握色彩各要素的属性，遵循配色规律。在创意性设计方面，要注意吸收中、西方已有的配色经验，根据建筑的性质、追求的精神意境和艺术氛围进行创意设计。并结合大量的成功实践案例，为我

图11：雁栖湖国宴厅（组图）

们介绍了多个既延续传统，又结合现代设计技术和理念的富有创意的设计成果。（图 11 至图 13）

图 12：秦皇岛祖山济心寺木佛博物馆

图 13：南京牛首山大报恩寺

交流讨论环节，杨红老师与董老师探讨了关于清代中西艺术特别是彩画艺术交流融合的情况，除了倦勤斋、绛雪轩等彩画样式，宣统时期溥仪曾在西六宫建有小朝廷，其中也有很多西方样式的彩画表达，尤其是长春宫的游廊部分，在枋心的端头部分就有采用西洋立体画法绘制的，如贝壳和西洋珐琅纹饰的图案，也希望未来有机会与董老师进行更深入的研究。

学员们还提出了进行现代文化创作讲究对于文化传承的守正和创新，而在现代彩画的设计中如何做到守正和创新的问题。董老师表示从近代开始如吕彦直设计的中山陵以及各大建筑师设计的民国时期的重要的馆所，博物院、励志社等，都是在发掘中国传统建筑的文化精髓，或者说我们想要守住的民族思想、民族智慧，因为我们的这些彩画艺术同样代表了文化艺术中的知识积累和底蕴，所以在彩画创作中，既要挖掘传统彩画中的艺术文化内涵，又要有精神内涵。比如佛教建筑中守正创新可能是对于教经教义的传承表达，而对于大型公共建筑馆所，就是体现传统的经学博雅，儒家教化，当然我们的守正也会体现家国情怀，这些都是我们想要去传承的能够代表我国的匠心匠艺，但是从表现手法上，我们要用更加灵活巧妙的方式，可以是隐喻的、抽象的，要讲究创意、适时而新。

| 中国官式彩画图案艺术现代应用·一 |

中国传统色彩设计规划与文创产品生产与衍生[1]

宋建明，原中国美术学院副院长、国际知名色彩学者与实践者、设计教育领域知名学科带头人。宋老师课程共计两天半时间，包含理论教学和实践指导两部分。

宋建明老师的理论教学基于色彩与设计学基础展开，以色彩学方法为课程的叙事语境，主要包括色彩学基础理论、中国传统色彩文化体系、文创产品及衍生三部分。在讲授过程中，宋老师还根据创意设计的需要介绍了多种理论模型与方法论，并列举了大量典型案例。

随后，宋老师围绕色度学（图 1）的关键概念、核心原理展开了详细讲授，包括色感的物理与生理原理、色彩空间、色位、色度、色调、色温、色感等。宋老师用通俗易懂又风趣生动的语言揭示了色彩的本质属性，为同学们提供了科学认识色彩的角度与路径。

为了让同学们能够更好地理解和应用色彩，宋老师介绍了“象 – 数 – 理 – 占”形象思维方法论。该方法论受到中国太极学说的启发，沿“形象 – 数值 – 算法 – 模态”的路径分析可视表征、求取显现数据、提炼变化原理、考量事态走向，可以用来分析色彩现象及问题，进行色彩规划和设计。

图 1：COLORO 色立体图示

1　本篇图片及文字根据宋建明老师授课记录整理编写。

色彩从感受，到创意发酵，再到创造表现的思维流程图

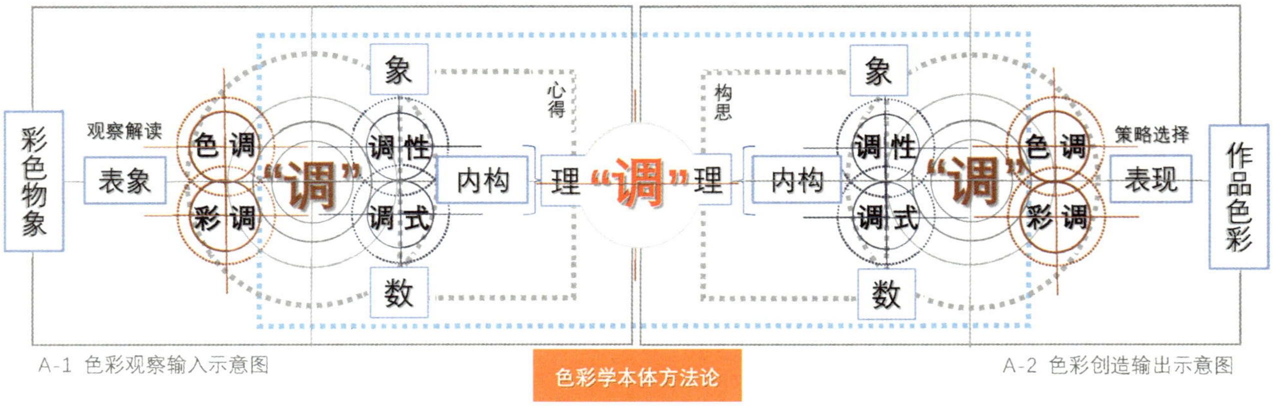

图 2：色彩学本体方法论

在色度学的诸多概念中，宋老师重点介绍了调性、调式、色调、彩调。他用典型、直观的案例为学员讲解了“调”的实际应用，并基于“色调 + 彩调 + 调性 + 调式”框架讲授了色彩叙事的文化性、色彩演绎的时代性、色彩表现的艺术性。还通过对比不同时代的东西方建筑实例，帮助学员直观体会“调性”这一抽象概念——调性作为色度学理论的重要组成部分，是随时代不同、价值观不同、表现主题不同而变化的，是特定时代价值的体现。在此基础上，进一步讲解色彩本体方法论——从色彩观察输入到色彩创造输出，阐释了从感受色彩，到创意发酵，再到创造表现的思维流程，为学员们在后续的创意设计中观察色彩、设计色彩、表现色彩提供了参考路径（图 2）。

宋老师认为色度学是一个颜色技术体系，而色彩学则是一个艺术表达体系，前者偏重理性，后者偏重感性，在学习色度学的同时也需要学习色彩学。他为大家介绍了来自不同国家的色彩感性意象矩阵，并结合国内外不同历史时期的案例对色彩的艺术表现力进行了精彩的解析。

中国传统色彩部分，宋老师从色彩源起、文脉特征、历史概况、美学价值等方面，介绍了研究、应用中国传统色彩的方法、模型。他凭借深厚的国学底蕴，从河图洛书、五行八卦、古籍经典等多个方面入手阐述了中国传统色彩的特质、概貌、文脉特征。例如他引经据典为大家解析了“五方正色”——宗法制度下的色彩价值观，考证了“色”和“彩”的初始含义——色者、颜气也，彩者，多色也。

本着“授人以渔”的思想，宋老师还介绍了“观物取象”方法论。他认为观物取象自古有之，中华先民正是通过观察和感受宇宙万物，总结归纳其规律和特征，形成了中国独有的色彩哲学。从典籍中的颜色词句入手，如“青，生也，象物生时色也”，通过观察自然界中的五正色、五土色等各类物色来体会观物取象、应物象形、立象表意。传统色彩意向与现实感受相关的空间观，包括五正色与五间色的现实颜色系统、“天人合一”意象空间、“五方正色”体系意象空间。

最后，宋老师讲了中国传统色彩文化体系和“生活态”模型。前者系统呈现了中国传统色彩的类型、等级，如皇家色彩、宗教色彩、文人色彩等，以及传统色彩的载体，如建筑、冠服、器物等，为大家研究和应用传统色彩提供了工作框架；后者是一种宏观的设计思维，不限于传统，不限于色彩，既是学员开展创意设计的思考模型，也是教师检验创新质量的评价标准。

在完成色彩理论铺垫和中国传统文化启发后，宋建明老师围绕文创设计展开了进一步讲授。

首先阐述了文创产品设计的三个属性和三个逻辑：其一是文化性，对应叙事逻辑，具体包括标志性、趣味性等；其二是艺术性，对应形态逻辑，具体包括时尚性、智巧性等；最后是商品性，对应产品逻辑，具体包括刚需、特需等。随后，宋老师立足于一种历史性、全局式的视角为大家讲授文创与产业，阐述了文创产业的萌生，文创产业兴起的时代背景，以及对文创产业发展产生重要影响的学者——约翰·霍金斯，使同学们能更深刻地理解文创设计的底层逻辑与基本准则。此外，他还从“文”和“创”的字义入手，抽丝剥茧地解析了构成文创（产业）的核心要素，并进一步为同学们归纳了各类、各级文创概念，包括属性、目标、意义、方式、方法、术语等。

接着，宋老师通过大量案例解释了文创设计的概念与方法，案例包括迪士尼、消失的法老 VR 展、巴黎奥运会，以及由他本人主持完成的杭州亚运会视觉系统设计（图 3）。借助高质量的案例赏析，同学们对于文创的设计属性和创意逻辑有了更为清楚的认识和把握。

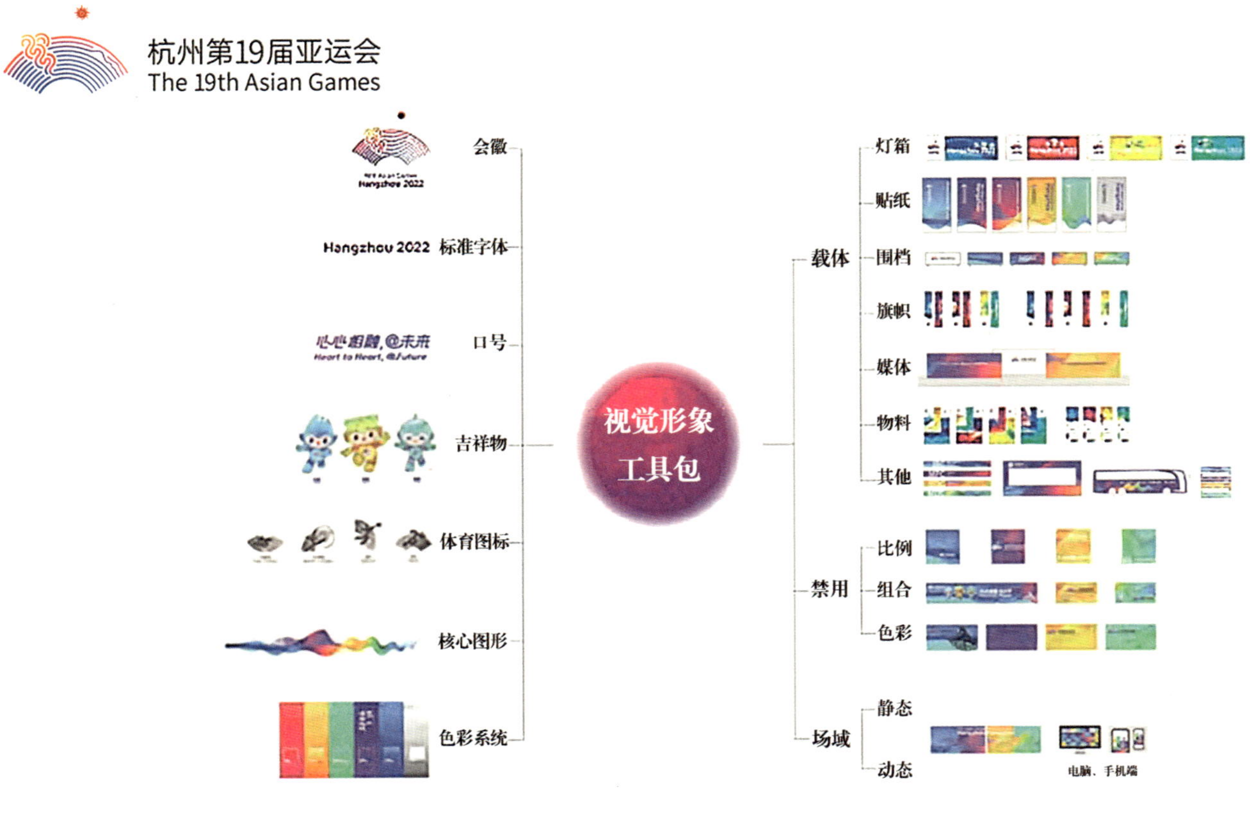

图 3：杭州亚运会视觉形象工具包

课程的最后阶段，宋老师给出了产品的“四问”——“是什么”“为什么”“怎么样”“凭什么”，帮助大家用一种“直指本心”的智慧去探究文创设计的真义。为了便于学员们开展文创设计，他还进一步介绍了“人事物场境”和“衣食居行用商赏玩”模型，为大家后续的文创设计提供了简明、直观的思维工具。

除了理论教学，宋建明老师还现场辅导学员的创意设计方案。他以明确“产品”还是“作品”为辅导的出发点，帮助学员梳理设计思路，明确自己的设计目的，再从“是什么”“为什么”“怎么样”“凭什么”四个根本性问题入手，引导并训练学员们对自己的创意设计进行评估。

图 4：课间学员们纷纷向宋老师请教

宋建明老师精妙的设计智慧、深厚的理论修养、丰富的实战经验、风趣的授课风格给学员们留下了深刻印象，使得大家在色彩理论、传统文化、设计方法方面获益良多；同时，他精准、犀利，具有建设性和操作性的方案辅导又很好地启发了学员们，为大家找到了问题、指出了方向，大大推动了设计进程。短短的两天半，宋老师干货满满的课程不仅对此次的创意设计助力多多，也为学员们未来艺术创作和设计创新之路提供了指南针和能量棒。

丨中国官式彩画图案艺术现代应用·二丨

中西方视野下建筑艺术比较——兼论我眼中的“古与新”[1]

赵鹏，故宫博物院古建部副主任（主持工作）、正高级工程师，兼任故宫博物院博士后工作站导师、中国紫禁城学会常务副会长、明清官式建筑保护研究国家文物局重点科研基地副主任，主要从事古建筑保护与研究工作，主持设计了多项故宫修缮工程，主持了科技部“十三五”重点研发计划一项。他的授课题目为“中西方视野下建筑艺术比较——兼论我眼中的‘古与新’”。

建筑学专业出身的赵鹏老师最常被问到的问题就是“如何看待建筑学和建筑遗产保护的关系”。现代建筑学以西方建筑大师路易斯·康（图1）、勒·柯布西耶等人为引领，是强调创造与革新的艺术；建筑遗产保护则是依据现有条件，“修而不改”“改而不变”，是一个徐徐渐进的学科。这两个学科似乎是针锋相对的。赵鹏老师则以融合与发展的视角看待这二者的关系。赵鹏老师以建筑师王辉对山西芮城五龙庙突破原有场地肌理的环境整治项目为切入点，引出“如何认识和对待传统”以及“如何创新”两个问题。对于第一个问题，赵鹏老师首先提出了自己的观点——任何新的历史建筑保护施工建设都应当进行遗产影响评估，评估其对古建筑、古遗址和历史区域及其周边环境会产生的影响；古建筑、古遗址和历史区域及其周边环境发生变化是一个渐进的过程，这一过程必须得到监控和管理。若想讨论第二个问题，不妨看看20世纪前叶西方如何保护历史建筑，并从纪念性的历史建筑中赋予建筑现代性。我国建筑学和建筑遗产保护仍处于探索与实验的阶段，但西方从建筑大师路易斯·康开始，已经能够将古罗马的废墟转变、转译成现代建筑。作为“凡人”的我们要向大师学习，学习大师的研究成果、不断学习进取的精神、敬重古典的态度。

现代西方建筑学常常从三个要素、六个维度进行拆解与讨论（图2）。建筑应该具有坚固、适用、美观三个要素。“坚固”指结构稳定，包含材料与结构两个维度；“适用”指功能合理，包含构造与空间两个维度；“美观”指具有形式艺术，包含比例与装饰两个维度，共六个维度。

在材料层面，我们常常听人说起“中国建筑是木头的，外国建筑是石头的”这句话，这样的概括过于绝对。赵老师指出西方大量历史建筑和传统建筑均以木材和陶土作为主要材料，与中国传统建筑存在诸多共性，因此基于西方传统建筑解读的创新设计对中国传统

1 本篇图片及文字根据赵鹏老师授课记录整理编写。

图 1：路易斯 · 康

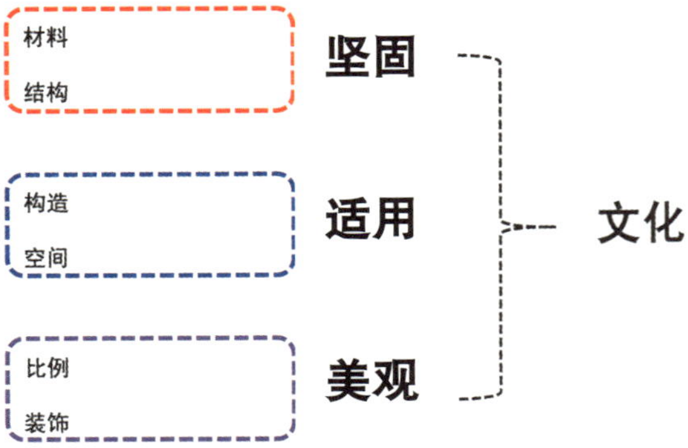

图 2：建筑文化三原则

建筑的创造性转化也具有借鉴价值。在使用适当的工具和技术的前提下，一块木料的加工能否满足木匠的想象完全取决于木材的性质——材料的天性，自有其规律。你需要了解每类材料的性质，一类材料不同种类的每种性质，了解怎样表达它，这是最重要的事情。

木材不论是与中国建筑还是西方建筑、大木结构还是彩画装饰都具有紧密的联系，想要学习彩画，必须了解绘制彩画的建筑材料载体。在空间层面，彩画就像人的皮肤，皮肉、骨头与筋紧密相连，只有理解了木构才能理解彩画。随后，赵老师通过对各案例的生动介绍和对多种设计细节的详细解读，让学员们深刻理解了传统文化认知首先要从材料认知开始。

通过对中西方大量案例的阐释（图 3 至图 5），赵老师指出了此次培训的宗旨：创新设计必须基于对传统的充分研究和领悟。守正创新要有对传统的全面模仿作为积淀，在此基础上先开展创造性的模仿，再尝试进行创作，才能深入地、恰如其分地实现对传统文化的当代转化。

于构造方面，不论是中国建筑还是西方建筑，不论建筑处于何种文化与环境的影响中，构造需要解决的问题始终是如何防水防潮、如何挡风保温、如何抗震。或许因此，中西方建筑师的许多想法不谋而合，这种戏剧性的巧合也更让研究建筑充满魅力。（图 6）

赵老师的课不仅有对知识点的解读，更重要的是能够启发大家思考，让大家做新的尝试，以更宏观、更广阔的视野看待和解读中国传统建筑特征及其文化内涵，而不是简单地照搬或堆砌文化元素，切忌让创新浮于表面。赵鹏老师通过中西方建筑的艺术比较，探讨建筑的古与新，打破了很多固有的观念。回到课程开始最初的两个问题——“如何认识和对待传统”以及“如何创新”，这两个问题也是本次国家艺术基金培训的主题——“守正创新”。在课程最后，赵鹏老师通过研究对比中西方建筑艺术，给出了以上两个问题的终极答案——“创新设计必须基于对传统的充分研究和领悟”——这也是赵鹏老师所理解的“守正创新”。（图 7）

守正创新不仅在于对知识点的解读，更重要的是思考并做出尝试，以更宏观、更广阔的视野看待和解读中国传统建筑特征及其文化内涵，而不是简单地照搬或堆砌文化元素，切忌让创新浮于表面。

图 3：故宫养心殿三希堂室内空间

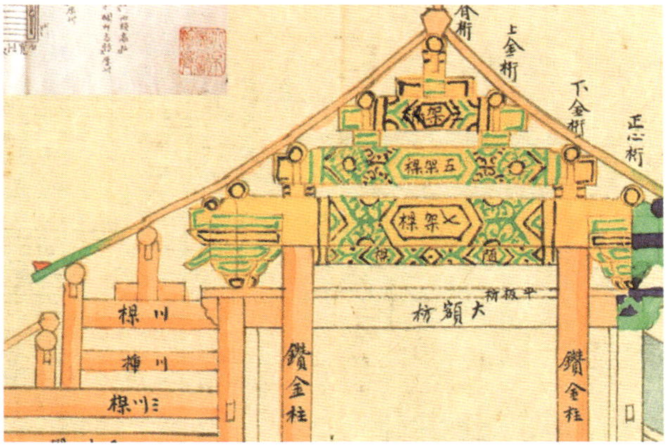

图 4：故宫建筑构造色彩小样

图 5：西方建筑装饰（组图）

图 6：东西方石材围护结构构造做法对比

图 7：赵鹏老师、杨红老师与全体学员合影

中国官式彩画图案艺术现代应用·三

文化创意 数字产品——故宫数字文创与展览[1]

苏怡，故宫博物院数字与信息部主任、研究馆员，她的课程以“文化创意 数字产品——故宫数字文创与展览”为题，对故宫数字产业的建设与发展情况展开详细介绍。主要分为四部分内容：数字故宫是什么、数字文创和展览案例、如何利用故宫资源、畅谈数字创意？苏老师首先明确了当前的数字故宫体系主要包括基础层、资源层、应用层三个层级，可以满足文物信息采集及数据整合、文物爱好者浏览学习、游客查询等多种功能。

结合具体项目，苏老师分享了故宫在网页、新媒体、APP、数字展览等模式下的尝试及取得的经验（图2至图5）。明确将文物本体转化为数字文物的同时，其过程中要加强对数字化质量的把控，塑造具有吸引力的故事线，关注用户反馈，提高数字产品的品质。

列举了故宫名画记、每日故宫、端门数字馆展陈设计、数字文物库、知识图谱

图 1：苏怡老师授课现场

图 2：故宫数字化

图 3：故宫官网

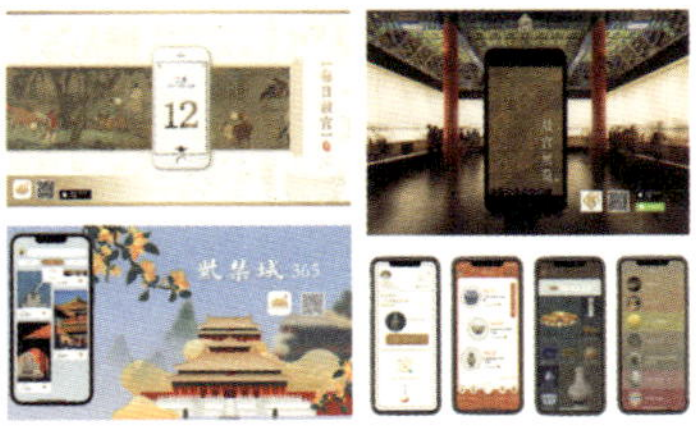

图 4：故宫数字展

1　本篇图片及文字根据苏怡老师授课记录整理编写。

图 5：数字故宫官网展示案例

图 6：数字文创与展览案例

构建等故宫数字项目（图6），及项目推进中遇到的各种问题及探索解决方案，使学员直观了解故宫文化资源数字开发模式，也对此类项目开展的痛点和难点建立了初步认识。

学员盛卿结合自己的南薰殿明代彩画数字交互创意设计思路向苏老师请教，苏老师从开发利用模式、文化元素提取方式、软硬件设备选择等方面给出指导建议，帮助学员进一步拓展了设计深度。她还提出，数字文化创意产品的开发流程，具体包括五个方面：文物本体、数字文物、数字产品、产品矩阵、产品品牌；并且可以通过点、线、面、体四种方法进行研发。好的技术背后一定有好的内容。

最后，苏老师对学员们后续的创意设计提出指导建议，希望学员们针对彩画的设计不要局限于彩画本身，要打开眼界、体现发散性思维。

| 中国官式彩画图案艺术现代应用·四 |

敦煌装饰图案研究与设计应用[1]

崔岩，北京服装学院研究员、北京服装学院敦煌服饰文化研究暨创新设计中心执行主任。她专注于中国传统服饰设计创新研究，任第三届丝绸之路（敦煌）国际文化博览会“绝色敦煌之夜”敦煌服饰艺术再现展演主创设计师，设计作品曾在日本、中国多地举办展览或参加国内外展览，主持多项在研教育部人文社会科学研究基金项目及北京社科基金项目，出版著作、论文多篇。

崔岩老师的课程内容主要包括：一、敦煌石窟艺术概述；二、图案的基本概念和中国传统装饰图案的特点；三、敦煌历代装饰图案赏析；四、敦煌装饰图案的继承与发展。

（一）敦煌石窟艺术概述

敦煌位于甘肃省西部，从自然地理位置上说，处在河西走廊的西部尽头。这里南接青海，西连新疆，自汉代以来就是中西交通的要冲。敦煌石窟包括敦煌市的莫高窟、西千佛洞，瓜州（安西）县的榆林窟、东千佛洞、肃北蒙古族自治县的五个庙石窟，以及瓜州水峡口下洞子石窟、玉门市的昌马石窟等。这些石窟虽然规模悬殊，但地域相近，同在古敦煌郡内，内容与风格也相似，因此统称为敦煌石窟。今敦煌东南约十五千米，就是举世闻名的佛教艺术宝库莫高窟（图 1）。莫高窟始建于前秦建元二年（366 年）。

图 1：敦煌莫高窟

莫高窟的时期划分如下。

（1）早期：十六国（北凉）、北魏、

1 本篇图片及文字根据崔岩老师授课记录整理编写。

西魏、北周（397—581 年），前后持续约 180 年。

（2）中期：隋、唐（581—907 年），前后持续 300 多年。

（3）晚期：五代、宋（回鹘、西夏）、元 （907—1368 年），前后持续 460 多年。

敦煌石窟艺术是在中国汉晋文化艺术基础上，吸收外来佛教艺术而产生的，是富有中国风格的民间佛教艺术，集建筑、彩塑、壁画、藏经洞文书及其他历史人文遗迹等于一体。

1. 建筑

敦煌现存早期洞窟的形制大略可分为三种类型：第一种是僧房群形式的禅窟；第二种是塔庙形式即中心柱式的石窟；第三种为平面方形的覆斗状顶的洞窟，在后壁凿有较大的佛龛。莫高窟的造像全部属于赋彩的泥塑，另外，莫高窟拥有精美壁画，根据壁画的性质，可分为五类：佛像画、故事画、民族的传统题材、供养人像和装饰图案，其中的供养人像和装饰图案对研究服饰纹样和创新设计具有重要意义。

敦煌莫高窟唐宋石窟布局大多为：前室－甬道－主室，大部分的前室正面临空开敞，为建造窟檐提供了空间（图 2、图 3）。在前室外侧排一列柱子和门窗，上建斗拱椽枋，下修栈道栏杆，形成完整的前室，组成类似寺院建筑中的堂或殿。据文献记载，唐代窟前“雕檐化出，巍峨不让于龙宫”“张鹰翅而腾飞”。

图 2：莫高窟第 427 窟窟檐内彩画（宋代，组图）

图 3：莫高窟第 76 窟彩绘鸱尾（宋代）

2. 彩塑

彩塑是敦煌石窟艺术的主体，包括佛像、菩萨像、弟子像、天王像、力士像、供养人像、飞天等（图 4）。

3. 壁画

壁画（图 5、图 6）的形式和内容如下。

（1）尊像画。

（2）故事画（本生、因缘及佛传画）。

（3）经变画（唐以后）。

（4）神怪画（中国古代神话故事）。

（5）史迹画。

（6）供养人画像。

（7）装饰图案。

壁画多绘于石窟四壁、窟顶、佛龛，色彩缤纷，与彩塑相互辉映，相得益彰。

敦煌石窟的龛楣多见于隋以前洞窟的圆拱形佛龛，绘有忍冬、卷草、火焰、莲花、伎乐、化生童子等图案（图7）。

图4：莫高窟第322窟 彩塑菩萨、力士像（初唐）

边饰（图8），敦煌图案中的边饰是指装饰洞窟四角、

图5：莫高窟328窟

图6：大佛光之寺

图7：莫高窟第251窟
莲花化生缠枝忍冬纹龛楣（北魏）

图 8：莫高窟第 46 窟莲花纹边饰（盛唐）

图 9：莫高窟第 45 窟观音菩萨（盛唐）

开井四边以及龛沿、经变画之间起间隔作用的带状连续纹样。华盖（图 9），华盖也称宝盖、天盖、伞盖，原本帝王出行时用以遮阳避雨，在敦煌壁画中是庄严佛、菩萨威仪的用具，由顶、围、垂饰等组成，千变万化。

敦煌图案作为中国古代艺术的瑰宝，文化底蕴深厚、艺术表现形式丰富，这些图案不仅展示古代艺术家的智慧和创造力，而且为现代服装设计提供了丰富的灵感来源。设计师们可以从敦煌图案中提取形制、纹样、色彩等元素，将其融入现代服装设计中，从而创作出既具有传统文化特色又符合现代审美需求的服装作品。敦煌图案的灵感在现代服装设计中的应用，不仅有助于传承和弘扬中国传统文化，还能促进文化自信的提升。

（二）图案的基本概念和中国传统装饰图案的特点

1. 图案的基本概念

课程中，崔老师为大家普及了图案的定义，强调图案的内容是一切与美和艺术有关的设计和制作，要受工艺材料、用途、经济条件和生产条件的制约，都要讲经济、实用、美观。

崔老师结合代表性文物影像资料，图文并茂地为大家阐释了历代图案的功能，主要包括加固、防滑、开启、指示等，并以商周青铜器和汉瓦当为例为大家阐述了图案的符号性。在图案的题材方面，崔老师列举了马家窑文化彩陶双耳壶（图 10）、战国时期的龙凤虎纹绣罗（图 11）、日本正仓院藏唐代平螺钿背圆镜（图 12）、唐代的宝相花纹锦摹纹（图 13）、日本正仓院藏唐代螺钿紫檀五弦琵琶（图 14）以及故宫城墙装饰等大量图像资料，为大家明晰了图案装饰题材，包括几何纹、动物纹、植物纹和综合题材。

随后，崔老师依托大量文物图片和历史资料，讲述图案的形式，主要包括点、线、面（造型）。图案的法则，即美的法则：动、静（图 15）、动静结合（图 16）。图案组织方式：团纹（适合纹样）、带纹（二方连续）（图 17）、散纹（四方连续）、网纹（四方连续）（图 18）。变化的方法：简化、添加、组合等。

图 10：马家窑文化彩陶双耳壶

图 11：战国龙凤虎纹绣罗

图 12：日本正仓院藏
唐代平螺钿背圆镜

图 13：唐宝相花纹锦摹纹

图 14：日本正仓院藏
唐代螺钿紫檀五弦琵琶

图 15：静：商代饕餮纹瓿

图 16：动静结合：唐代“四骑士”狩猎纹锦

图 17：带纹（二方连续）：莫高窟佛像背光

图 18：网纹（四方连续）：唐代小花瑞锦摹纹

2. 中国传统装饰图案的特点

崔老师从图案的起源讲起，列举青铜器纹饰和甲骨文的演变，以及历代装饰图案中“文”的设计与运用，让大家充分了解中国古代某些字就是中国古代人民用简明的点和线组成的图案，对研究和学习中国图案颇有借鉴价值。同时，中国图案具有明显的民族传统和民族风格，以及丰富的民族语言，充满强烈的民族思想感情。

在彩陶图案“美的法则”一节中，崔老师以庙底沟彩陶（图 19）为例为大家总结彩陶图案的构成方式，大多数是几何纹样（图 20），母题主要是条纹、涡纹、三角形纹、圆点纹、方格纹。并总结了庙底沟彩陶图案的特点。（1）图案的创作已经运用整齐、对称、对比、重复、平衡、运动、节奏、韵律、虚实相生等形式美的规律。（2）结构上可以分为散点式和连续式。（3）图案用原始的毛笔画成，带有写意的趣味。（4）图案较为几何化和抽象化，富有概括力和想象力。随后，崔老师以大量的实物图片和线稿为大家展示了中国图案结构中的太极图形和“囧”形图案的构成与组合方式、图案特征以及其中所蕴含的哲学

图 19：庙底沟彩陶

图 20：庙底沟彩陶纹示例

文化思想。

在中国图案的“经营位置”一节中，崔老师提到，中国图案装饰构图多种多样，构图的形式随内容而异，风格、题材也随着时代的发展而变化。构图是图案的组织形式，像织物的经纬组织、文章的结构、城市的布局一样，所以又叫“经营位置”。并为大家分别讲解了格律体构图、平视体装饰构图、立视体装饰构图的特点（图21、图22）。

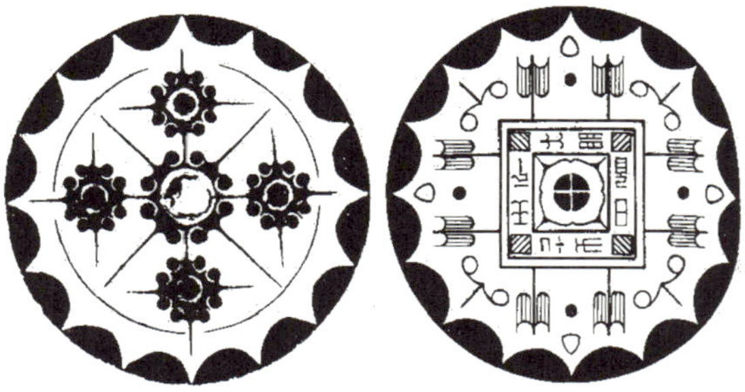

图21：格律体构图：铜镜纹样（唐、北魏）

图22：平视体装饰构图：银嵌画像纹壶部分（战国）

图23：莫高窟第268窟泥塑彩绘套斗平棋（北凉）

图24：莫高窟第288窟中心塔柱窟窟顶人字披（西魏）

图25：莫高窟第272窟泥塑彩绘套斗式藻井（北凉）

图26：莫高窟第285窟忍冬鹦鹉火焰纹禅室楣饰（西魏）

崔老师精心整理大量历代装饰图案的影像资料、拓片、临摹本和线描图，并深入解读，帮助大家明晰图案的基本概念，详细阐释中国传统装饰图案的特点，及其中蕴含的哲学文化思想。更深层次地认识到“中华优秀传统文化视通万里、融汇古今，积淀着丰厚的文化资源，具有充盈的文化创造力”。经过崔岩老师的分享与传授，大家获益匪浅，期待同学们能将传统装饰图案中所蕴含的文化内涵运用到以后的文创设计作品中。

3. 敦煌历代装饰图案赏析

敦煌图案出现在平棋（图 23）、人字披（图 24）、藻井（图 25）、边饰、龛楣（图 26）、圆光、华盖、幡幢、桌帏、地毯、地砖等上，图案上面所绘的纹样有几何纹（图 27）、动物纹、人物纹、植物纹（图 28）等，它们共同构成了敦煌石窟艺术的独特魅力。

崔岩老师强调，林徽因在《中国建筑彩画图案》序中提到的另一个方面应该特别注意的，就是绫锦织纹图案应用到建筑装饰上的历史，例如秦始皇咸阳宫“木衣绨绣，土被朱紫”之说，又如汉代宫殿中有“以椒涂壁，被以文绣”的例子。《汉书·贾谊传》说：“美者黼绣是古天子之服，今富人大贾嘉会召客者以被墙”。在柱上壁上悬挂丝织品，和在墙壁梁柱上涂饰彩色图画，以满足建筑内部华美的要求，本来是很自然的。这两种方法在发展中合而为一时，彩画自然就会采用绫锦的花纹，作为图案的一部分。在汉砖、敦煌石窟中唐代边饰上和宋《营造法式》中，菱形锦纹图案都极常见，到明清的梁枋彩画上，绫锦织纹更成为极重要的题材了。

图 27：莫高窟第 148 窟水波折纹佛头光（盛唐末）

服装设计专业的学员认为崔岩老师这堂课是非常宝贵的学习资源，这种跨领域的知识融合为学员们打开了全新的视野，绫锦织纹图案不仅在建筑装饰中具有重要地位，在服装设计领域同样具有极大的研究价值和借鉴意义。

艺术和设计是相通的，我们可以从建筑装饰中汲取灵感，为服装设计注入新的活力，传统文化的传承与创新不仅仅局限于单一的领域，而是可以在多个领域相互交融、相互启发。后期将更加深入地研究绫锦织纹图案，将其巧妙地运用到未来的服装设计中。

图 28：莫高窟第 254 窟双叶忍冬藤蔓分枝回卷连续纹（北魏）

丨中国官式彩画图案艺术现代应用·五丨

中国传统文化的灵感——设计进阶之路[1]

钟华，著名珠宝设计师、艺术家，故宫文化珠宝首席设计顾问，中央美术学院客座教师，湖北美术学院设计系客座教授。她为学员们带来“中国传统文化的灵感——设计进阶之路”主题讲座（图1）。

图 1：钟华老师授课现场

钟华老师早年留学英国，在中央圣马丁学院研修当代首饰的金属工艺，2006 年获得首饰设计专业硕士学位，之后回国建立自己的工作室。之后被多家机构聘为设计顾问，如国家宝藏、常莎娜花开敦煌工作室、北京大学商业与艺术研究中心等。钟华老师致力于将西方当代设计语言与中国传统文化相结合。

钟华老师首先分享自己的专业学习轨迹，在踏入英国中央圣马丁学院之际，她深受学院内当代艺术首饰工作室的震撼，回想起在国内鲜少见到真正意义上的当代首饰创作，她毅然从服装设计专业转向当代首饰专业。学成归国后，她着手创作一系列当代艺术首饰作

1 本篇图片及文字根据钟华老师授课记录整理编写。

品，钟华老师巧妙地将当代艺术首饰设计理念融入其中。她坚信当代首饰的魅力不在于宝石的珍贵或贵金属材料的应用，而在于对社会现象的思考、生活细节的挖掘、不同材质碰撞出的视觉奇观，以及对未来首饰可能性的无限探索。随着时代的进步和大众审美的多元化，当代艺术首饰创作仍具有深远的探索价值。

钟华老师以其在当代首饰、私人定制、文创产品三个领域的实践为切入点，详细阐述了课程内容。在当代首饰创作方面，她探讨多种材质媒介的使用，探索艺术、身体、情感之间的内在联系，如纸艺与人体结合的创作、环保材料的运用，以及象征情侣间亲密关系的开合式心形首饰创作。在私人定制版块，她从生命、自然、东方文化三个维度进行讲述，她强调，尽管在海外求学多年，但东方文化背景始终是她设计的底蕴。如在定制案例作品《行龙流水》（图2）中，针对“龙”这一典型传统文化形象，如何用艺术珠宝进行设计诠释，并能够走向国际，她从“云气”这一意向进行设计表达，通过模拟云气的模糊边界感，将龙以更加意象化的方式进行诠释，并得到国外友人的高度认可。通过这些案例，能够看到钟华老师注重挖掘委托者的个性化佩戴需求，努力融合中国传统文化、当代艺术首饰、客户需求。

钟华老师精心呈现了一系列珠宝文创类设计成功案例并进行讲解（图3、图4）。早期与故宫、周大福联合开发的文创珠宝，虽艺术性十足，但因造价较高而影响销量。钟华老师调整设计思路，针对年轻消费群体对珠宝文创类产品重新进行设计定位，从而逐步获得大众关注认可。她深切体会到传统文化蕴含的强大设计生命力，设计出一系列爆款故宫珠宝文创产品。如《碧螺亭·清风徐来》系列（图5），客户被蓝天背景下的碧螺亭的建筑形式及色彩深深打动；《故宫·猫的异想》系列（图6）通过故宫猫这一新宠拉近年轻人对故宫的情感距离，以更年轻化的方式进行表达；《故宫·芭莎红》系列（图7）以传统吉祥元素中的蝙蝠、葫芦、祥云、钱币为设计元素组件的长款项链成为风靡时尚界的爆品；等等。这些案例中既有经典传统美学的再现，也有多用途搭配的创新性应用组合，这些无不来自钟华老师对传统文化魅力的体会。

钟华老师还分享了与其他博物馆及品牌合作设计的作品：如与大英博物馆合作的《爱之圣甲虫》系列，与国家博物馆合作的《燕语》系列，与周大福的系列联名作品，与百雀羚合作的《宫廷美什件》系列等众多精彩纷呈的案例。同时她还分享了一件与现代AI技术相结合的设计案例《丝绸之路耳环》（图8），她认为AI作为新兴的技术手段，通过巧妙地利用快速实现部分设计表达，也将成为设计师较为便捷的设计方式。

钟华老师通过如数家珍式的讲解，将她的创作要点和心路历程向学员们细细分享，深入解析了其中的设计理念与构思，为学员们提供了宝贵的专业知识和经验分享，极大地丰富了学员们的专业视野，也让在场的学员们直呼这是一场视觉与心理上的文化盛宴。钟华老师设计的私人订制首饰不仅仅是首饰，每一件作品背后都有一个故事，除了具有艺术性、文化性和商品性以外，也有更多的情感、自然和爱的注入。她的设计灵感来源于内心对中国传统文化的热爱。

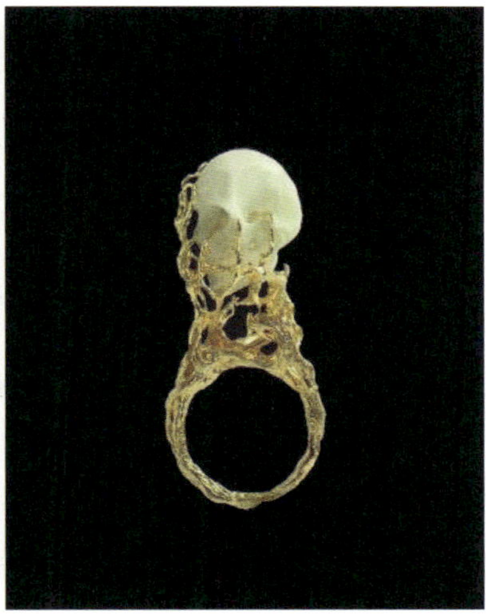

图 2：《行龙流水》　　图 3：《奔马》　　图 4：《沉睡千年》

图 5：《碧螺亭 · 清风徐来》系列

图 6：《故宫 · 猫的异想》系列

图 7：《故宫 · 芭莎红》系列

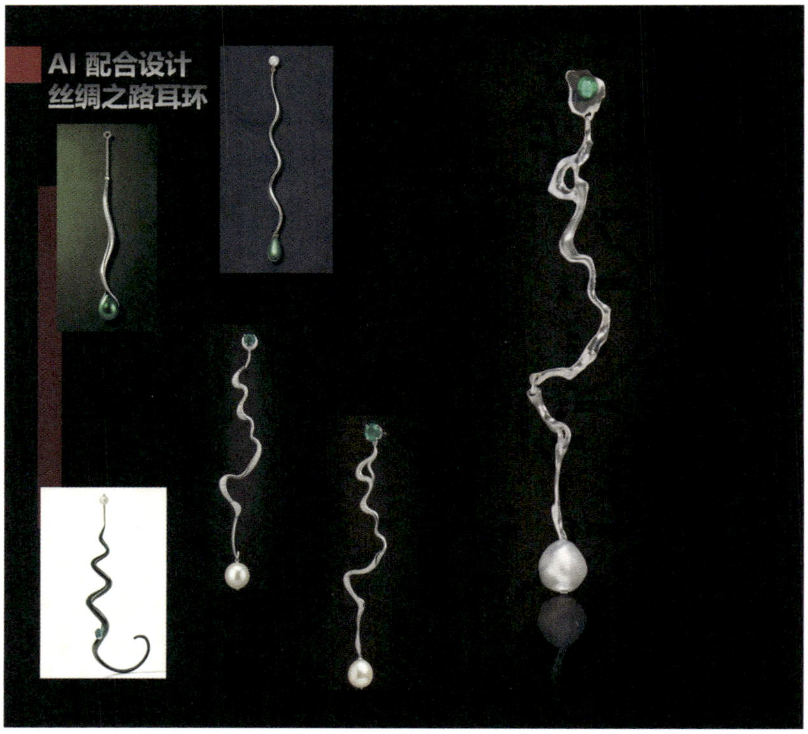

图 8：AI 配合设计《丝绸之路耳环》

丨中国官式彩画图案艺术现代应用·六丨

故宫博物院文创产品开发方面的策略与实践[1]

杨晓波，中国文物交流中心原副主任、中国文物学会副会长、中国文物学会文化创意发展委员会主任委员和中华文物交流协会秘书长、原故宫博物院经营开发部主任。她在故宫博物院的工作涉及多个关键领域，包括管理故宫的固定资产和无形资产及故宫文化创意产品的研发管理。（图 1）

图 1：杨晓波老师授课

课程聚焦探讨故宫博物院在文化创意产品开发方面的策略与实践，强调了故宫文创产品的研发方向。研发理念部分明确了以社会公众需求、前沿科技和学术研究成果为三大支柱，同时注重文化产品的多维度特性（历史、艺术、知识、实用、趣味、环保）。在文创产品的发展上，提出了四个结合点，旨在通过深入研究和广泛合作，打造出符合人们生活方式、融合学术与创意、兼具文化内涵和市场吸引力的文化产品，注重文化产品的包装和宣传，注重文化产品知识产权的保护，努力促进故宫文化的传播。

杨老师阐述了一种以社会公众需求为核心的研发理念，强调了研发活动结合前沿科技、学术研究成果以及深入挖掘文物内涵的重要性。同时，杨老师为同学们明确了文创产品的开发方向，包括文创产品与生活方式结合、学术与藏品信息结合、创意设计团队和加工企业的合作等，要通过多样化的文化产品满足不同层次的社会需求，促进故宫文化的广泛传

1 本篇图片及文字根据杨晓波老师授课记录整理编写。

播。此外，还提到了对文化产品的包装宣传及对知识产权保护的重视，让同学们认识到了对文化产品市场化和规范化的全面考虑。

随后，她还为大家分享了故宫博物院丰富多彩的文创产品矩阵。截至 2018 年 12 月，故宫博物院精心研发了超过 1 万多种文创产品，涵盖了多个系列，充分展现了中华文化的魅力与创意的无限可能。

故宫博物院的文创产品丰富多样，包含以下几大系列。

陶器系列：古朴典雅，传递着泥土的温润与历史的沉淀（图 2）。

丝绸系列：以传统工艺与现代设计融合，呈现高雅质感（图 3）。

服饰系列：融合宫廷元素与现代时尚，满足多元穿搭需求（图 4）。

瓷器系列：细腻洁白，釉色温润，尽显瓷器之美（图 5）。

铜器系列：金属光泽与精湛工艺交相辉映，彰显尊贵品质（图 6）。

木质系列：自然纹理与匠心独运，营造温馨舒适的居家氛围。

图 2：故宫福字杯系列文创

图 3：黑色大凤手绣披肩

图 4：故宫 T 恤衫系列产品

图 5：2017 款“神骏”水果叉

图 6：故宫首饰系列产品

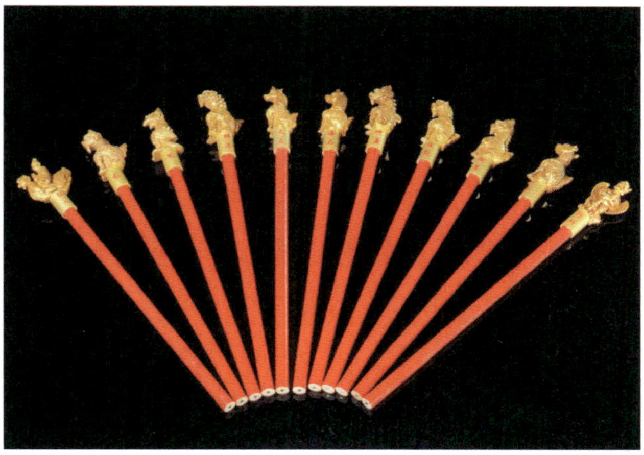

图 7：太和殿脊兽铅笔

此外，还有书画系列、贵金属系列、钥匙扣系列等多个小众而精致的系列，以及笔系列（图7）、T恤衫系列（图4）、首饰系列（图6）等贴近日常生活的文创产品，共同构成了故宫博物院丰富多彩的文创产品矩阵。通过一系列文创产品的展示，学生们感受到故宫博物院不仅让传统文化以更加生动有趣的方式走进大众生活，也促进了文化产业的繁荣与发展。

近些年来，故宫文化创意馆积极参加中国香港和国际上的产品和技术博览会，以开放的心态与国际交流，推动故宫文化产品在国际上的影响力（图8）。

杨老师的授课让大家意识到，故宫文创不仅仅是文物的复刻，更是对传统文化的深度挖掘与现代表达的完美融合。

图 8：数字多宝阁展区

每一件故宫文创产品，都蕴含着匠人的心血与智慧。从选材到设计，从制作到包装，每一个环节都力求完美，力求将传统文化的精髓以现代审美的方式呈现给世人。这些产品，不仅仅是日常用品，更是可以传承的文化符号，让古老的文化在现代生活中焕发出新的生机。这是一次次对传统文化的创新诠释，也是一次次对现代生活的美好献礼。故宫文创让我们在享受现代便利的同时，也能感受到那份来自千年前的文化温度。

丨中国官式彩画图案艺术现代应用·七丨

文化创意产品的设计理念[1]

王孔刚，原故宫文化服务中心副主任、文化部新闻出版专业高级职称评审委员会委员、故宫博物院出版社编审，他为学员讲授“文化创意产品的设计理念”课程。课程内容涵盖文化创意产业的概述、文化创意产品的设计理念、故宫文化创意产品的典范以及文化创意产品设计的实践与未来展望四部分。

文化创意产业作为物质生产与精神追求融合的产物，近年来逐渐成为社会各界关注的焦点。王孔刚老师首先介绍了文化创意产业的整体背景，指出其是市场经济与精神文化的深度融合，是社会发展到一定阶段的必然产物，更是推动社会经济发展的新引擎。

在文化创意产业的概述部分，王老师详细阐述了其定义和本质。文化创意产业可概括为“将无形的思想转化为商品财富”，是设计者利用知识和专业技能，通过现代科技手段对文化资源进行提炼、融合和再创作。联合国教科文组织将其定义为依靠创意人的智慧、技能和天赋，通过高科技手段提升文化资源，利用知识产权的开发，生产出高附加值产品。同时，王老师强调知识产权是文化创意产业的核心，且该产业具有知识密集型、高附加值、强融合性和渗透性以及能提升文化素质等特征。此外，王老师还介绍了不同国家对文化创意产业的定义和分类。

故宫作为中国最具代表性的文化符号之一，其文化创意产品在市场上拥有广泛影响力和高度认可度。王老师介绍了故宫文化创意产品的背景与发展，从最初的简单复制到如今的创新设计，逐步形成了独特品牌和风格。通过具体案例分析，如“朝珠耳机”和“宫廷猫”（图1、图2）系列产品，还有从建筑元素衍生出的各类文创产品等，都生动展示了故宫文创产品的设计理念（图3至图6）。

另外，他还重点说明在文创的设计实践中，既要充分了解其个性，又要研究其共性。只有抓住共性，完善个性，才能实现有的放矢、事半功倍。所以，对于设计者来说，要重视共性的意义，挖掘人们内心对吉祥、快乐、幸福的向往，满足其好奇心和对知识的渴求，这与注重个性同样重要。

最后，王老师在文化创意产品设计的实践与未来展望部分总结了实践要点，包括深入

1　本篇图片及文字根据王孔刚老师授课记录整理编写。

图 1：“宫廷猫”设计原型

图 2：“宫廷猫”设计案例

图 3：故宫太和殿脊兽狮子冰淇淋原型

图 4：故宫太和殿脊兽狮子冰淇淋案例

图 5：雨花阁折叠摆件原型

图 6：雨花阁折叠摆件案例

挖掘文化资源、注重创意与实用性结合、坚持原创设计和重视市场反馈。展望未来，文化创意产业将在全球范围内发展并产生更广泛的影响。数字化和科技进步带来新机遇。跨文化交流也将成为重要趋势。

通过王孔刚老师的精彩讲解，学员们对文化创意产业及其产品的设计理念有了更深入的理解。此次课程为文化创意产业的发展提供了宝贵的知识和经验，也为学员们未来的实践和探索指明了方向。

中国官式彩画图案艺术现代应用·八

建筑彩画艺术设计创新与应用实践[1]

梁家年，南京信息工程大学教授，他讲授“建筑彩画艺术设计创新与应用实践”课程。梁家年老师为艺术学博士，艺术学院院长、二级教授、博士生导师、省级优秀创新创业导师，兼任教育部全国学科评估评议专家、教育部全国普通高校本科教育教学评估专家、国家社科基金及国家艺术基金评审专家，主持完成国家社科基金、国家艺术基金、省社科基金及中国高教学会、教育厅教学科研项目 20 余项。主编出版国家级“十二五”规划教材等著作 4 部，在国内外学术刊物、报纸发表论文、美术与设计作品 80 余篇幅，其中被 CSSCI、CPCI 及人大复印资料收录 20 余篇（幅），取得国家外观专利 20 余项。

图 1：梁家年老师授课现场

梁老师从建筑彩画艺术与形制风格创新，建筑彩画主题内容创新与实践，建筑彩画材料技艺创新与实践，建筑彩画衍生应用创新与实践等四个方面进行讲解。

建筑彩画在不同的历史时期有不同的艺术风格，即使在同一时期，也有不同的官式与地方彩画之分，但无一不体现创新性发展应用。现代彩画与传统彩画在色彩的运用上有很

1 本篇图片及文字根据梁家年老师授课记录整理编写。

大不同，不再单一采用传统彩画中的青、绿主色调，而是大量应用暖色、复合色、不同色相的浅灰色和同一色相不同明度的渐变色，整个色调趋于柔美、和谐。彩画纹样与色彩也因地制宜地加以创新使用，如人民大会堂、政协礼堂、首都机场、北京饭店等装饰彩画就是在传统建筑彩画上创新应用的案例。

建筑彩画既是建筑艺术的一部分，也是文化艺术产业的重要组成部分，梁老师以武汉琴台文化艺术中心为例，介绍项目前期策划案、主题内容文本及方案设计布局。在建筑彩画设计中，以俞伯牙与钟子期的知音典故为主题，邀请有较高艺术造诣的画家进行彩画方心图案创作绘制，是现代彩画寓意创新层面的典型应用（图２）。

图 2：武汉琴台文化艺术中心彩画创作稿

目前，建筑彩画颜材料也在不断创新，研发与传统材料相融合的新型绘画材料，最典型的是化工颜料的创新。以清晚期古建彩画大量运用的巴黎绿为例，因巴黎绿具有毒性，导致其购买受到限制，长期以来没有合适的替代品。这一发明技术难题目前已被陕西师范大学教授李玉虎、李娟老师攻克，能够提供一种与巴黎绿色相一致、生产成本低、无毒、耐候性好的替代颜料。

随后，梁老师以中山陵祭堂马赛克工艺的新式彩画为例（图３），为学员们展现建筑彩画材料与工艺的创新性应用。梁老师从仿古建筑钢筋混凝土材料的物理特性到改进施工工艺流程，再到优化绘制工具与绘制方法，甚至考虑现代喷绘技术，从而对提高彩画绘制的艺术质量和工作效率的现代创新应用表达进行了讲述。

接下来，他以研究生团队主创设计的 2022 年北京冬奥会滑雪单板为例（图４），深入浅出地展示了彩画文创设计的立意及设计过程。滑雪单板正面参考宋《营造法式》“五彩遍装”与“碾玉装”两种类型的彩画，结合现代设计手法、冬奥会滑雪单板常用规格，对纹样图案和色彩要素进行提取创新，以应用于滑雪单板纹样装饰和色彩配色设计。彩画艺术元素与现代设计相结合，不仅能够赋予滑雪单板产品创意文化内涵，而且有助于传统建筑彩画的传播与推广，使更多的人了解彩画艺术的价值和意义。

图 3：中山陵祭堂彩画

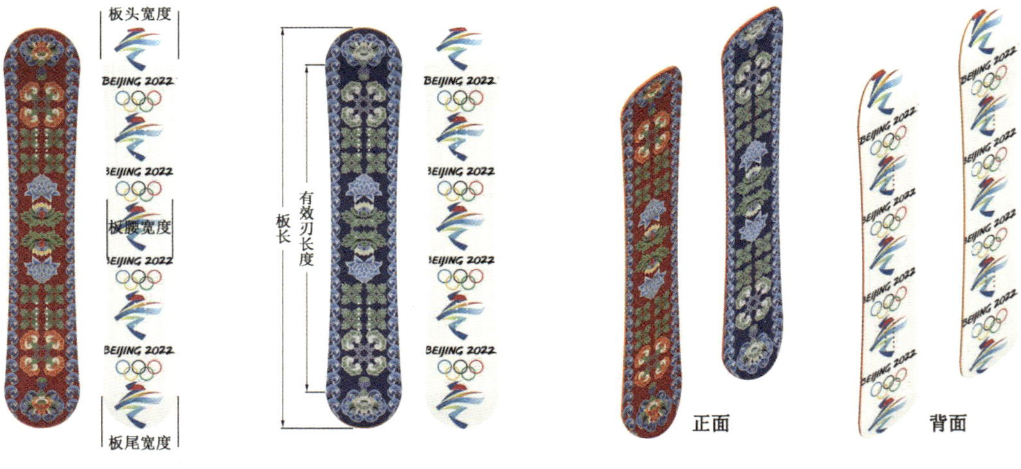

图 4：宋《营造法式》视角的冬奥会彩画主题滑雪单板设计

最后，梁老师认为建筑彩画作为文化艺术产业的重要一环，对健全文化产业链的价值具体表现在传承特色历史文化、提升文化旅游吸引力、提高城市形象地位、促进文化创意产业发展、提供美学文化教育载体等多个方面，需要进行文化产业体系的全链条生态发展和文化价值的深度挖掘。

丨中国官式彩画图案艺术现代应用·九丨

中国官式彩画艺术文化服务产品开发实例[1]

顾思宁，北京紫雍宫廷文化发展有限公司技术专家，为大家讲授“中国官式彩画艺术文化服务产品开发实例”。顾老师多年从事与宫廷文化相关的文创产品的研发，曾跟随杨红老师参与养心殿研究性保护项目中彩画专项设计和文创产品开发工作，是一位既具有彩画相关知识又有彩画文创设计实践经验的老师。

课程开始，顾思宁老师就提出了“为什么要做彩画文创”“什么是彩画文创”“怎么做彩画文创”等一系列问题，给学员们介绍了一些当下为数不多的彩画文创产品设计实例，启发大家思考如何将官式彩画的图案艺术与元素传承下去，并在现代生活中焕发生命力。

之后，顾老师给学员们分享了她作为参与人之一、协助筹备国家艺术基金项目并成功申报的心路历程，感受申报过程中在杨红老师的带领下（图1），项目组团队的艰辛与不易。鼓励大家要珍惜这次机会，要有感恩之心；并结合故宫王仲杰先生为北京香港马会会所设计的建筑彩画这一实例，给大家分享了她从初涉彩画领域直至参与到彩画文创产品设计之中，自己的理解与感悟，赞叹老一辈专家学者对中国传统艺术的热爱与尊重。王仲杰先生设计的北京香港马会会所建筑彩画就是一次创新之作，方心为双凤，在找头部位遍饰锦纹，整体看上去极为雅致，结合灯光设计，可以展现出非常好的视觉效果，低调而奢华。

在“如何做彩画文创”这一环节中，顾思宁老师结合了自己以养心殿为原型的建筑彩画文创设计的实践经验，总结了文创设计的几个关键环节。

图1：国家艺术基金项目申报现场

第一是“品类定义”。在文创设计之初，应确定受众群体的类型和消费水平，了解时尚趋势，从而决定产品的品类和风格以及投放的市场和场所。

第二是“元素提炼”。应依据品类的选择，提炼元素，融合设计师的风格进行设计，或选择一定的

1 本篇图片及文字根据顾思宁老师授课记录整理编写。

主题进行元素的提炼。顾老师指出：“元素提炼的基础是大量原型的搜集，创新就是在这样大量原型搜集的基础上自然生发出来的，是一种量变到质变的转化，千万避免复制粘贴。”

图 2：彩画元素文创示例

第三是“产品设计”。在这一环节中即可进行主题策划和元素创新。

第四是“打样试制”。这一环节包括资源构建、产品打样、验证测试、设计调整、成品封样等步骤。

第五是“供货监管”。因文创有时效性，因此要做好提前的规划，包括销售渠道和供货渠道的规划。

第六是“门店入库”。这一环节包括推广策略和营销模式的制定。顾老师提到，成熟文创品牌的营销方式很有特点，在门店中重复性出现主推产品，贴合消费者的消费心理，同时自媒体平台的推广也很重要，要在线上线下同步进行。

随后，顾老师给大家展示了她以养心殿彩画图案为原型创作的系列文创产品（图 3），包括笔记本、纸胶带、书签、文件夹、帆布包、文化衫、丝巾、明信片、冰箱贴、马克杯共 10 类。丰富的设计经验和富有时代感的创新理念，给学员们带来了很多新的灵感，也为学员们解答了很多在设计过程中遇到的实际问题。这些文创产品看上去极为雅致，结合灯光设计，可以展现出非常好的视觉效果。

图 3：养心殿建筑彩画系列衍生文创产品“帆布包”“丝巾”

课后，学员们将自己的设计构思与顾老师进行交流，她以一位设计者的身份和过来人的视角，为学员们分享了很多自己设计文创产品的思路、经验和注意事项，给学员们现阶段正在进行的创意设计带来很大启发。

彩画图案艺术创新设计实践·一

传统艺术图像当代创新设计[1]

沈磊、杨虹、任晓东，陕西师范大学美术学院副教授，他们在为期三周的设计实践课中，分别从文化服务产品设计、空间展示与服饰设计、建筑装饰设计专业方向对学员进行指导。在前面的历代官式建筑彩画理论学习基础上，学员根据自身喜好和所从事的工作专业进行彩画图案元素提取，再次设计创意，完成各专业的设计作品实物，并衍生成设计产品（图1）。

图 1：设计实践课前，陕西师范大学美术学院三位老师和杨红老师共同了解学员们的设计创意构思

沈磊，陕西师范大学美术学院副教授、环境设计系主任，主持多项社科基金及国家艺术基金，其金属艺术作品《河清海晏》荣获“2020 陈设中国·晶麒麟奖陈设艺术品奖”；漆画作品《红军东渡》入选 2016 年陕西人文千年重大题材美术创作工程。沈磊老师还发表了《法门寺金银器艺术研究》一文，并参加了十余项国际国内金属艺术作品展，专业成就斐然。

中国有着五千年的悠久历史，是世界上五大文明发源地之一。悠久的历史沉淀下来的是无尽的文化财富。在几千年的发展中，中国人创造了许多具有象征意义的图像。这些丰富的图像不仅反映了人们的生活和期盼，而且为当代艺术创作不断带来灵感。中国传统图

1 本篇图片及文字根据沈磊老师授课记录整理编写。

像在当代艺术与设计作品中的融入转化是当代艺术与设计实践的一种重要方法。

中国传统图像反映了中国历史的变迁过程，蕴含着中华民族深厚的文化、思想及感情。同时，这些图像也是人们对自然现象人格化、理想化和社会化的想象与追求，是在中华民族的历史文化中创造出来的、带有浓厚民族文化特色和艺术精神的图形。这些图形巧妙地运用人物、飞禽走兽、花鸟虫鱼、树果草木、日月星辰、风雨雷电、文字等，以神话传说、民间谚语为题材，通过各种工艺美术形式和表现手法呈现出来（图2）。

一些作品在继承传统的基础上做了一些小范围的转变或转换，这也是“融古”的路径。如熊松涛的《繁荣绽放》，虽然也采用了传统题材、传统装饰纹样以及传统的珐琅工艺，但它的釉料和掐丝与传统工艺完全不同，釉料由传统的浑浊不透明釉料转变为透明釉料，胎体也不是铜胎而是选用纯度高达99.99%的白银作为材料，工艺上发生了非常大的转变（图3）。

图2：常沙娜先生作品《和平鸽大圆盘》
黄金、紫铜、珐琅釉 31cm×31cm×40cm 1952年

图3：熊松涛先生作品《繁荣绽放》
白银、珐琅 51cm×51cm×11cm 2020年

（资料来源：《熔古・铸今：中国国际当代金属艺术》，王晓昕著，人民邮电出版社，2021。）

中国传统图像中大量优美的景物被提炼出具有民族特色的图形。官式彩画图案便是其中一颗璀璨的明珠。其作为中国传统图像的代表之一，具有巨大的设计转化与应用潜质。

当前有很多艺术家与设计师根据自己对传统的理解和认识做出了各种各样的阐释，他们使当代艺术与设计呈现出多彩的可能性，他们继承和发扬中国传统符号，他们勇于创造和探索的精神，对中国当代艺术与设计的发展都有着非常重要的意义。艺术家与设计师通过对传统符号的运用，传扬了中华民族的文化精神。

随着时代的发展，人们的审美观念也在不断变化。传统艺术图像要想在现代社会中立足，就必须与现代审美相融合。通过创新设计手法和表现形式，使传统艺术图像更加符合现代人的审美需求，从而吸引更多人的关注和喜爱。这种融合不仅有利于传统文化的传承，还能推动现代设计艺术的发展。

传统艺术图像的应用场景十分广泛，包括平面设计、陈设设计、文创设计等多个领域。通过创新设计手法和表现形式，可以使传统艺术图像更好地适应不同领域的需求，拓展其应用场景（图4、图5）。

清华美院染织服装艺术设计系张宝华教授认为丝巾是文化的载体。他致力于探索中国文化与现代艺术设计相结合的创作方向，用最具有东方艺术魅力的视觉元素，讲述中国传统文化的智慧与魅力。其作品被外交部当做国礼赠予外宾，每一件都承载着博大的中国图腾。

张宝华教授将采风中看到的古代壁画、出土文物纹样等融入了自己的创作。然而创作不是照搬传统文化，而是“跳出这些资料，思考如何用现代设计的语言，把这些不同时空的元素有机地整合在一起，形成一种设计上的逻辑”。他认为，传统文化是流动的、活态的，在吸收传统文化元素和保持传统文化原本魅力的前提下，只有将其转化为符合当代审美的现实产品，才能使传统文化获得长久的生命力（图6）。

图4：丁晓飞系列作品
《大国雄风》现代景泰蓝

图5：王石竹设计作品
《珠联璧合》珐琅首饰

图6：张宝华教授丝巾设计作品

（资料来源：《熔古·铸今：中国国际当代金属艺术》，王晓昕著，人民邮电出版社，2021。）

随后，沈老师带领学员们参观了工作室，为学员们介绍了金属工艺品的发展脉络与当代金属艺术设计师及他们的优秀作品。

金属工艺品的发展脉络最早可以追溯到新石器中期的马家窑文化、大汶口文化及稍晚的乔家文化等遗址中出土的铜制工艺品，中国古代著名的金属工艺品有商代的青铜器、战国的错金银、唐代的铜镜和首饰、明代的宣德炉、清代的景泰蓝等，主要分为实用品（如酒器、茶具等日用器皿）、陈列装饰品（如屏风、摆件、车饰等）和首饰三类，融入了生活的方方面面。其制造技术经历了多个阶段的发展，从原始的金属加工技术到现代金属材料的科学研究，金属工艺品的发展体现了人类文明的进步和技术革新。而当代的金属工艺设计师们在传承传统的基础上都有各自的特点与创新，工艺精湛，他们的作品令人大开眼界。

图 7: 张宝华教授丝巾设计作品（组图）

沈磊老师详细介绍了《山海颂》系列金属艺术器皿，该作品是以金、银、铜器为载体，以远古神话为灵感来源和表现内容，反映中国传统哲学思想和人文精神，并强调现代审美意识与传统工匠精神相结合的工艺美术创作（图 8）。

《山海颂》的主题思想意在表现中国传统文化中有关天人合一的自然观以及中华文明

图 8: 沈磊系列金属艺术器皿作品《山海颂》

蕴含的不屈不挠的开拓精神和气吞大荒的宏伟气魄，具有中国古典浪漫主义情怀。我国拥有世界最高的山峰和绵长的海岸线，以《山海颂》为题既是表达对祖国山川、海洋的崇敬与眷恋，也是表达现代中国的生态观，是对人与自然关系的阐释，同时也是取自《山海经》前两字和《诗经》“风、雅、颂”第三字。在作品的具体呈现中，采用意象与象征的艺术处理手法，不再现具体的高山、大海，而是通过造型和材料语言使人产生相应的联想。以中华文明为出发点，结合丝绸之路沿线多地域的艺术风格，包括我国新疆，中亚、西亚乃至古希腊的艺术精华，同时强调“器以载道”的造物原则，发掘金属艺术器皿的深层艺术表现力，在彰显本土文化属性的同时，加入国际化视觉艺术表现方法，为金属艺术器皿在新时期的传承与发展寻找多元的延续方式和创新点。

在这个快速变化的时代，中国官式彩画作为宝贵的文化遗产，其传承与发展离不开每一位设计师的努力与创新。我们希望通过本课程能激发大家对传统文化的热爱与尊重，同时鼓励大家勇于探索，将传统艺术图像与现代设计理念相结合，创造出既具有文化底蕴又符合时代精神的新作品。让我们携手并进，在传承中创新，在创新中传承，共同书写中国传统艺术的新篇章。

在沈老师的专业指导下，学员们在各自的设计中进展迅速，收获颇丰。周亦光同学在课程学习中历经方案的推翻、重建、调整与完善。第一稿方案因造型复杂，在多位老师的建议下重新构思，由此认识到设计需在实用性与美观性之间找到平衡。参观沈老师工作室后，他受到启发，决定以“罗纹方胜”图案为原型设计创意产品。在建成第一个模型后，经沈老师建议，他决定进行简化，将复杂无规律的花型组合方式调整为四个一组、外形一致但图案不同的形式，这样更接近原图案形式，突出了图案特点，同时也符合量产要求。建模过程中，沈老师多次检查模型，对盒体打开方式、垭口结构等细节提出修改意见。经过反复调整，在取得老师认可后进行模型打印，深刻体会到细节决定成败。在模型上色过程中，沈老师现场指导，让周亦光同学对色彩运用有了更深入的理解（图9）。

图 9: 沈老师与学员们讨论方案

彩画图案艺术创新设计实践·二

万物皆可创——文化创意产品设计[1]

杨虹，陕西师范大学美术学院视觉传达系系主任，硕士生导师，陕西美术家协会设计委员，分别在《西部美术》《新视野艺术教育》《文艺研究》《装饰》《文化艺术报》杂志发表学术论文；设计作品入选第三届全国体育美展；参与主持多项省部级、校级项目；指导学生设计作品、互联网＋大赛、大学生创新创业大赛，获国家级奖项两项、省部级多项。

（一）概述

杨虹老师的理论授课内容包括六部分：概述，文化创意及其发展，什么是文化，文化创意设计价值，文化创意的表现形式，设计手法。

文创产品已经渗透到人民生活的各个方面，从个人收藏到定制礼品，皆展现出“万物皆可创”的趋势。文创产品不仅是日常用品，更在现代社会中扮演着独特的角色。通过视觉传达技巧和艺术设计，文创产品能够提升品牌的品质感和吸引力，塑造出独特且可辨识的品牌形象。文创设计将艺术与商业相结合，通过设计元素、图形符号与传达手段，表达品牌的核心价值和身份特点。

文化创意是一种以文化为依托、以创意为驱动的设计方式。文创设计通过深入挖掘、提炼和再创造文化，将其融入设计中，不仅实现了文化的传承与推广，还创造了具有独特魅力和市场价值的作品。创意的主体是人的主观精神世界，通过文化形式的叙事以及科技的转化，投射出独具特色的创意活动。

在大量文创产品案例的讲解中，杨老师展示了如何将文化元素、文化体验和情绪价值融入产品设计中，丰富我们的生活并提升审美与情感体验。例如，优衣库与上海博物馆跨界合作推出的

图 1:《博物有新意 · 青铜若有灵》系列

1　本篇图片及文字根据杨虹老师授课记录整理编写。

《博物有新意·青铜若有灵》系列，从国宝“大克鼎”“父乙觥”和“子仲姜盘”中获得灵感，将博物馆的艺术文化体验以生动有趣、触手可及、易传易教的方式呈现给消费者（图1）。

（二）概念与实例学习

文化创意，是指在文化领域创出新意或指文化创新成果，其核心是“创造力”。这些创意往往是原创的、独特的、有意义的。文化创意的主体是人的主观精神世界，是文化形式本身的叙事，是利用科技转化表意内容，并投射到产品创意活动中的过程。杨虹老师给学员们介绍了文创及其发展过程，及英国、日本、中国文创开发的实例，并且引入了文化的概念和文化创意的价值。

文化创意的要点就是“达意”和“传神”，比如“喜上眉梢”的台灯（图2），这个设计来源于中国成语“喜上眉梢”，当喜鹊飞上梅花枝头的时候，代表着喜事征兆。这是中国成语“喜上眉梢”的来源，另外“梅”和“眉”的谐音，也让这个成语可以代表喜笑颜开的意思，而台灯的设计造型无不体现着它的文化内涵。

而《江雪·茶包盖》茶具则通过唐代诗人柳宗元的诗意表达，将“孤独”这一主题展现得淋漓尽致，每个细节都经过深思熟虑，整体作品仿佛一首无声的诗（图3）。

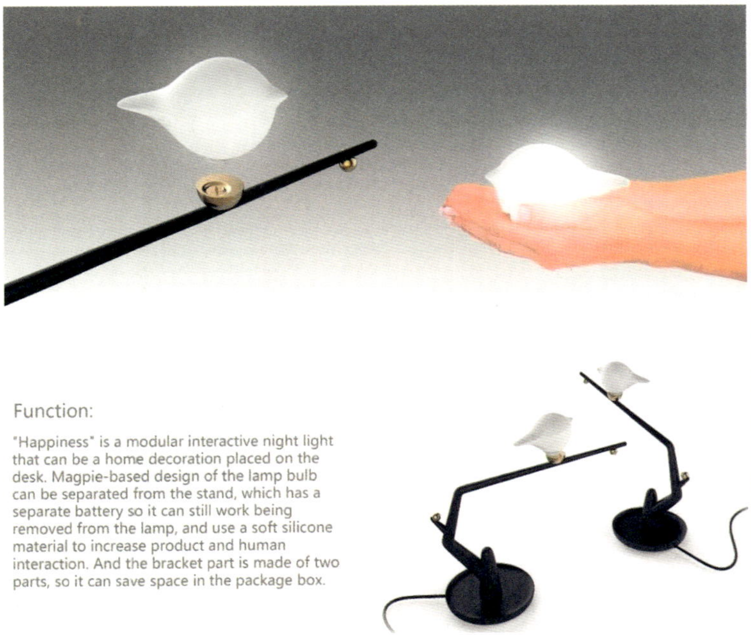

图 2:《喜上眉梢》台灯

图 3:《江雪·茶包盖》茶具

高级文创产品不仅是一种情感交互的载体，还能通过精心设计的内容、巧妙的场景营造、多元化的氛围等途径，提供丰富的情绪价值，激发消费者的情感共鸣，提升其价值感和归属感。这些文创产品犹如心灵的灯塔，照亮人们的生活。

在进行文化创意产品设计时，可以运用以下几种方式：其一，简化元素符号，以简洁之美展现独特魅力；其二，融入其他元素，碰撞出全新的创意火花；其三，以局部指代整体，赋予作品更深刻的内涵与想象空间；其四，进行材质、肌理调整，带来不同的触感与视觉体验；其五，对形态进行夸张变形，凸显个性与张力。杨老师还通过具体的案例对这些方式进行了深入讲解（图4）。

在设计定位流程与方法方面，首先寻找亮点故事，明确设计理念，思考设计载体，提炼设计特征，开展设计探索。这个阶段强调充分发散思维，联想一切自己感兴趣或具有意义的文化元素；接着，对关键词进行细致的整理，然后将设计理念或者创新点运用到合适的载体上，提炼概括传统特征并将其赋予到新的应用当中，让传统与现代完美融合，绽放出全新的光彩（图5）。

真正好的文创产品绝非简单的复制粘贴和套用模板之作，而是由文化、创新与产品三者有机融合而成的。其中，最核心的部分无疑是设计与创意，它们犹如文创产品的灵魂，赋予其独特的魅力与价值。

图 4: 妈祖文化可旋转茶海

图 5: 故宫文创出品的彩画主题系列茶垫

（三）实践指导

在实践环节中，杨老师首先让文创组的成员集中汇报每个人的创意构思。

图 6: 杨虹老师指导同学的文创设计

接着，针对每一位学员的汇报，进行了一对一的精心细致辅导（图6）。无论是创意的可行性、文化内涵的挖掘，还是产品的实用性与市场前景，杨老师都进行了深入的分析与探讨。对于每个人存在的问题，杨老师不仅耐心地进行辅导，还给出了相应的宝贵意见和建议，学员们尽情释放自己的创造力与想象力。他们对作品反复斟酌、精心修改、不断完善，力求让作品以最完美的姿态呈现在大众面前，让更多的人领略到文创的魅力与彩画的独特价值。

| 彩画图案艺术创新设计实践·三 |

官式彩画与漆工艺[1]

任晓东，陕西师范大学美术学院视觉传达设计系教授，在漆艺课的殿堂里，任晓东老师以漆为媒，绘就了一幅幅跨越时空的艺术长卷。他的代表作品《千佛应身》，不仅是对传统漆画技艺的致敬，更是新时代艺术创新的璀璨火花。自2008年师从著名漆画家乔十光以来，任晓东老师在中国美术家协会、中国工艺美术学会及陕西美术家协会的舞台上，用作品讲述着漆艺的千年传承与现代变革。

任晓东老师给学员们进行了“官式彩画与漆工艺”的讲授。他提出“漆艺是衣被披履之艺”的观点，并从漆的精神、漆的源流、漆的材料、漆的方法四方面，让学员们深入详细地对漆艺有了全面的了解。

（一）漆的精神

漆的精神包括漆的内涵、漆的外延和漆之美三部分。

漆的概念，已不是传统意义上的漆器，而是包容了漆艺术的含义。它横跨装饰艺术和纯艺术两个领域。

图1：明代红漆戗金云龙纹经匣（局部）

图2：明代红漆戗金云龙纹经匣

漆的外延，包括保护器物、美化器物、艺术表达三个物质基础。

髹饰之美，包括黑之深沉、丹漆不文、含金蕴银、千文万华四个层面（图1、图2）。

1　本篇图片及文字根据任晓东老师授课记录整理编写。

（二）漆的源流

包括史前及夏商周时期，先后历经了战国秦汉时期、魏晋南北朝时期、唐宋元时期、明清时期。考古发现中国最早的漆艺距今有七千多年，而杭州萧山跨湖桥发掘的八千年前的“漆弓”又将漆艺发展向前推进了一千年（图3）。

东汉魏晋南北朝时期漆器的出土，比起前代显得十分稀少，这与葬俗的改变及瓷器的出现有一定的关系。这一时期出现了夹苎，密陀绘工艺，漆器发展到了一个新的时期(图4)。

唐代漆器达到了空前的水平，有用稠漆堆塑成型的凸起花纹的堆漆；有用贝壳裁切成物象，上施线雕，在漆面上镶嵌成纹的螺钿器；有用金、银花片镶嵌而成的金银平脱器（图5、图6）。

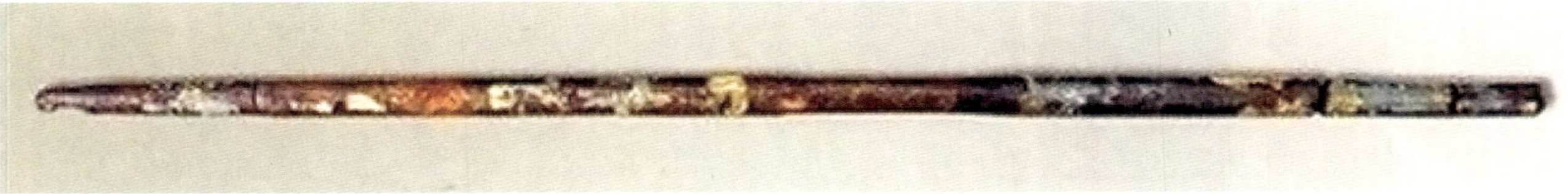

图3：漆弓

图4：羽觞朱地罩漆

图5：日本正仓院藏唐代漆器

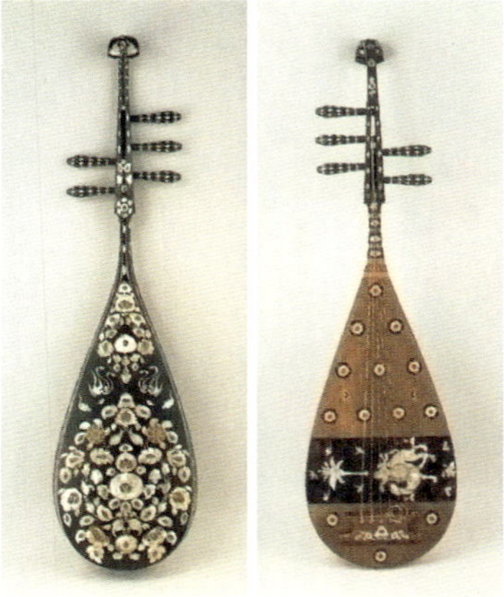

图6：日本正仓院藏唐代漆器

宋代漆器具有强烈的时代风格，一反唐代装饰纹样的丰满富丽，而以清新淡雅的面貌出现，更以式样翻新、色泽朴素见长。宋代漆器主要有两大类产品，一类为采用雕漆、戗金、螺钿镶嵌等工艺装饰的豪华高档漆品；另一类是质朴无华的素髹漆器。所谓素髹漆器，又称素面、光素漆器，指器物表面髹漆颜色素朴，没有花纹装饰的漆器。有的通体只髹一种颜色漆，有的表里异色，或表里同色、底足异色。很多著作称之为一色漆器或单色漆器。江苏宝应宋墓出土的一批光素漆器，从一个侧面充分体现了宋代漆器的特有风格。一色漆器从原始社会的考古发掘中到以后历代均有大量发现，以朱、黑、褐三色最为常见。宋代漆器色彩搭配十分谐调，体现出浑厚古朴的色彩特征。

在元代漆器中，成就最高的是雕漆。其特点是堆漆肥厚，用藏锋的刀法刻出丰硕圆润的花纹。大貌淳朴浑成，而细部又极精致，在质感上有一种特殊的魅力，如张成造剔犀云纹盒（图7）。

明清两代是我国漆器制造的又一个高峰时期，不仅承继了宋元以来所创造发明的漆器技法，并在前代的基础之上更加细化和提高了已经存在的技术，而且出现了皇家专用的漆器生产和管理机构。同时，官办作坊又能够广泛地吸取民间漆器作坊的精华，从而迎来了中国漆器发展史上的黄金时代（图8）。

图7：剔犀云纹盒

图8：牡丹纹剔犀盒

图9：髹涂

图10：描绘

图11：镶嵌

图12: 刻填

图13：磨绘

图14：变涂

图15：堆塑

图16：雕漆

（三）漆的装饰技法

漆的装饰技法有：髹涂（图9)、描绘（图10）、镶嵌（图11）、刻填（图12）、磨绘（图13）、变涂（图14）、堆塑（图15）、雕漆（图16），共八种。

任晓东老师不仅传授漆艺的基本知识，更亲身示范关键步骤，为学员们扫清技法上的困惑。他强调“材料的人格化和人格的材料化”，让每一块材料在漆的包裹下，都能讲述自己的故事，展现独特的魅力。在任老师的指导下，学员们尝试将大漆应用于PVC灯罩、木质家具、金属制品乃至陶瓷、玻璃等多种材料上，通过一遍遍地涂饰与打磨，让这些平凡之物焕发出非凡的光彩。

任晓东老师常说：“漆是一个循序渐进的艺术，你能一步一步看到自己的劳动。”他用自己的行动诠释了漆艺的精髓——脚踏实地，步步为营。他更期望学员们能创作出承载当下社会角色，体现大国崛起与强国之道的器物，让漆艺成为连接过去与未来的桥梁。

“滴漆入土，千年不腐”，这不仅是任晓东老师对漆艺特性的精准概括，更是他对漆艺传承与创新的坚定信念。在他的引领下，漆艺这一古老而又充满活力的艺术形式，正绽放出更加璀璨的光芒（图17至图19）。

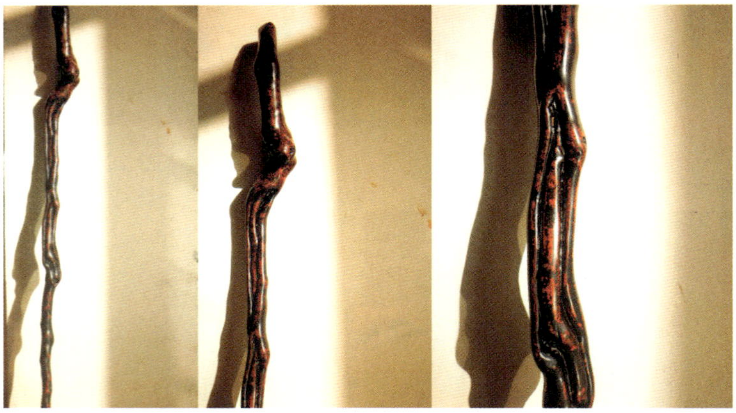

图17：任晓东老师《终南漆杖》漆艺作品

图18：任晓东老师《岁岁年年柿柿红2》漆艺文创空间作品

图19：任晓东老师为大家进行漆画示范

（三）陕西采风观摩

| 采风观摩（一）——陕西 |

乾陵博物馆

乾陵为唐高宗李治和女皇武则天的合葬陵。本次采风调研的重点是鉴赏其三座陪葬墓——永泰公主墓、懿德太子墓、章怀太子墓的壁画（图 1）。三座墓中出土多幅绚丽多彩的墓室壁画和精美石椁线刻画，均为国宝级文物，堪称唐代瑰丽的地下艺术画廊（部分真迹现藏于陕西历史博物馆）。其中的《宫女图》《打马球图》《客使图》《狩猎出行图》《阙楼图》《仪仗图》等壁画，是人们领略唐代绘画艺术，研究唐代建筑、服饰、风俗、体育活动、宫廷生活及中外文化交流的珍贵文物资料。

图 1：学员们进入地宫

永泰公主墓中的《宫女图》，懿德太子墓中的《阙楼图》《仪仗图》，章怀太子墓中的《打马球图》《狩猎出行图》等均分布于墓室两侧。

《宫女图》中，宫女们头梳高髻、肩披纱巾、长裙曳地，个个体态丰盈、婀娜多姿，她们手持玉盘、方盒、烛台等物，有的左顾右盼，有的窃窃私语，将少女活泼的神态表现得栩栩如生。此画构图错落有致，人物分布疏密得当，颇具节奏感；线条流畅圆浑，气脉

图 2:《宫女图》

图 3:《阙楼图》

图 4:《打马球图》

连贯；色彩层次丰富，服饰华美，展现了唐代上层社会的生活习俗和审美取向（图2）。

《阙楼图》《仪仗图》以城垣、阙楼、山峦为背景，祥云环绕、层次分明、气势恢宏，仪仗队伍排列有序，人物众多，展现出唐代皇家出行的盛大场面（图3）。

《打马球图》通过线条和色彩的巧妙搭配，将人物的活动姿势和骏马奔驰的体态描摹得栩栩如生；全图布局严谨，重点突出，气韵生动，将动与静和谐地融合在一起，呈现出韵律之美（图4）。

《狩猎出行图》笔法苍劲，树木用枯笔勾勒，内填色彩，其造型已经逐渐摆脱了中国早期绘画的程式化倾向，展现了唐代绘画的成熟与细腻（图5）。

壁画中的建筑、人物、马匹、鹰犬等细节描绘生动，展现出唐代绘画的高超技艺；色彩运用大胆浓烈，红绿搭配形成鲜明对比，具有强烈的视觉效果。

图5：《狩猎出行图》

三座墓穴石门的门楣、门扇和棺椁内外两侧均有线刻画，以石椁线刻最为精美。其内容以人物及生活场景为主要内容，其中也描画大量动物和植物，如龙、凤（图6）、天马、卷叶、海石榴花（图7）等，各类纹样布局得当、和谐统一。线刻画绘制极为细致，线条刚劲流畅，并随装饰题材和造型的改变而产生线条粗细、轻重、起伏、节奏的变化，意在笔先，体现出中国古代工匠极高的艺术水平。

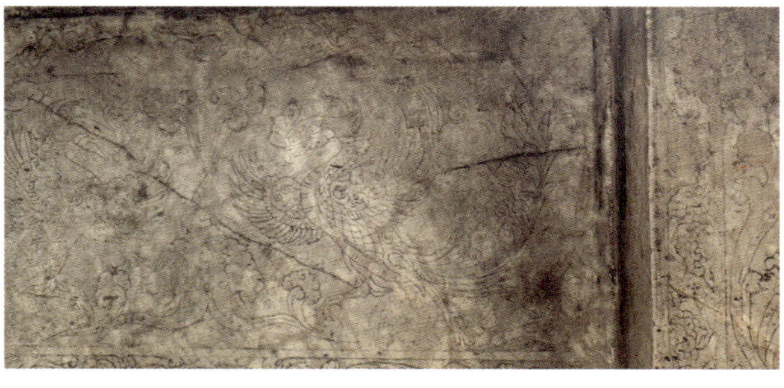

图6：线刻画——凤

图7：线刻画——海石榴花

值得关注的是，乾陵棺椁石刻中的海石榴花是唐代装饰的常见题材，在后世建筑彩画中也多有应用。乾陵的海石榴花图案整体呈现出强烈的聚拢感，花心造型简洁，花瓣外放，线条遒劲而富有动感（图8、图9）。

图 8：[唐] 永泰公主墓壁画中的海石榴花

图 9：[唐] 章怀太子墓石椁上的线刻海石榴花

图 10：[唐]《大智禅师碑》海石榴花线刻（西安碑林博物馆藏）

图 11：[唐] 日本正仓院藏香印座莲瓣海石榴花纹

位于西安碑林博物馆内雕刻年代略晚的唐《大智禅师碑》（图 10），碑身侧面也大量使用海石榴花线刻，其花卉造型更具写实性，花心石榴籽逐一刻画，叶片及枝条舒展，体现强大的生命力。日本正仓院藏有此类题材的唐代早期漆金彩绘香印座（图 11），其线条相较于石刻更为随意灵动，在色彩的衬托下，体现出更强的艺术感染力。

“生动”二字，恰如其分地概括了此番视觉盛宴的精髓。古人的生死哲学，在这一幅幅壁画中得到了淋漓尽致的展现，仿佛他们深信死后亦能续享尘世繁华。墓室之内，一幕幕生活画卷缓缓铺展，仕女于花园中嬉戏，情态娇憨；马球场上骏马奔腾，球影翻飞、激情四溢；士兵们附耳低语，神秘莫测，每一帧都跃动着不同的灵魂，绝无雷同，引人无限遐思。墓室石椁上精美的边饰蜿蜒翻绕，长可数丈，气势磅礴；整体构图自然和谐，毫无生搬硬拼之感，学员为唐代匠师们的高超技艺深深折服，身临其境地体会到唐代装饰艺术的独特魅力。

通过此次鉴赏，学员们更加深刻地感受到中华文化的博大精深。这些珍贵的文化遗产，不仅是我们民族的瑰宝，更是全人类的宝贵财富。我们应该倍加珍惜和保护这些文化遗产，让它们永远闪耀在人类文明的历史长河中（图 12）。

图 12：全体师生在唐懿德太子墓前合影

采风观摩（二）——陕西

陕西历史博物馆

陕西历史博物馆作为联合国教科文组织认定的世界一流博物馆，其馆藏文物时间跨度长达一百多万年，上溯远古人类使用的原始工具，下至近代以前社会生活中各类器物，种类繁多，精美绝伦。本次观摩活动主要聚焦于《陕西古代文明》展览、唐代壁画珍品馆以及“大唐遗宝——何家村窖藏出土文物展”，旨在通过多角度、多层面的探索学习，深入理解文物的历史和文化内涵，感受中华民族博大精深的文明成就，从而为彩画图案艺术设计搜集素材、汲取灵感。

（一）陕西古代文明展览

图 1：兽面纹壶

通过讲解员及李玉虎老师的介绍，学员们了解到，该展览通过三千余件珍贵文物，展现了从163万年前古人类出现至1840年鸦片战争前的漫长历史进程，时间跨度极为广泛。这些文物不仅是历史变迁的见证者，更是陕西在不同历史时期文明进程的生动反映。展览分为三个展厅，涵盖史前、周、秦、汉、魏晋南北朝、隋唐及唐以后等七个历史阶段，聚焦建都于关中平原、留下丰富文化遗产的周、秦、汉、唐时期，凸显了陕西在中国历史上的重要地位，体现了“以物证史”的展览理念。

史前展厅内，石器、骨器与陶器交相辉映，这些看似简单却充满智慧的器具，展现了早期人类利用自然的生存智慧。例如兽面纹壶（图 1），壶身绘有黑色上下两重连续的兽面纹，形象似猪面，有醒目的猪鼻，憨态可掬，生动传神。该纹饰可能源于先民对所饲家猪形象的观察和提炼，对学员的图案设计与创新颇有启发。

随着展览叙事进入周、秦、汉时期，文物的种类和数量明显增多。周代青铜器、秦代兵马俑和汉代瓦当从不同维度展现了当时的社会结构、政治制度和文化风貌，给学员留下了极为深刻的印象。周代的青铜器，以其巧夺天工的技艺、庄重又不失灵动的造型、充满想象力的纹饰，展现了当时的工艺水平、礼法制度和审美取向。秦代的兵马俑，形象栩栩如生、色彩鲜活艳丽，虽然展陈数量有限，但仍能让人感受到大秦帝国的雄浑气势和无敌军威。汉代的瓦当“图文并茂”，既有四神这样的经典图形纹样（图2），也有诸如“永受嘉福”“大宜子孙”等文字纹样（图3），这不仅反映了汉代的营建技艺和建筑美学，也揭示了汉代社会生活风俗和文化趣味。优质的展品为学员们带来了难忘的观展体验，提供了丰富的创作素材。

图 2：四神瓦当

图 3：文字瓦当

魏晋南北朝是中国历史上一个充满动荡和融合的时期，展览中的文物也突出体现了这一特征。彩绘贴金安伽墓石门是南北朝时期的艺术珍品——半圆形门额上刻有祆教祭祀图（图 4)，门楣及门框上则刻有大量回旋的葡萄缠枝纹（图 5）。这些图像显示了墓主安伽是信仰祆教的粟特人，也是北周时期祆教在中原流行的物证。石门构件上的葡萄缠枝纹圆转流畅、生机勃勃，对隋唐时期的缠枝花卉纹饰的演变产生了深刻影响，为学员此次彩画图案创意设计提供了纹饰参考。

图 4：彩绘贴金安伽墓石门门额、门楣

图 5：彩绘贴金安伽墓石门门框

隋唐时期是陕西历史上的黄金时代，展览中精心陈列的唐三彩、金银器以及精美壁画，生动地再现了隋唐盛世的辉煌与繁荣景象。随后展出的唐以后文物，则进一步揭示了宋元明清各个时期的文化演变和社会变迁，同时也在一定程度上映射出经济、文化中心逐渐向东向南转移的历史进程。此次展览不仅让参观者领略到陕西古代文明的璀璨夺目，更深刻地让大家体会到了中华历史的博大精深以及文化传承的神圣使命。

（二）唐代壁画珍品馆

唐代壁画珍品馆是陕西历史博物馆的常设专题展览之一。馆内收藏了来自20多座唐墓的壁画精品，数量多达600幅，面积超过1000平方米。这些壁画以其独特的风格和丰富的内容，展示了唐代社会的方方面面。唐墓壁画以其简约传神的人物、特色鲜明的器物、

图6：《阙楼仪仗图》

图7：《客使图》

简洁明快的山水与栩栩如生的动植物著称。通过这些壁画，人们可以看到当时的礼仪规范、生活习俗、服饰特色、娱乐方式与建筑风格。例如《阙楼仪仗图》（图6），该壁画原绘于懿德太子墓墓道前端，是懿德太子墓中场面最为宏大的一组壁画。画中的阙楼是一组高大雄伟的三出阙，即一个母阙加两个子阙。屋身、平坐部分用红色描绘，在主要连接点还绘有金铜饰件，墩台为冷色调，内部有赭、灰等色彩的细微变化，配色既富丽华贵又和谐自然。墩台四周绘有卷曲缠绕的蔓草图案，笔意流畅、庄严典雅。又如《客使图》《狩猎出行图》《宫女图》（图7至图9）等，皆是这一时期的壁画精品。

图8：《狩猎出行图》

图9：《宫女图》

这些壁画不仅是艺术的瑰宝，更是研究唐代社会生活尤其是贵族生活和精神追求的珍贵资料。通过壁画中的细节，可以了解当时的建筑风格、室内装饰、服饰搭配和宴会礼仪等，这对研究唐代的社会结构、民族交流、经济状况和文化发展具有重要意义。杨红、纪立芳、李玉虎三位老师从各自专长出发，为学员们分析壁画中建筑、服饰、纹样等图像的造型、用线、设色以及颜料工艺，帮助学员更好地理解壁画艺术和技术，为后续的创作积累素材和经验。（图10、图11）

图 10：培训班师生了解壁画绘制流程

图 11：培训班师生观赏壁画、聆听讲解

（三）“大唐遗宝”何家村窖藏出土文物展

“大唐遗宝”何家村窖藏出土文物展是陕西历史博物馆另一个常设专题展。1970 年 10 月发掘的西安何家村唐代窖藏，出土了大量精美的文物，这些文物数量众多、种类繁多、工艺精美、保存完好，被誉为二十世纪隋唐考古最重要的发现之一。展览中陈列的金银器、玛瑙器、琉璃器、玉器等，每一件都工艺精湛、设计独特、美轮美奂。这些文物不仅展示了唐代的工艺水平，更反映了当时的政治、经济、文化和艺术的繁荣。例如镶金玛瑙兽首杯（陕西历史博物馆镇馆之宝之一）（图 12），其由一整块缠丝玛瑙雕琢而成，杯体为兽首形状并插有金塞，无论是材质还是工艺都极为罕见，是迄今考古发现的孤例。有学者认为这件玛瑙杯是外来器物，也有学者认为是唐代工匠仿粟特式的来通制作的。尽管玛瑙杯的具体产地和时代尚无定论，但普遍认为其造型源于西方，是唐代中外文化交流的产物。李玉虎老师认为镶金兽首玛瑙杯是整个展览中最具价值的展品。

鸳鸯莲瓣纹金碗是另一件让师生们赞叹不已的展品（图 13）。金碗内壁刻有莲花心，外壁刻有莲花瓣。每一片莲瓣里都錾刻有装饰图案，上层主题是动物纹，有鸳鸯、野鸭、鹦鹉、狐狸等；下层是忍冬花装饰图案；莲瓣上空白处装饰飞禽和云纹。无论是碗身饱满庄重、大气典雅的造型，还是碗壁优雅灵动、细腻精美的纹样，都给予观者极佳的审美体验，是上好的灵感“燃料”和创作素材。

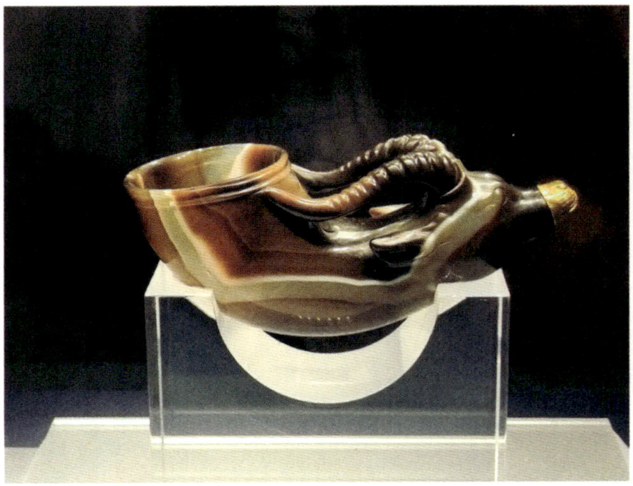

图 12：[唐] 镶金玛瑙兽首杯

图 13：[唐] 鸳鸯莲瓣纹金碗

图 14：[唐] 鎏金飞狮纹银盒

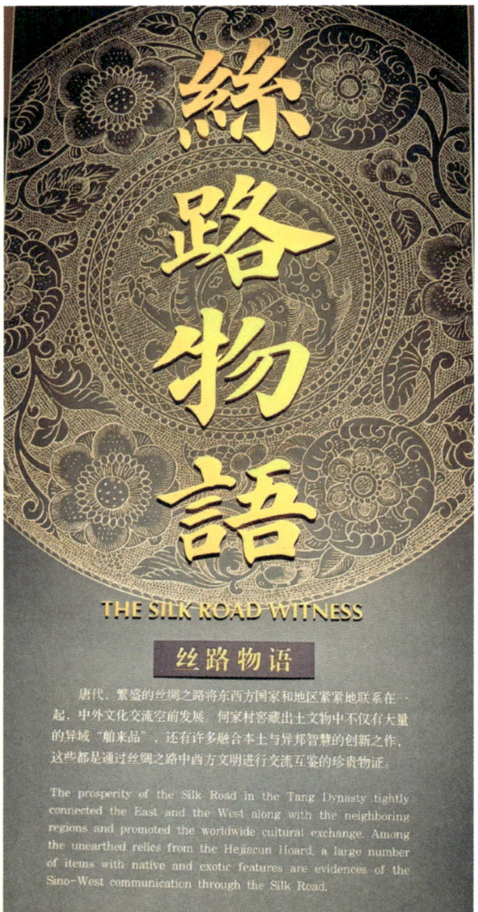

图 15：以“鎏金飞狮纹银盒”纹饰为背景的展板

第三件作品也颇具特色，是一件唐代鎏金飞狮纹银盒。其中心纹饰为飞狮纹，周围环绕着缠枝团花，中心花朵呈俯视造型，花瓣翻卷，与日本唐招提寺建筑彩画花卉造型极其相似（图 14）。该件藏品的元素不仅运用到陕历博广受欢迎的笔记本产品中，其纹饰还制作成了该展区的设计说明展板背景图片（图 15），对学员们此次图案设计创意元素的提取极具启发意义。

透过这些质朴或华美、宏大或精微的历史文物，观者仿佛穿越千年，触到了古代中国的脉搏，听到了中华先民的心声，对脚下这片土地有了更深刻的认识和更崇高的景仰，也愈发认识到保护和传承优秀中华文化遗产的价值和意义。此次观展不仅是一次感官和精神的盛宴，也是一场无声胜有声的大师课，学员们当真获益匪浅。

丨采风观摩（三）——陕西丨

西安昭陵

昭陵是唐太宗李世民与文德皇后长孙氏的合葬陵墓，拥有180余座陪葬墓，是关中“唐十八陵”之一，也是中国历代帝王陵园中规模最大、陪葬墓最多的一座。昭陵不仅是初唐走向盛唐的实物见证，也是了解、研究唐代乃至中国君主专制社会政治、经济、文化难得的文物宝库。

图 1：马海舰馆长和张明现副馆长与全体师生在昭陵博物馆前合影

图 2：杨红老师和陈彤老师带领培训班学员参观昭陵博物馆

1971年以来，考古工作者陆续发掘、清理了昭陵30余座陪葬墓，出土了大量弥足珍贵的文物，曾引起文物考古界的轰动。本次在昭陵博物馆展出的200余件展品，是从6000余件馆藏文物中遴选出来的，时间跨越近百年，是“贞观之治”走向“开元盛世”的实物见证，有极高的历史研究与艺术观赏价值。其中，众多绚丽的墓室壁画和精美石刻，不仅具有极高的艺术价值，还反映了初唐时期的政治、经济和文化水平。

课程自昭陵博物馆始，学员们了解了昭陵陵园的总体布局及发掘情况，并着重对馆藏文物进行艺术鉴赏。昭陵博物馆收藏有大量昭陵陪葬墓中出土的陶俑、唐三彩、壁画、石碑、墓志铭等文物。昭陵博物馆收藏的碑刻包括许多唐代文学巨匠和书法家，如岑文本、上官仪、欧阳询、褚遂良等的作品，艺术价值突出。馆藏碑刻与墓志铭大多带有线刻边饰，线条遒劲、造型饱满生动，题材以卷草、云气、联珠、四神及动物纹样为主，在后世彩画装饰题材中多有沿用（图3、图4）。

图3：尉迟敬德夫人苏氏墓志铭线刻纹样

图4：尉迟敬德墓志铭侧面线刻纹样

长乐公主墓与韦贵妃墓均以壁画闻名。长乐公主墓和韦贵妃墓室壁画经20世纪70年代挖掘后，为了避免温度、湿度、光照对壁画产生影响，揭取下存放在陕西历史博物馆和咸阳文物修复中心进行保护修复。现状墓室壁画为后期补绘。

图5：唐长乐公主墓壁画与仿木构件彩画

图6：唐长乐公主墓墓道平棊天花

图 7：唐长乐公主墓墓道单支条花平棊

图 8：唐永泰公主墓墓道平棊天花

图 9：唐永泰公主墓墓道双支条花平棊

长乐公主墓是唐太宗李世民第五女长乐公主李丽质的墓葬（图 5 至图 7），墓室前甬道内连设三道石门，在目前已发掘的唐代墓葬中绝无仅有；墓道、天井及甬道两侧壁画内容对称分布，依次绘制青龙白虎、仪仗出行、内侍、女侍等内容。值得关注的是，长乐公主墓中不仅绘制阙楼等建筑形象，还以壁画形式表现了大量阑额、斗拱、天花、廊柱等木质建筑构件的形象，为我们了解唐代早期建筑构造及彩画样式提供了重要研究史料，通过此处墓室壁画与乾陵永泰公主墓室壁画进行对比（图 7 至图 9），发现其墓道壁画均以土朱为主色调，天花部位以土朱刷饰支条，花卉为主题纹饰，每块天花的纹饰造型略有不同。两处墓室壁画装饰最大的不同体现在柱墙部分，长乐公主墓更为复杂，柱身及墙面为三段式构图，上下两端绘制两层莲瓣以联珠带分隔，中段绘制团花纹与锦纹，属五彩装饰。（图 10、图 11）

韦贵妃墓设前后墓室，自墓道至墓室的墙面上绘制 70 余幅壁画，内容丰富，色彩鲜明，包括各种人物形象如仪卫、门吏、侍女、乐伎等，绘制方法以铁线描与游丝描相结合，人物形象生动逼真，画面极具真实感，其中，《给使图》和《献马图》尤为引人注目。《给

图 10：唐长乐公主墓墓道柱子

图 11：唐长乐公主墓墙面壁画

使图》描绘了宦官的形象，通过细腻的线条和墨色变化，展现了人物复杂的内心世界。《献马图》则描绘了两名北方少数民族男子向唐王朝贡献良马的场景，寥寥数笔就生动刻画出两位胡人形象，色彩搭配上浓淡相宜，晕染自然，具有很强的艺术感染力（图 12）。

图 12：韦贵妃墓壁画《献马图》

昭陵博物馆令人印象最深的是昭陵墓志纹饰图案，这些丰富的图案是初唐时期的代表作品，通过这些纹饰图案，我们不仅可以窥见大唐的审美喜好、艺术水准，更可以通过解读瑞兽、四神等纹饰图案内涵来了解唐人的生死观思想。长乐公主墓和韦贵妃墓的彩绘壁画也同样精彩，与乾陵的三座陪葬墓一样，这些墓室壁画真实地还原了初唐时期的服饰、乐器、建筑等，再现了当时贵族的生活场景。一幅幅壁画线条简洁却极具力量感，色彩搭配巧妙且大气，处处体现出大唐盛世的气魄。学员们也在临创课上对唐代壁画纹饰进行临摹，通过速写的方式吸收传统文化精华，以期创造性地继承和弘扬民族文化精髓。（图 13）

图 13：全体师生在韦贵妃墓前合影

| 采风观摩（四）——陕西 |

西安博物院

图 1：西安博物院展厅内部中央穹顶

西安博物院由展馆区、荐福寺和小雁塔三部分组成。展览区的主体建筑由著名建筑大师张锦秋院士主持设计，建筑的整体外观以天圆地方理念为主导，在一楼大厅中心区域的地面上，以贴面的形式展示了“长安城郭演变示意图”，清晰地呈现了西安周边的地理环境，以及历代都城的位置。在示意图的正上方，是莲花造型的屋顶，在虚实结合的建筑材料表达下，室外光线可随着时间的变化，在室内呈现出精彩的光影效果（图1）。

西安博物院展馆内的陈列是以长安都城发展变迁史为主线，展现了不同时期西安城经济、文化的发展和工艺水平的进步。在馆内老师的讲解中，学员们参观了部分展品，如造型雄奇、线条刚劲粗放的“西周永盂”（图2）；色彩鲜艳、动感十足的“唐三彩腾空马”；而令学员们印象最深刻的是“北周史君墓石椁”（图3、图4），石椁由石板拼接制成，整体造型是一座歇山建筑，周身刻满精美的图案，内容大多与粟特人的宗教信仰有关，四面以浮雕形式展现四臂神、

图 2：西周永盂

图 3：史君墓石椁雕刻的四臂神

图 4：史君墓石椁

祆神、狩猎、商队和升天等纹饰图案，主体纹饰四周雕刻有大量的莲花、卷草、水波等边饰纹样。雕刻内容与风格带有十分明显的西域特色，表达上采用了浮雕、彩绘、贴金等多种装饰手法。“史君墓石椁”展现了从中亚到长安的“丝路传奇”。

在西安博物院的参观带给了学员们很直观的视觉感受，这些灵动的器型、艳丽的色彩、精彩的纹饰都为学员们后期的创意设计提供了丰富的素材。（图 5、图 6）

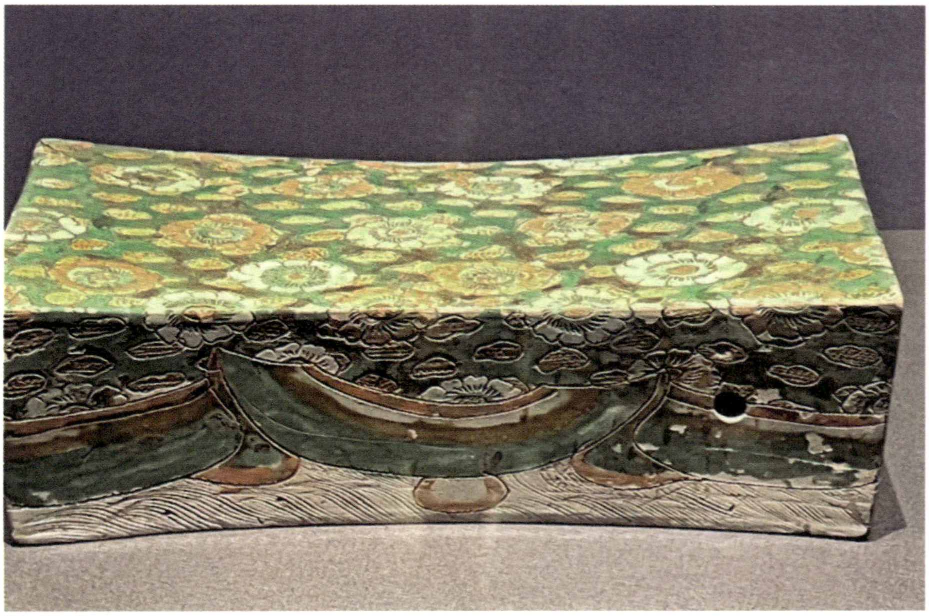

图 5：三彩长方形枕

图 6：唐代铁佛像

西安城墙

西安城墙始建于隋唐。现存的西安明城墙是在唐城墙基础上向北、向东扩建而成的。在明初，西安城墙有四座城门，分别为南门（永宁门）、西门（安定门）、北门（安远门）、东门（长乐门）。在形制上，每座城门外均建有瓮城和月城，分别在内城、瓮城和月城上建有正楼、箭楼与闸楼。现存明城墙仅余瓮城与其之上的箭楼。西安城墙是中国现存规模最大、保存最完整的古代城垣建筑。1961 年，西安明城墙被国务院公布为第一批全国重点文物保护单位。

在现场，李玉虎老师为学员们介绍了安定门和长乐门正楼内现存建筑彩画的现状和修复情况（图 7）。现存内檐彩画应是清代中早期绘制的地方准官式旋子彩画，因历史上建筑使用功能的多次变迁，历经油烟的侵蚀和灰尘的积压，彩画的纹饰色彩已基本不可辨识，李玉虎老师团队在遵循最小干预原则的前提下，采用文物保护科技手段，对现存彩画局部进行了除尘、清洗、地仗层回贴、颜料层加固、封护等保护修复工作，基本上恢复了彩画的原貌。在现场能清晰地看到彩画修复前后的对比，这种基于真实性的修复对文物保护工作有重要意义，目前项目组仍持续在对修复后的彩画进行跟踪监测及评估（图 8）。

图 7：李玉虎老师在长乐门正楼内檐现场授课

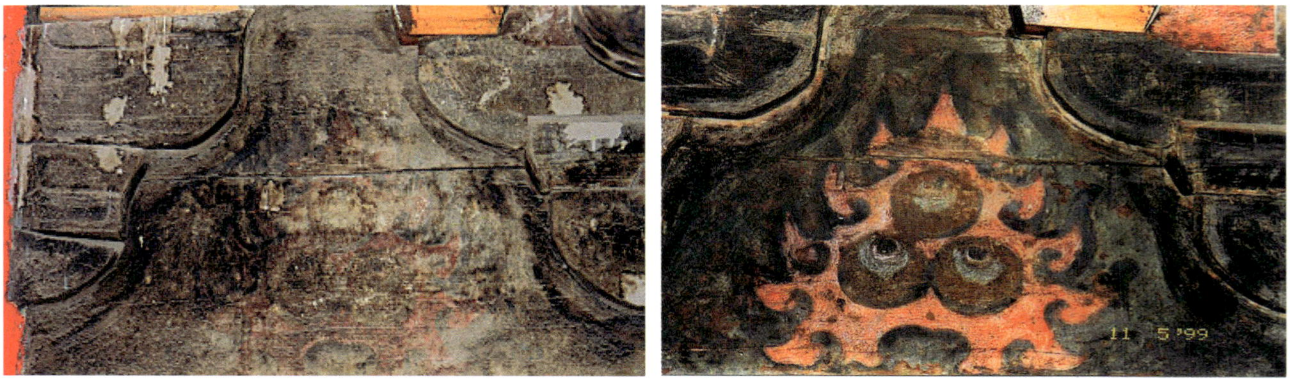

（a）　　（b）

（a）长乐门内檐垫拱板彩画颜料层加固前（拍摄时间：1999 年）；（b）长乐门内檐垫拱板彩画颜料层显色加固后（颜料层加固时间：1999 年）

图 8：长乐门内檐垫拱板彩画颜料层修复前后对比

杨红老师也讲道，西安城墙上正楼建筑彩画与官式建筑彩画有一定的区别，从找头部位的旋花、盒子及如意造型的方心头来看，有很强的地域性。这种如意造型的方心头，还出现在西安东岳庙彩画中，是典型的西安地域彩画特征（图9）。

图9：西安城墙正楼一字方心雅伍墨旋子彩画

此外，杨红老师之前在课程中讲过，一字方心除了有“一统天下”的国家政治概念以外，还有“界定内外”的含义，常用在宫殿附属建筑、防御建筑和陵寝建筑中。而此处长乐门正楼外檐彩画即为一字方心雅伍墨旋子彩画，与其防御建筑的功能属性相匹配。学员们在课堂上所学到的彩画样式在此处亲眼得见，学以致用的同时更加深了对理论知识的理解和认识。

东 岳 庙

林源，西安建筑科技大学教授，她为学员们讲解采风鉴赏课中的东岳庙。近年来林老师对东岳庙建筑群进行过详细测绘及相关研究，她介绍说，据文献记载东岳庙始建于北宋政和年间，现存大殿、二殿、后殿等四座建筑，仅大殿为明构。东岳庙既是官方祭祀东岳帝君的场所，也是非常重要的民间信仰空间。现大殿外檐彩画已全部无存，但殿内梁架彩画及东西两壁、后墙彩色壁画保存基本完好。

走进殿内，学员们被大梁上精美的彩画所吸引。杨红老师说：“东岳庙大殿内檐彩画具有陕西关中地域特色，并与中原文化相融合，纹饰内容包含道教的八仙法器、佛教的佛八宝、体现儒家文人意趣的字画书卷，是儒、佛、道三教合一，体现了东岳庙作为道教中全真派的宗教教义。”东岳庙大殿内檐纹饰题材多样、色彩丰富且构件通体绘制精细。林源老师说：“东岳庙的彩画非常精彩，可以称得上是陕西地区建筑彩画的代表。”在大殿正脊垫板下有墨书题记：“大清康熙岁次乙未腊月十三日上梁大吉……”，应是记录了历史上最近的一次重大修缮。

在现场，林源老师特别强调："彩画和壁画看似是建筑物表面的一种保护层及装饰，但我们不应该把它们仅仅当成一幅画去看。彩画最重要的一个特点是它与建筑的密切关系，彩画与建筑的结构形制、空间功用是融为一体的，是建筑和空间的一个有机组成部分。比如现在大殿的柱网排布，后檐金柱与后檐墙的距离非常近，这样就是为了留出充足的空间布置神像并在前面留出了较大且完整的空间，这个空间不仅是为了参拜，应该也是最佳的位置站点来欣赏梁架上的彩画和左右山墙上的壁画，这就是空间设计的体现。光线明暗和角度也是设计者要考虑的……"此外，林源老师还提醒学员们，做创意设计应踏踏实实学习传统，对历史和古典艺术了然于心，才有可能去进行新的创造。

钟　楼

接下来，采风鉴赏地点是钟楼。西安钟楼位于西安市中心，明城墙内东西南北四条大街的交会处，是中国现存钟楼中形制最大、保存最完整的一座。西安钟楼建于明太祖洪武十七年（1384 年），初建于今广济街口，与鼓楼相对，明神宗万历十年（1582 年）整体迁移于今址。钟楼建在方形基座之上，为砖木结构，重檐三滴水式四角攒尖顶。其建筑外檐为 20 世纪 70 年代所绘和玺彩画，内檐为民国时期所绘彩画，室内一层为四季花卉天花；二层梁架为彻上露明造，绘花卉、西番莲、锦纹墨线小点金旋子彩画（图 10）。学员们结合近一个月来所学的知识对钟楼建筑彩画的形制、分布特点与纹饰特征等与林源老师、杨红老师、李玉虎老师展开了交流，在建筑空间中学员们对建筑彩画有了更深层次的理解与感受。

这次中国官式彩画图案艺术设计创意人才培训现场教学的意义在于它超越了传统课堂的局限，让学员们在真实的历史建筑和场景中，通过触摸、观察和感受，与文化遗产直接对话。每一次的现场教学都是一次心灵的触动和思想的启迪，学员们在西安的城墙下、钟楼旁、东岳庙内，都能感受到彩画对塑造空间氛围有非常大的作用。（图 11）

图 10：钟楼二层梁枋大木彩画

部分学员的临创作品就是明、清两代官式旋子彩画，通过实地考察，深刻体会到了彩画艺术的生命力和建筑文化的厚重，不仅让我们对彩画艺术有了更深的理解，更激发了我们将传统文化与现代设计相结合的创作欲望。

图 11：高业京老师、杨红老师、高衡主任、林源老师、李玉虎老师（左三起）及所有学员们在西安长乐门前合影

丨采风观摩（五）——陕西丨

陕西考古博物馆

故宫博物院杨红老师带领学员们来到陕西考古博物馆进行采风鉴赏课。陕西考古博物馆于2022年4月28日正式开放，是陕西省筹建的中国第一座考古博物馆，由陕西省考古研究院建设。馆内收藏了自旧石器时代以来的各个历史时期的文物标本，超过20万件。常设展览以“考古圣地 华章陕西”为主题，分为“考古历程”“文化谱系”“考古发现”和“文保科技”四个篇章，全面展示了陕西地区丰富的文化遗产和考古成就。

（一）考古历程

“考古历程”展区分为三个单元，主要展示陕西考古的诞生、发展和成熟历程。

第一单元“金石稽古 证经崇礼”，讲述中国考古学在金石学阶段的积淀过程。学员们参观金石文物的展示，感受到古代先贤对礼仪与历史的追求。展示文物中提到的《先秦古器记》《考古图》《金石录》等著作，不仅是考古学的重要文献，更是中国传统文化的重要组成部分（图1）。

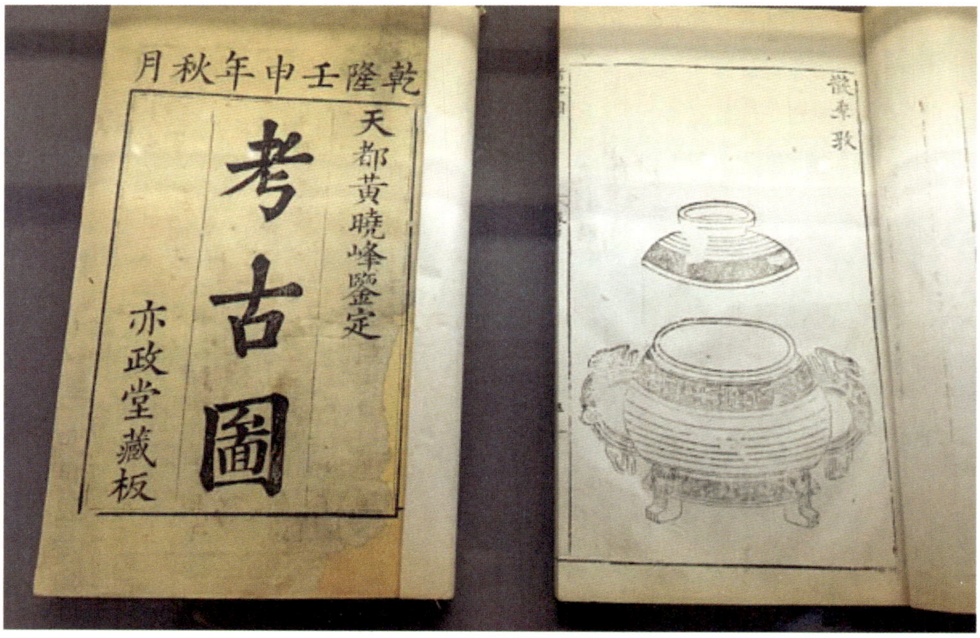

图1：考古图

第三单元“顺应时运 考古扬帆”，以考古项目为依托，系统梳理了新中国成立以来陕西考古的发展历程，涵盖了半坡遗址、周原遗址、秦陵兵马俑、法门寺、耀州窑等重要遗址的发掘以及汉唐都城、帝陵等“大遗址”考古工作新理念新方法的介绍。

在参观中，学员们还了解到，科学考古的兴起与国家命运息息相关。西方对中国文化的误解激发了知识分子的反思与探索，考古学家们在历史的荒野中寻求民族的根基，努力重建中华文明的历史脉络。

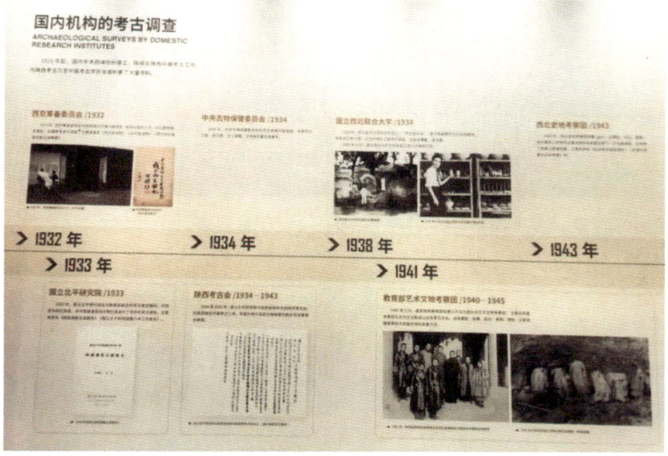

图 2：国内机构的考古调查

图 3：考古现场模型

（二）文化谱系篇

“文化谱系”展区包含五个单元。在第一单元，学员们被带回到 700 万年前的“旧石器时代”，体验了人类如何从狩猎采集走向定居生活的过程。第二、三、四单元“新石器时代”的农业发展与村落建立，展示了人类智慧的结晶与社会进步。“夏商时代”的展品让学员们感受到，甲骨文的发现为我们了解这一时期的文化与历史提供了重要线索。第四单元则是“先周文化”，包括分布范围、文化特征和代表性遗址等。第五单元“周原遗址”的考古发现让人领略到周人文化的独特魅力，展现了古代社会的多元与复杂。（图 4 至图 7）

图 4：［仰韶时期］（距今 6800 ~ 4800 年）彩陶瓮
（1997 年华县泉护村遗址出土）

图 5：［西周］（前 1046— 前 771 年）鼎腹部陶范
（2003 年扶风县周原庄李铸铜遗址出土）

图 6：西周晚期铜钺，2007 年韩城梁带村遗址出土

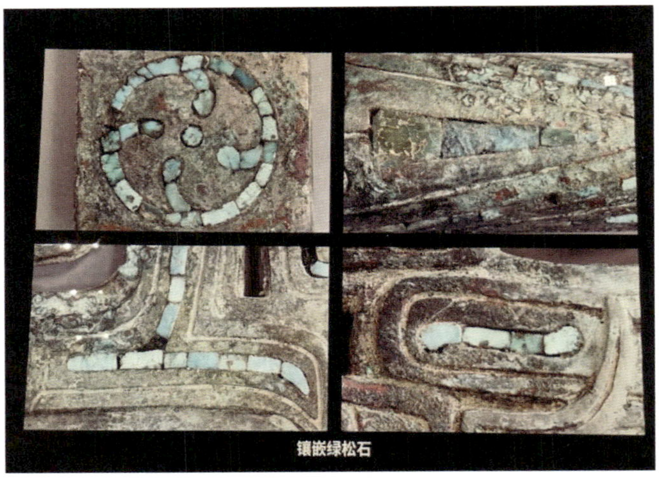

图 7：车马器上的镶嵌绿松石的装饰工艺

图 8：石峁遗址建筑纹样

（三）考古发现篇

“考古发现篇”分三个单元，主要介绍陕西境内各时期重点考古项目。

第一单元“探源文明 构建先史”，重点展示杨官寨、芦山峁、石峁三个都邑遗址。（图 8）

第二单元“寻踪帝国 盛世再现”，介绍陕西境内极具代表性的秦、汉、唐遗存。（图 9 至图 16）

图 9：八曲葵花形螺钿铜镜
[唐] 开元二十四年（736 年）
2001 年西安理工大学曲江校区
李倕墓出土

图 10：彩绘房形陶仓
[东汉](25—220 年）
2008 年西安长安区里王墓地出土

图 11：彩绘陶仓
[西汉] 早期
2020 年泾阳大堡子墓地北
川区出土

第三单元“追迹古都 陶冶风雅”，主要展示以耀州窑址、吕氏家族墓等为代表的宋代之后陕西考古发现。

在“考古发现”展区，学员们按历史演进顺序依次参观，见证了陕西地区史前都邑与聚落的建立，了解到周代王都的辉煌与秦汉时期的文化交融。特别是唐长安城的展览，通过对都城与周边陵墓的考古研究，生动地再现了大唐盛世的繁荣与多元文化的交流与融合。

图 12：彩绘陶盒
[西汉]（前 206—8）
2007 年靖边杨桥畔村老坟梁墓地出土

图 13：彩绘陶囷
[西汉](前 206—8）
2007 年靖边杨桥畔老坟梁墓地出土

图 14：汉长安城遗址平面布局图

图 15：[秦] 夔龙纹大瓦当

图 16：[秦] 龙纹空心砖

（四）文保科技篇

“文保科技”展区则展示了现代科技在文物保护中的重要应用。学员们了解到，如何通过X光探伤、三维激光扫描等技术手段，复原出大唐的华美冠饰，如何通过先进的保护材料让千年文物焕发新生。这些技术不仅是对文物的保护，更是对历史的尊重与传承。

此次采风活动不仅让学员们深入了解了陕西考古的历史与成就，还激发了他们对中国传统文化与艺术设计的热情。陕西考古博物馆以其丰富的展览内容与深厚的文化底蕴，为学员们提供了一个探索历史、理解文化的宝贵平台。在未来的学习与创作中，学员们将以此次采风为契机，结合考古学的视角与中国传统艺术元素，继续探索与创新，为中国官式彩画图案艺术的传承与发展贡献自己的力量。（图17）

图17：学员们在认真观看展柜中的展品

本章为学员培训成果展示，记录了学员们在两个月的课程中，临摹、临创彩画及彩画创意设计的过程和成果，分享了学员们的学习心得与感悟，展示了学员们丰富多彩的手绘和设计作品。

本章分为三小节。以学员创意设计选取的建筑部位为依据，分为大木梁枋彩画创意设计类、天花彩画创意设计类、其他类别彩画创意设计类。其中，大木梁枋类包括南薰殿主题的研究复原及创意设计、其他类型的文化创意设计、大漆类设计；天花彩画类包括服饰设计、博物馆文化创意设计、大漆类设计；其他类别彩画创意设计包括文化创意设计，展览空间设计、数字艺术设计、摄影等。

三　彩画图案艺术设计
创意学员作品

（二）大木梁枋彩画·创意作品

南薰殿主题类

学员姓名： 刘明国

深圳职业技术大学数字媒体专业教师，主持国家艺术基金项目 1 项，省部级课题 3 项，发表论文 20 余篇，获得省级师德先进个人，带领学生参加国家、省级比赛 50 多项。

专业方向： 数字媒体艺术

临创内容： [明] 四合如意盒子、[宋] 方胜合罗

一、彩画临创

[明] 四合如意盒子

[宋] 方胜合罗

◆ 学习感悟

通过这次学习，我感受到古代工匠在艺术创作中的匠心与智慧。尤其是在色彩搭配和图案设计上，古人追求的和谐之美深深打动了我。这不仅是一种技艺的传承，更是文化的延续。我将把这次培训的收获融入今后的学习和创作中，更好地传承和发扬传统文化。

二、建筑彩画数字复原

南薰殿

作品“数字南薰殿”运用虚拟现实技术，还原了故宫南薰殿的整体建筑结构和空间场景，也让观者能够观看木构彩画的设计，细致入微地领略古代工匠的智慧与创造力。通过互动体验，观众不仅能感受到南薰殿的艺术美和科学美，还能深入理解其背后的历史文化意义。

该作品旨在通过数字化手段，让更多人领略传统建筑的魅力，促进对古代工艺的传承与保护，激发对文化遗产的热爱与关注。

◆ 建筑原型

[明]南薰殿

◆ 设计说明

数字南薰殿及相关文创产品的创意灵感来源于故宫南薰殿。古建部夏荣祥、庄立新老师指导下，中勘察设计研究院对南薰殿进行了精准测绘，高业京和赵萨日娜老师则负责还原南薰殿明代时期的彩画原貌。在杨红、纪立芳和陈彤老师的指导下，我对南薰殿的建筑进行了数字化还原，成功让明代建筑的彩画重现于公众面前。

◆ 复原成果

正立面彩画复原图

西立面彩画复原图

纵剖面彩画复原图

横剖面彩画复原图

[明]南薰殿建筑彩画正立面/纵剖面复原图

南薰殿

扫码看视频

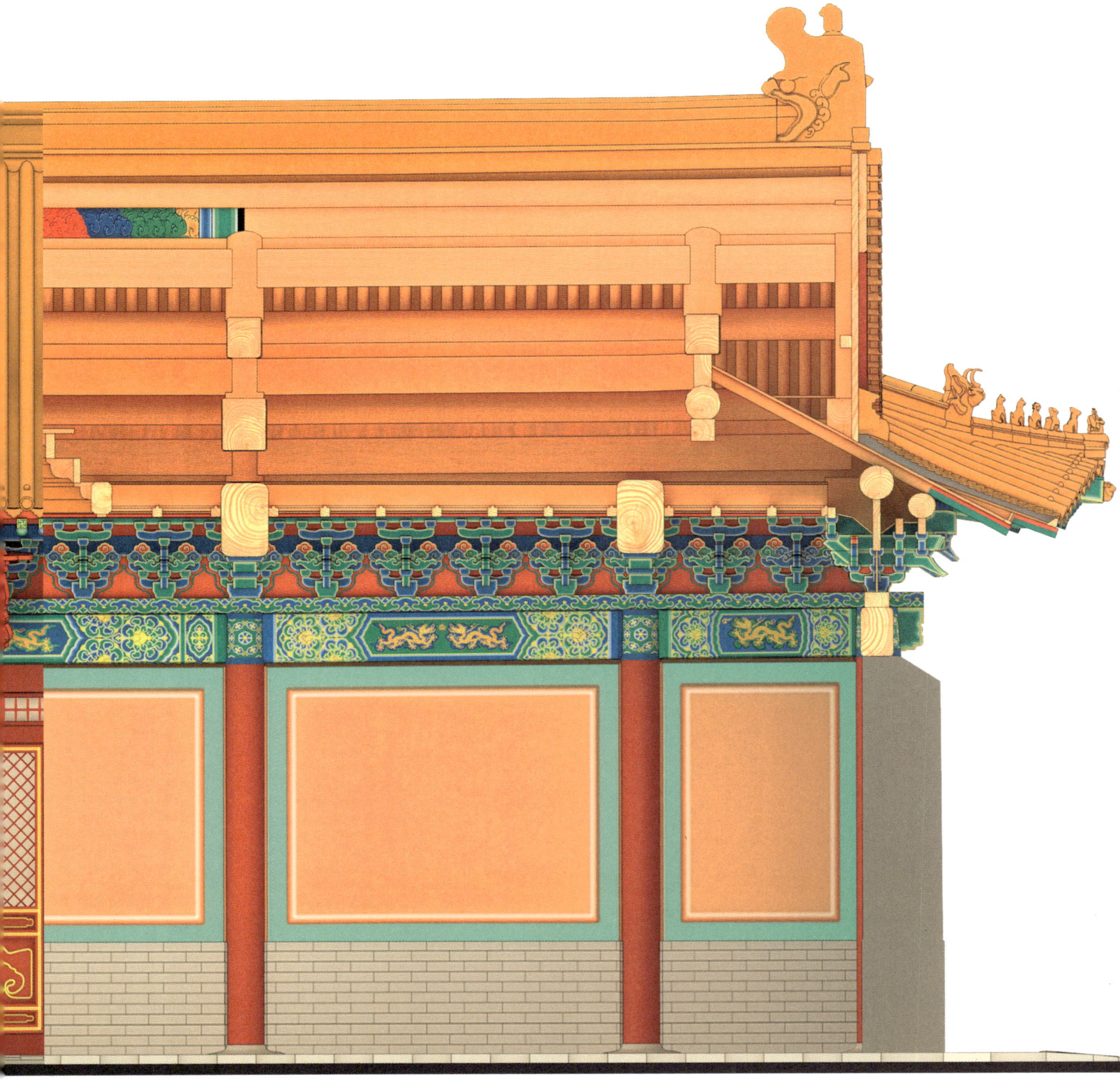

学员姓名：赵萨日娜

北京市考古研究院（北京市文化遗产研究院）专业技术人员，主要研究方向为明清官式建筑彩画工艺识别与复原研究。

专业方向：彩画复原设计

临摹内容：［明］南薰殿内檐金线石碾玉点金彩画

一、彩画临摹

临摹作品 南薰殿明间脊檩五彩祥云彩画（局部）

临摹作品 南薰殿天花支条与轱辘燕尾彩画

临摹作品 南薰殿天花梁侧面金线石碾玉点金彩画（局部）

南薰殿始建于明代，位于紫禁城外朝西路、武英殿西南，为一独立的院落，是明清时期安奉历代帝后像之所。殿身面阔五间、进深三间，黄琉璃瓦单檐歇山顶，明间设蟠龙藻井。

南薰殿木构及内檐金线石碾玉点金彩画为明代中早期遗物，具有重要的历史和艺术价值。

◆ 临摹步骤

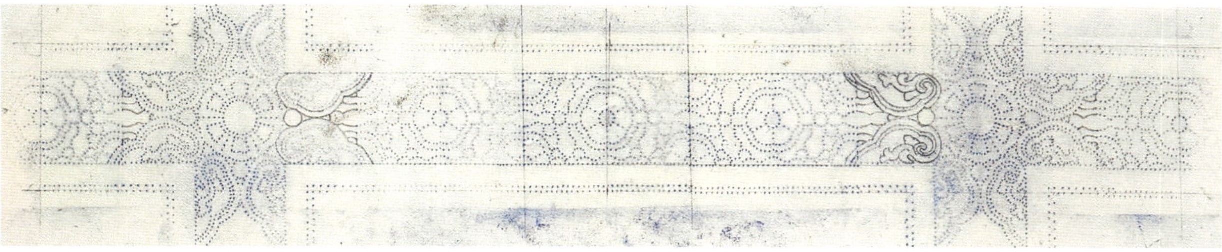

1. 起谱子

2. 刷大色

3. 包黄胶、打金胶油

4. 贴金箔

5. 描锦纹金线

6. 平金开红墨

二、复原设计

因年代久远，南薰殿内檐彩画多已漫漶不清，通过对其形制和色彩的研究可还原其初绘时的原貌。以明间额枋彩画为例，展示南薰殿彩画复原绘制流程（计算机制图）。

◆ 复原步骤

1. 使用正射影像技术采集现状彩画信息。（北京华创同行科技有限公司摄）

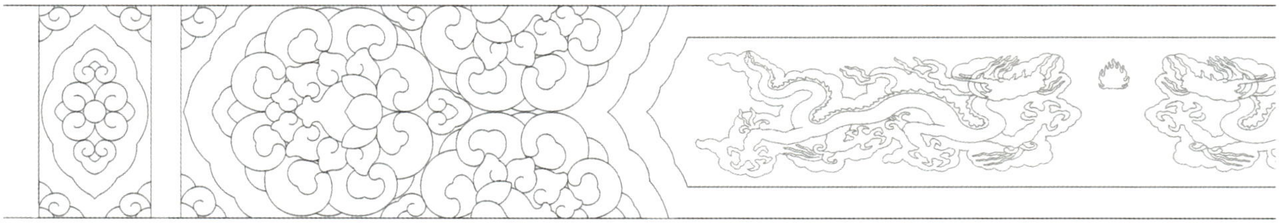

2. 使用 AutoCAD 软件绘制彩画线稿。

（本步骤中内檐梁枋、天花、柱头彩画线稿均由高业京绘制）

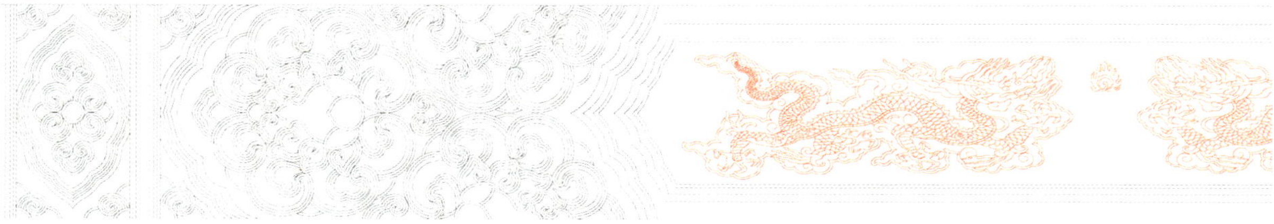

3. 完善线稿，补充退晕等细节，并设置相应线宽。

（本次复原中内檐、天花彩画龙纹均由高业京绘制，外檐彩画龙纹据其改绘）

4. 在 Photoshop 软件中分区着色。

5. 完善沥粉、贴金、开红墨等细节。

南薰殿内檐额枋彩画复原图

◆ 复原成果

南薰殿山面横剖面彩画复原图

◆ 复原说明

南薰殿内檐金线石碾玉点金彩画主要分布于枋梁大木、天花、斗拱、柱头等处，设色以青绿为主，间用红色与金。

枋梁大木多为龙方心金线石碾玉点金彩画，明间脊檩绘制五彩祥云。井口天花画沥粉贴金升降龙托云纹、岔角云金琢墨；天花支条绘五彩锦纹，轱辘燕尾两破如意头平金开红墨。斗拱青绿间隔设色，三幅云红顶云、青绿底云，构件边缘平贴金；平板枋绘降魔云。

南薰殿纵剖面彩画复原图

◆ 复原说明

参考南薰殿彩画研究成果，选定以下色值进行色彩复原。

青	大青	R30 G100 B150
	二青	R50 G150 B220
	三青	R160 G200 B240
红	朱红	R200 G70 B40
	深朱	R165 G40 B20
绿	大绿	R30 G140 B120
	二绿	R70 G190 B140
	三绿	R160 G225 B190
金		R230 G205 B90
	附金属贴图	

山面明间额枋内檐彩画现状（北京华创同行科技有限公司摄）

◆ 复原成果

山面明间额枋内檐彩画复原图（局部）

龙方心金线石碾玉点金彩画，找头一整二破旋花，方心龙平金开红墨下托云纹。

前后檐梢间额枋内檐彩画复原图

龙方心金线石碾玉点金彩画，找头纵向一整二破旋花，方心龙平金开红墨托云纹。

龙方心金线石碾玉点金彩画，找头纵向一整二破如意头，方心龙平金开红墨下托云纹。

山面次间额枋内檐彩画复原图

◆ 复原说明

[明]南薰殿天花梁侧面彩画现状（北京华创同行科技有限公司摄）

龙方心金线石碾玉点金彩画，副箍头以里绘盒子，盒子内侧整箍头，找头整旋花加卷叶纹，方心龙纹平金开红墨下托云纹。侧面方心两金龙轴对称，底面方心两金龙中心对称。

檐檩彩画经清代重绘，已非明代原貌，根据内檐彩画特征进行复原设计。

◆ 复原成果

天花梁侧面彩画复原图（2/3）

天花梁底面彩画复原图（2/3）

前后檐次间檐檩彩画复原图（局部）

前后檐梢间檐檩彩画复原图

◆ 学习感悟

本次培训让我对中国传统彩画的了解和认知有了进一步提升，通过各位授课老师的讲述，我对于官式彩画发展脉络、地方彩画艺术特征、彩画工艺演变、中西建筑艺术装饰异同都有了更深刻的认识。培训班的同学们来自天南海北，从业方向各不相同，在与同学们的交流中，建立了对多个行业创作形式的了解，认识到传统文化创意转化形式具有极丰富的可能性。

学员姓名：盛　卿

副教授、硕士生导师。北京邮电大学数媒学院创作与设计课程群负责人，网络系统与网络文化北重实验室交互体验中心主任。

专业方向：数字媒体与设计艺术

临摹内容：历代花纹题材彩画

一、彩画临摹

◆ 临摹步骤

1. 勾线　2. 刷地　3. 留粉晕　4. 叠晕　5. 成活

[唐] 莫高窟 148 窟东壁海石榴花边饰临摹过程

1. 拍谱子　2. 沥粉　3. 刷青绿大色，拶晕色　4. 包黄胶、打金胶油、贴金箔

[明] 故宫南薰殿明间内檐彩画找头旋花纹饰临摹过程

◆ 成果展示

临摹作品：历代花纹题材彩画五则

[唐] 莫高窟 148 窟东壁海石榴花边饰

[宋]《营造法式》五铺作斗拱橑檐枋彩画海石榴花

[元] 北京雍和宫后城墙出土大木构件彩画找头如意纹饰

[明] 故宫南薰殿明间内檐彩画找头旋花纹饰

[清] 清代旋子彩画找头旋花纹饰

二、创意设计

◆ 设计说明

旋花是明清旋子彩画的标志性元素，造型可以上溯到唐代的海石榴花。“千年之花”是一件以唐宋海石榴花、元如意纹、明清旋花为题材的，依托于数字媒体、虚拟现实、人机交互技术的沉浸式数字艺术作品。通过猜旋花、旋花演变史、拍谱子、填颜色等互动体验单元，观众能够在游戏中体验彩画精妙的绘制技艺，在娱乐中感受旋花跨越千年的生命力。

◆ 设计思路

明代旋花演变史

宣德　宣德　正统　正统　弘治　嘉靖

彩画绘制交互流程

拍谱子 …… 刷色 …… 包红胶 …… 打金胶油 贴金箔 …… 攒退活

创意设计：“千年之花”沉浸式数字体验演示图

扫码体验

◆ 成果展示

猫“向导”
灵感来源：明代·朱瞻基《花下狸奴图》
台北故宫博物院藏

梁枋素模

梁枋彩画

明代帝王像
（拟选用台北故宫博物院《明成祖朱棣像》）

1. 数字体验与故事场景

拍谱子

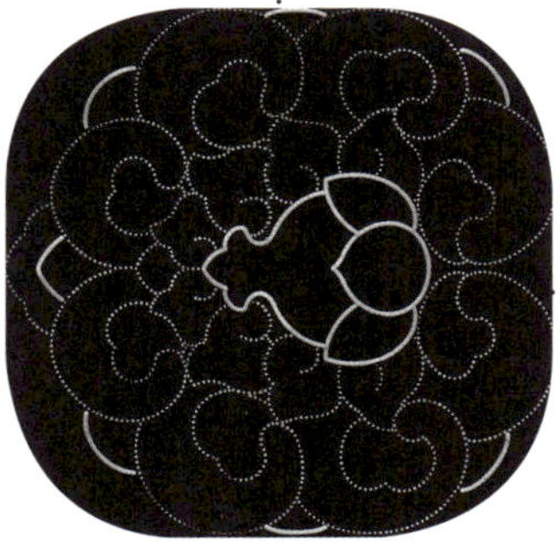

沥粉

刷地色

包红胶

打金胶油、贴金箔

攒退活

2. 绘制流程

4. 彩画成品示意

◆ 设计展示

创意作品：“掌间花韵”设计流程

◆ 设计说明

“掌间花韵”是一件基于Leap Motion设备的数字艺术作品。其源于故宫南薰殿金线石碾玉点金彩画中的一朵旋花，经历了复原、三维建模渲染、交互开发等环节，成为一件可以由观众通过手势来控制旋花开合的互动装置。

◆ 设计展示

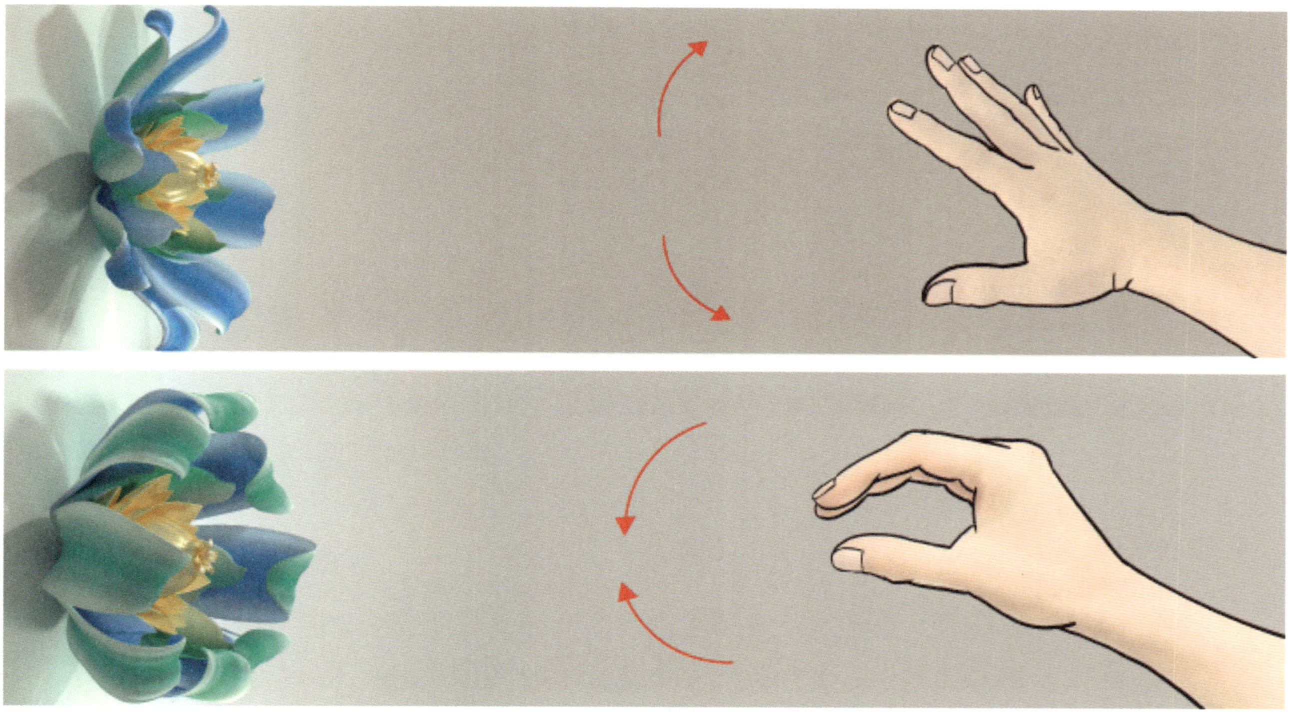

创意作品：“掌间花韵”交互示意

创意作品：“掌间花韵”粒子效果

◆ 设计展示

文创设计："空中之花" 彩画旋花互动全息灯

◆ 设计说明

旋花是明清旋子彩画的标志性纹饰元素。本产品是以故宫南薰殿金线石碾玉点金彩画旋花为主题，依托数字媒体、人机交互、全息技术的互动数字艺术文创，有点亮家居、美化生活的作用，也能让用户在控制三维旋花空中开合的过程中感受旋花跨越时空的生命力。

◆ 设计展示

文创设计：多福香囊

◆ 设计说明

本产品是一款以宋代海石榴花（《营造法式》故宫藏清初影印宋抄本、陈彤复原稿）中的石榴及莲瓣为元素的文创毛绒香囊，可以置入各类香料，成为随身携带的香氛饰品。

◆ **学习感悟**

于我而言，培训的起点并不是第一堂课，而是拿到学员手册的那个晚上，习近平总书记的两句话给我留下了深刻印象，一句是："求木之长者，必固其根本；欲流之远者，必浚其泉源"[1]。此番学习首先是一次传统彩画的固本浚源。在顶尖名师的倾囊相授、悉心指导下，我们研习了从汉晋到明清各时期的官式彩画、相关艺术形式及部分地方彩画，了解了它们的文化内涵、形态特征以及材料工艺。我们还借故宫和西安的地利，考察了诸多珍贵的建筑彩画、墓室壁画及器物纹饰。古代匠师的创造力和表现力震撼人心，一雕一琢镌刻信仰，一笔一画描绘深情。另一句是"以古人之规矩，开自己之生面"[2]，即守正创新。得益于各路名家毫不藏私的传授和指导，我们掌握了有效的创新方法和设计工具，将传统彩画元素与现代设计形式有机结合，力求实现古与今的交融，守正与创新的闭环。

培训不仅增加了我们的知识，也提升了我们的认识。陈彤老师说要有慧眼、颖悟、妙手、深情，宋建明老师说要问是什么、为什么、怎么样、凭什么。何为美是慧眼，为何美是颖悟，如何美是妙手。最后是凭何美？凭的是立意、技巧，更是大爱、深情。这种造物的深情，我在敦煌148窟的海石榴花中看到了，在李路珂老师的开化寺彩画复原中读到了，在钟华老师为一位母亲定制的宝宝首饰中品到了。古与今在"美"中交融，守正与创新在"情"里闭环。

我有时自问：国家为何资助我们？我们的使命是什么？杨红和纪立芳老师常说，每位学员都是一颗种子，希望大家日后能在各自的岗位上继续传扬彩画。作为一名教师，我的使命就是将老师们教授的彩画知识、创意技能以及彩画的精气神传递给我的学生，希望梁上之花不仅落在他们的笔尖，还能长在他们心里，在不远的将来生发出更美的花枝。

由衷感谢国家艺术基金、感谢故宫博物院和陕西师范大学，感谢最棒的老师和最好的同学，感谢饱含深情的传统彩画。

1 2014年5月21日，习近平在亚洲相互协作与信任措施会议第四次峰会上作主旨讲话时，引用唐代魏征《谏太宗十思疏》语。

2 习近平：《在文艺工作座谈会上的讲话（2014年10月15日）》，人民出版社，2015年，第26页。

学员姓名：王晓东

同济大学浙江学院珠宝系讲师，工艺美术师、工艺品雕刻高级技师。

专业方向：文创设计

临摹内容：［明］南薰殿内檐金线石碾玉点金彩画

一、彩画临摹

◆ 彩画原型

[明] 故宫南薰殿内檐梢间檐部彩画

[明] 故宫南薰殿内檐山面次间彩画

临摹作品 [明] 故宫南薰殿内檐梢间檐部彩画

临摹作品：[明] 故宫南薰殿内檐山面次间彩画

明代官式建筑彩画青绿色调柔和，与青绿间色攒退的层次有很大关系，一般为三层晕色。且绿色带有明显的黄色调。

本次彩画临摹及文创设计均以故宫南薰殿金线石碾玉点金彩画为原型。南薰殿建于明代，至今保留完整的明代木构及彩画。临摹作品色彩绚丽，图案多变，绘制工艺复杂。虽未严格遵守传统绘制工艺及流程，但经过耐心的临摹，让人切实感受到严格官式等级规制下，古代彩画匠人所创造的明媚灿烂的彩画之美。

◆ **临摹步骤**

1. 扎谱子

2. 拍谱子、沥粉

3. 刷地色、拶晕色

4. 包黄胶、打金胶油

5. 贴金箔

6. 龙纹平贴金

7. 整体贴金、平金开红墨

细部展示

二、创意设计

◆ 设计展示

文创设计：
仰俯莲如意头花心旋花
香插效果图
玛瑙、青金石、大漆
100 mm × 85 mm × 16 mm

文创设计：
如意头花心旋花
香插效果图
玛瑙、孔雀石
880 mm × 85 mm × 30 mm

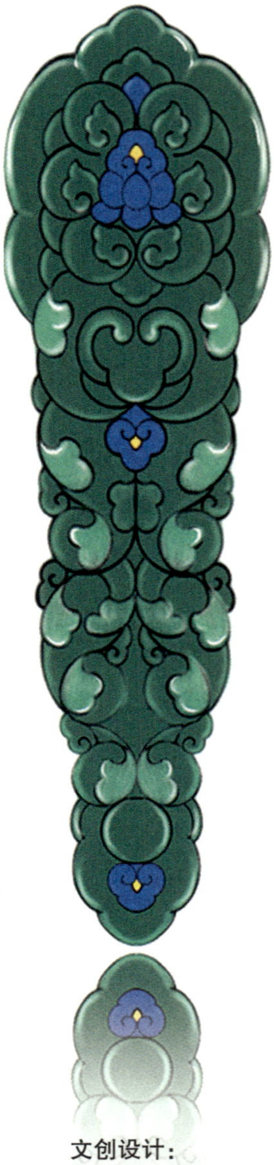

文创设计：
仰俯莲如意头花心卷叶旋花
香插效果图
和田玉、青金石、金
110 mm × 40 mm × 20 mm

◆ 设计用材

青金石原石

大漆工艺

和田玉青玉原石

孔雀石原石

黄色玛瑙原石

红色玛瑙原石

◆ 灵感来源

[明] 南薰殿天花梁金线石碾玉点金彩画

◆ **设计展示**

文创设计："南薰花开"系列如意头花心旋花香插实物图

◆ **设计说明**

明代官式建筑彩画色调柔和典雅，旋子彩画生动富有变化。以故宫明代建筑南薰殿旋子彩画为代表，选取其中典型旋花图形元素为创作主题。基于此，旋转、律动、立体、吉祥等语汇为设计创作追求。结合多种天然玉石材料，设计制作以香插为主要功用的案头焚香玉器。

元素提取：南薰殿旋花图案旋转排布类似花瓣，其生长有序层次感强，攒退色彩效果过渡自然，需将其进行三维转化。

颜色选取：结合故宫中常出现的青色、绿色、黄色、红色等颜色，寻找玉石当中颜色与之相近的材料为制作主材。

衍生转化：同一主题造型，不同颜色玉石进行搭配组合，可衍生出多样化产品。

工艺实现：玉雕浮雕工艺、漆器工艺、金属工艺。

学员姓名：杨　光

留俄美术博士，天津市现代技术学院副教授、天津市工艺美术大师，一级陶瓷产品设计师，中国工艺美术大师陶瓷艺术专委会委员，俄罗斯库班艺术家联盟理事。

专业方向：工艺美术、视觉传达设计

临摹内容：[清] 故宫太和殿内檐龙和玺彩画

一、彩画临摹

◆ 彩画原型

[清] 太和殿内檐龙和玺彩画

◆ 成果展示

临摹作品：太和殿内檐龙和玺彩画

◆ 临摹步骤

1. 起谱子

2. 刷红色

3. 刷青色

4. 抹小色、包黄胶

5. 贴金、描金

二、创意设计

◆ 灵感来源

[清] 太和殿内檐龙和玺彩画

临创作品：太和殿内檐龙和玺彩画

◆ 设计制作过程

1. 提取白描稿

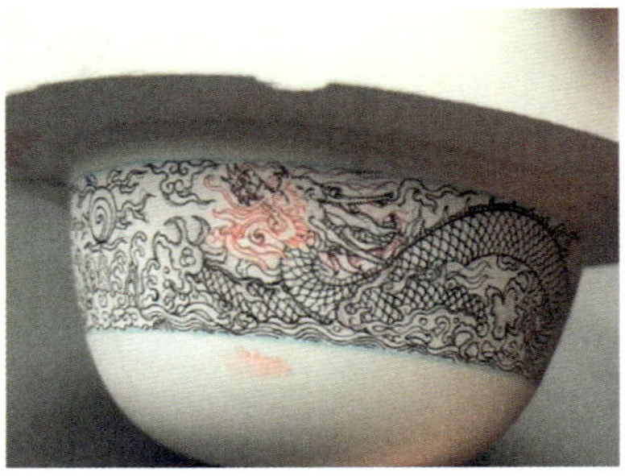

2. 描线稿

3. 泥胎上雕刻纹饰

4. 翻模

5. 施明黄色

“太和新韵”系列创意作品：龙兴懿盛茶具制作过程

◆ 设计说明

设计灵感源于故宫太和殿内檐额枋彩画龙纹。首先绘制龙纹线稿。随后在泥胎上雕刻半立体龙纹，继而调配天然瓷土压模脱胎，塑造出厚度不足1mm、重量不足30g的素胚。最后施以明黄色釉料，历经高温烧制而成。本作品薄如蝉翼，龙形气韵超凡脱俗，矫健身姿仿若冲破云霄，尽显皇家风范，故宫之皇家气象在新的茶具载体上焕发出崭新活力与独特魅力。

◆ 成果展示

“太和新韵”系列创意作品：龙兴懿盛茶具实物图

◆ **设计说明**

作品源于故宫寿安宫龙草和玺彩画，通过其构成形式，将方心、找头、圭线光、箍头、盒子等造型和纹饰元素拆分成独立单元，设计加工成饰品。作品纹饰线条流畅，造型优美，有和谐与秩序之美感，寓意好运连连、诸事顺遂、福寿安康、天下太平，体现了中国传统美学与象征意义的双重追求与高度融合。

本作品可依据喜好、审美和情感表达挑选、重组排列，满足个性化需求。

2025 年是农历乙巳蛇年，适逢故宫博物院建院一百周年。作品在普通款基础上巧妙融合西周时期青铜蛇的造型，典雅端庄中承载着深厚的中华文化与美好寓意。

◆ **灵感来源**

故宫寿安宫额枋龙草和玺彩画小样
（故宫古建部资料室藏，张德才、何文奎绘制）

[西周] 波士顿美术馆藏青铜蛇

◆ **设计过程**

1. 线稿提取

2. 电脑建模（局部）

3. 电脑建模（整体）

4. 渲染出图（乙巳蛇年限定版）

5. 实物展示（乙巳蛇年限定版）

“太和新韵”系列创意作品：和玺守护镀金版实物展示

“太和新韵”系列创意作品：和玺守护珐琅版实物展示

◆ 学习感悟

在两个月的集中学习里，我对彩画这一传统艺术有了全新认知。我逐步领会到彩画在古代建筑中的重要作用，以及它在新时代进行创造性转化的价值，还明白了彩画是“匠术”与“艺术”的有机融合。其中，能清晰阐述、精确量化且容易掌握的内容属于匠术范畴；而艺术，则难以捉摸，只可意会不可言传，需历经长期实践才能领悟其精髓。艺术境界的高低决定了作品的层次，每提升一层境界，就会迎来全新的天地。

基于这些感悟，我深入挖掘彩画元素背后的文化基因，努力将所学知识融入设计创作，并创作出“太和新韵”系列作品。这些作品既保留了传统彩画的韵味，又融入了鲜明的时代特色，希望能为传播中国彩画艺术贡献自己的一份力量。

学员姓名：林　欣

石家庄乐品文化艺术交流有限公司总经理、艺术总监，国际一级陶瓷产品设计师、插画师、绘本画家，从事多年原创绘本创作并在海外出版图书。

专业方向：插画、文创设计

临摹内容：［清］太和殿龙纹、［明］南薰殿龙纹

一、彩画临摹

龙纹是中国传统文化中的重要元素。在古代，龙常被视为皇帝的象征，代表着至高无上的权力和尊贵的地位。龙在各朝代的演变中从政治文化、宗教信仰、艺术审美、民族精神等各方面对中国文化产生了深远影响。在这个漫长的过程中，各个朝代的龙纹图案也各不相同，从整体造型结构到龙首、龙身、龙爪、龙鳞及装饰物上均有区别。

本次对明清两代官式建筑彩画中的龙纹进行临创，在体验学习传统彩画工艺技法的同时，加入自己的创意和现代手法，完成了两幅龙纹手绘作品。

［清］太和殿龙纹

［明］南薰殿龙纹

临摹作品：［清］太和殿龙纹

◆ 临摹步骤

1. 起谱子

2. 拍谱子、刷大色

3. 平贴金

4. 平金开红墨

◆ 学习感悟

这次国家艺术基金的培训，不仅让我学到了传统建筑彩画知识，更是在各位老师的帮助下系统了解了中国龙的历史发展与演变。通过对不同朝代龙的绘制，我在彩画的世界里进行了一次充满惊喜与挑战的奇妙之旅。通过笔下那流畅优美的线条、生动严谨的配色，仿佛能感受到古代匠人的呼吸，和他们进行了一次跨越时空的交流。

建筑彩画不仅是一种装饰性绘画艺术，更是一种自我表达和内心探索的方式。它让我学会了用色彩去诠释世界，用线条去勾勒情感，用耐心和坚持去追求完美。在这个过程中，我不仅提升了绘画技巧，更丰富了内心世界，我对生活中的美有了更敏锐的感知和更深刻的理解。

临摹作品：[明]南薰殿龙纹

寻龍記

一起追寻龙的演变历史

二、创意设计

◆ **设计说明**

《寻龙记》绘本的创作思路源于故宫博物院古建部杨红老师的一个不错的建议。

她说：龙是中国特有神兽，在中国文化中具有至高无上之意，代表了天子。龙的形象深深融入了中华民族的精神和文化传统之中，故宫又是以前天子所居住的地方，所以本书通过主角小默在故宫中发现各式各样的龙纹来引出中国龙，并穿越到其他朝代来探寻它的发展历史，让孩子们通过有趣的故事和充满童趣的画面追溯中国龙的发展渊源。

◆ 设计展示

绘本作品：《寻龙记》内页展示

其他作品展示：火漆章

龙纹表情包下载链接

学员姓名： 彭　凯

曲阜市安怀堂文物工程设计有限公司工程师。从事文物建筑彩画12年，参与曲阜三孔、泰安岱庙、承德普乐寺等建筑群彩画的保护维修工程，有丰富的古建筑彩画设计、保护方案编制及修复经验。

专业方向： 文创设计

临摹内容： [明]北京智化寺旋子彩画

一、彩画临摹

◆ 彩画原型

智化寺作为明正统时期的建筑，是研究明代官式建筑营造技术的典型范例，寺内最引人入胜的就是各殿堂内檐留下的大量的明代早期的建筑彩画。智化寺内现存的明正统年间彩画非常典雅肃穆，是研究明代北方彩画的重要实例。

智化寺如来殿内檐明代彩画色调柔和、典雅精致。金线石碾玉点金彩画临摹作品为内檐天花梁侧立面彩画及外檐平板枋降魔云彩画。

北京智化寺如来殿正立面现状

[明]智化寺如来殿外檐降魔云彩画（局部）

[明]智化寺如来殿内檐天花梁彩画（局部）

◆ 临摹步骤

1. 拍谱子

2. 沥粉

3. 刷青绿大色

4. 拶晕色

5. 包黄胶、打金胶油、贴金打点成活

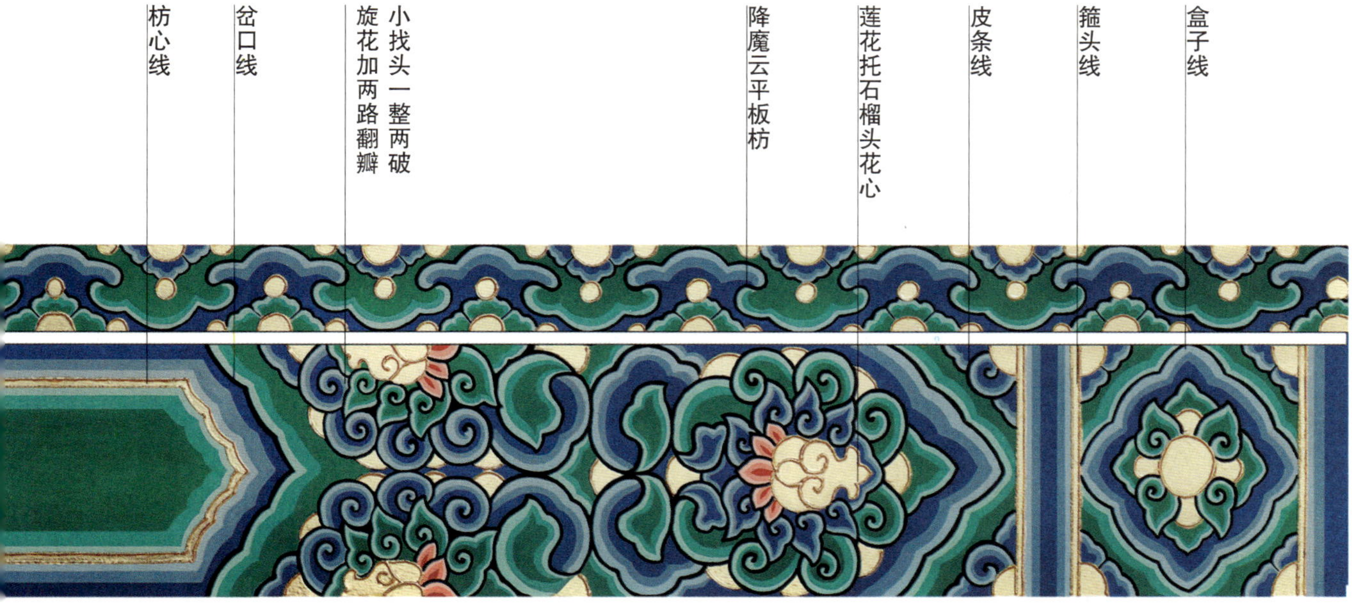

临摹作品：如来殿内檐天花梁金线石碾玉点金彩画

临摹作品［宋］《捣练图》簇六雪花纹

簇六雪花纹绘制过程

［宋］《捣练图》簇六雪花纹

上图纹饰为簇六雪花纹，下图为鱼鳞纹，临摹自陈彤老师复原《宋徽宗摹张萱〈捣练图〉》中的锦纹，《捣练图》中服饰锦纹图案千变万化，仅此两种锦纹就可见其用线工细柔韧，赋色丰富细腻、艳丽清雅。

［宋］《捣练图》鱼鳞纹

临摹作品：［宋］《捣练图》鱼鳞纹

鱼鳞纹绘制过程

二、创意设计

◆ 设计展示

“南风之薰”系列文创设计：红袖添香笔记本

“南风之薰”系列文创设计：晨光花影笔记本

◆ 设计说明

设计灵感来源于故宫南薰殿内檐金线石碾玉点金彩画。封面图案取自内檐明、次间额枋彩画找头中的主旋花，纹饰有花开如意、富贵平安，突出故宫文创的高端精致和美好寓意。

笔记本采用锁线裸背刷边设计，分为：“红袖添香”“晨光花影”两款，采用红、黄两种主色，书顶、书脚为青、绿单色，书芯则为旋花相对应的额枋彩画图案，并仅保留青绿二色纹饰，省略金色以避免俗气和浮夸。

南風之薰

——系列文创设计之笔记本

◆ 设计展示

有龙则灵

四喜如意

榴开见福

“南风之薰”系列文创设计：水彩本效果图

南風之薰

——系列文创设计之水彩本

涂色体验区

“四喜如意”扉页图案

南風之薰

——系列文创设计之手账本

◆ **设计说明**

设计灵感来源于故宫南薰殿内檐金线石碾玉点金彩画，其彩画为明早期高等级金琢墨石碾玉彩画。封面图案取自内檐明间额枋彩画找头中的主旋花，纹饰如花开如意、富贵平安，突出故宫文创的高端精致和美好寓意。

本、函套封面组合搭配出：“棕山浅云”“白露秋缃”“草落辰砂”“杏林青岱”四款，采用红、黄、青、绿、白、棕、橙等彩画系传统色，经典自然、舒服耐看。

“南风之薰”系列文创设计：手账本效果图

文创设计：手账本环衬及扉页展示

文创设计：手账本封面、封底、脊背展示

封面图案提取自
南薰殿找头旋花彩画

棕山浅云

◆ **设计说明**

设计灵感来源于故宫南薰殿内檐额枋明代旋子彩画、天花彩画以及脊檩彩画，分“花开如意”“金龙呈祥”“祥云献瑞”“金玉良缘”“步步青云”五款，突出故宫文创的高端精致和美好寓意。

◆ **设计展示**

南風之薰

——系列文创设计之纸胶带

“南风之薰”系列文创设计：纸胶带展开效果图

“南风之薰”系列文创设计：纸胶带成品效果图

◆ **学习感悟**

虽承家学，亦从事文物保护工作，浅耕明清彩画数年，然此道博大精深，幸得此次良机，能遇众多良师益友，长安两月之期，如醍醐灌顶，在彩画一途，我感悟良多：

谓之彩画笔法线条，如魏晋之风清骨峻，盛唐之气度恢宏，两宋之清丽高雅，元代之粗犷遒劲，明代之中正平和，清代之丰富华丽；谓之彩画落墨用色，如汉唐之饱满炽烈，宋辽之绚丽多彩，明清之冷艳华贵。

两月培训中，师生、同窗情谊甚笃，其间模仿过田凤老师一首小诗：

相聚短短，
余生灿灿。
学一半传一半，
彩画里得清欢。
将日子当作画板，
用真情把细节填满。

也为班主任杨红老师写过一副对联：

匠心化春雨 不觉桃李满天下
素手描锦绣 唯愿彩画再千年

正所谓：看中国彩画千年，当守正创新，积极弘扬传承“中国官式建筑彩画”这一珍贵文化遗产。

学员姓名：李子君

高校讲师，现就职于江西服装学院。

专业方向：陶瓷艺术、文创设计

临摹内容：［清］故宫玉粹轩南次间檐部内侧找头开光博古图案

一、彩画临摹

临摹作品：［清］乾隆花园玉粹轩额枋找头锦地开光博古图案

临摹作品：［唐］敦煌莫高窟第 321 窟华盖图案

◆ 彩画原型

1.[清] 乾隆花园玉粹轩额枋找头锦地开光博古彩画

2.[近现代] 高成良绘苏式彩画小样（ 博古 ）

3.[唐] 敦煌莫高窟第 321 窟华盖图案

4.[近现代] 常沙娜重绘敦煌莫高窟第 321 窟华盖图案

◆ 临摹步骤

1. 起谱子

2. 沥粉

3. 刷大色

4. 包黄胶

5. 贴金箔

二、创意设计

◆ 设计构思

[清]玉粹轩彩画找头蝠鹤锦

开光博古图案

五彩遍装·叠晕

元素提取·宋锦

◆ 设计说明

本设计灵感来源于中国官式建筑彩画中清代玉粹轩南间找头部位的开光博古纹。在设计色彩中结合“五彩遍装”进行色彩衍生创新。

◆ 设计展示

陶瓷盘设计

帆布包设计

图案设计·光晕

图案设计·博古

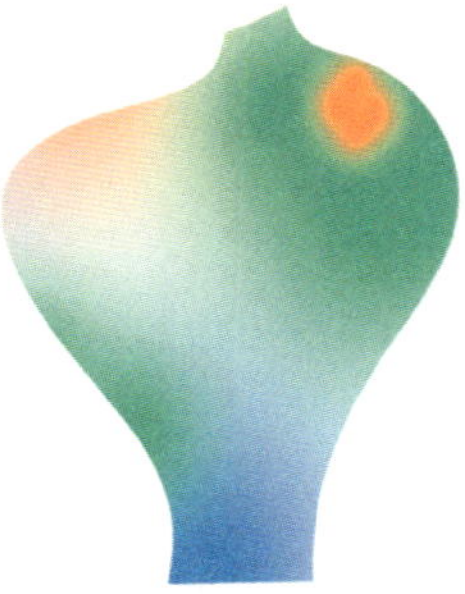

手摇扇设计

抱枕设计

陶瓷杯设计

学员姓名：苏启宽

敦煌研究院麦积山石窟艺术研究所保护研究室工作人员，主要从事石窟寺文物保护与修复。

专业方向：视觉传达设计

临摹内容：［清］故宫遂初堂金线方心式苏画

一、彩画临摹

◆ 临摹步骤

1. 起谱子、拍谱子

彩画绘制的第一步，彩画谱子可反复使用，便于复制彩画稿。起谱子须注意彩画纹饰结构造型清晰、准确。

2. 沥粉

在锦纹和开光部分沥粉，使画面更加有层次。沥粉工具、材料以及操作手法都决定了沥粉的成功与否，须多次练习才能掌握。

3. 刷大色、包黄胶

对画面主要色块进行铺色，色彩准确、上色平整，薄厚均匀。沥粉处包黄胶（或红胶），为贴金箔作准备工作。

4. 贴金箔、完善细节

沥粉部位包黄胶、打金胶油后再贴金，贴金要达到较好的平整度和光泽度。完善彩画细节以及开光内的博古或写生画。最终完成彩画绘制。

苏式彩画源于江南建筑彩画，题材丰富，画风自由且富有诗情。故宫苏式彩画在江南彩画的基础上融合皇家建筑彩画的题材和风格形成官式苏画。宁寿宫彩画留存较多乾隆时期苏式彩画遗迹，主要建筑的彩画方心内都绘制真龙纹、夔龙纹，找头部位再配以锦纹、吉祥图案、聚锦写生画、博古、花卉等活泼纹饰，在体现皇家等级的同时兼具意趣，体现出归政、遂初、倦勤的思想。

本次彩画绘制选取遂初堂明间檩垫枋苏式彩画，绘锦地开光博古及写生花。

临摹作品：[清] 故宫遂初堂明间檩垫枋苏式彩画找头——锦地开光花卉

临摹作品：[清] 故宫遂初堂明间檩垫枋苏式彩画垫板——池子写生花、片金卡子

临摹作品：[清] 故宫遂初堂明间檩垫枋苏式彩画找头——锦地开光博古

二、创意设计

◆ 设计说明

本次学习之初，我的目光便被故宫苏式彩画所吸引。

文创冰箱贴分为两个系列，一是以锦地博古开光为主，锦纹图案来源于故宫遂初堂彩画，博古则来源于故宫馆藏绘画作品，将两者进行结合，既保留了锦纹的秩序感又兼具博古的文人意趣。二是以包袱苏画为主，选取不同类型的烟云筒，突出其彩画的显著特色，同时扩大包袱心内写生画的范围，让写生画更加生动自由。

◆ 灵感来源 1

[清]遂初堂明间檩垫枋苏式龙锦彩画局部

[清]缂丝《新韶如意图轴》

[清]胡正《升岁朝图屏》

◆ 设计展示 1

文创作品：锦地博古冰箱贴

◆ 灵感来源 2

[清] 北海浴兰轩配殿包袱式苏画

[清] 故宫耸秀亭北面外檐包袱式苏画

◆ 设计展示 2

文创作品：海水江崖包袱心苏画冰箱贴设计图

文创作品：荷花包袱心苏画冰箱贴设计图

学员姓名：赵宇铮

北京安海之弋园林古建工程有限公司总经理助理，从事文物建筑油饰彩画保护与修缮工作，共主持完成了15项古建筑油饰彩画保护勘察设计。

专业方向：古建筑彩画设计

临创内容：宋、元、明、清旋子彩画旋花演变

一、彩画临创

海石榴花兴盛于唐宋两代，在宋《营造法式》彩画作中位居花纹之首。在建筑彩画千年发展过程中，海石榴花逐渐演变为明清旋子彩画中的旋花纹样。此次宋、元、明、清旋花演变临摹作品，分别取自宋《营造法式》和永乐宫三清殿、故宫长春宫等建筑彩画的实物遗存。创意设计以宋代海石榴花为核心元素，融合宋代锦纹，开展图案的二次创作，并将其精心绘制于葫芦、瓷盘等摆件之上，让宋代海石榴花再次绚烂绽放。

◆ 灵感来源

宋代海石榴花花心为明显的石榴图形，四周围绕的卷瓣肥硕而富有张力，主花的花瓣与支条上的卷叶形态相同，以叶为花，以花为叶，可以看出海石榴花已有向程式化转变的趋势。

[宋]《营造法式》卷三十三：阑额角叶彩画

永乐宫三清殿元代彩画端头部分已经出现了明清官式彩画的“旋瓣”元素，可视为明清官式彩画“旋子”的雏形。

[元]永乐宫三清殿梁栿彩画（局部）

长春宫正殿明代早期旋花中心花（旋眼）绘仰覆莲花托石榴头，二路瓣为凤翅瓣，头路瓣数量都为8枚，且在写生自然状态的旋涡纹花头上有抱瓣（翻瓣）。

[明]故宫长春宫明间脊部彩画（局部）

◆ 临摹步骤与成果展示

1. 勾线

2. 剔地

3. 留白

4. 叠晕

临创作品：[宋]《营造法式》海石榴花

临创作品：[元] 永乐宫三清殿彩画找头

1. 起谱子、扎谱子

2. 刷地色、拶晕色

3. 拘黑

临创作品：[明] 长春宫一整两破旋花

临创作品：[清] 一整两破旋花

二、创意设计

◆ 设计说明

彩绘葫芦以故宫文渊阁本《营造法式》海石榴花、罗纹为设计元素，在遵循宋代彩画绘制工艺的基础上，融入明清彩画沥粉贴金工艺，不仅增添了华贵之感，更实现了不同历史时期彩画工艺的融合与创新，使葫芦兼具古朴韵味与华丽质感。彩绘瓷盘以登封中岳庙宋碑上的海石榴花为灵感源泉，经二次创作的缠枝海石榴花灵动飘逸，富有韵律之美。边缘搭配的球纹，与主体图案相得益彰，共同构建出和谐的画面。共创作了五彩遍装、青地碾玉装、绿地碾玉装三种风格，各具特色。

创意作品：海石榴花罗纹五彩葫芦实物

创意作品：海石榴花罗纹五彩葫芦细部

◆ 设计过程

1. 起稿

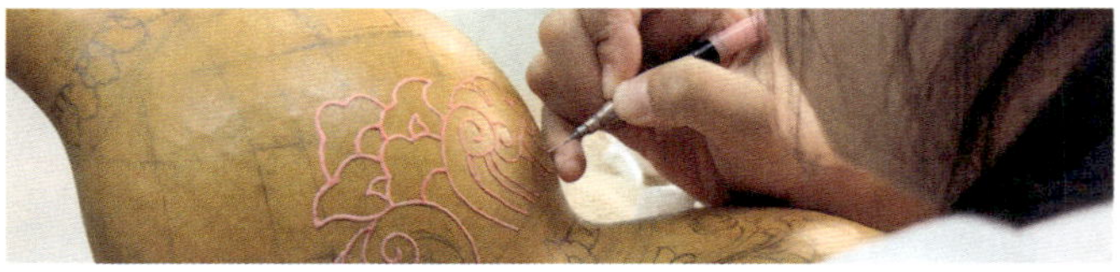

3. 沥粉

2. 勾线

4. 剔地

5. 留白

6. 叠晕

7. 包黄胶、打金胶油、贴金箔

◆ 灵感来源

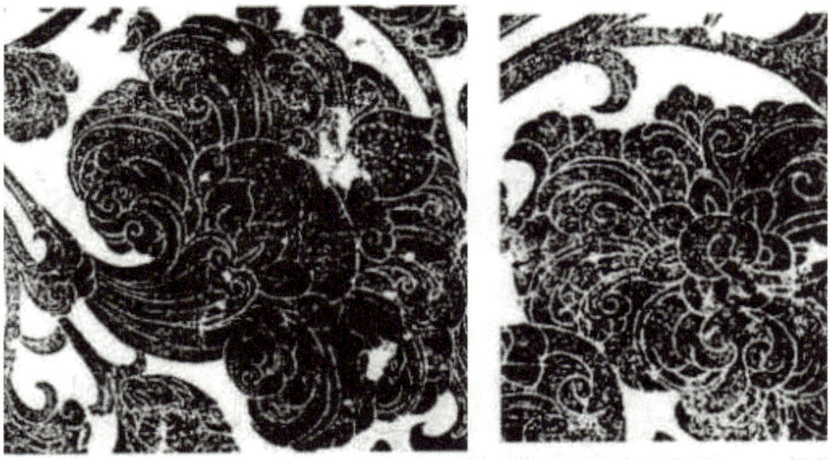

[宋] 登封中岳庙宋碑海石榴花

陈彤临摹线稿

◆ 设计过程

设计手稿

勾线图

文创设计：海石榴花球纹五彩盘效果图

◆ 成果展示

文创设计：绿地碾玉盘

文创设计：青地碾玉盘

文创设计：五彩盘

学员姓名： 朱　艺

河南朱氏古建园林彩绘有限公司总经理，朱氏古建筑彩绘非遗传承人，古代建筑保护与研究助理馆员，多次参与国家重点、省级文物建筑保护项目。

专业方向： 建筑设计、壁画设计

临创内容： [清] 龙锦方心墨线大点金旋子彩画

一、彩画临摹

◆ 彩画原型

[清] 故宫熙和门龙锦方心墨线大点金旋子彩画

◆ 临创成果

临创作品：手绘龙锦方心墨线大点金旋子彩画

二、创意设计

◆ 设计说明

旋花系列文创的设计灵感来源于故宫清代官式彩画旋子彩画的找头旋花元素。

旋子彩画是中国古代建筑彩画的一种类别，在清代的等级上仅次于和玺彩画，广泛见于皇宫、王府等建筑。旋子彩画因找头绘有旋花图案而得名，这种旋涡状的花瓣，寓意着吉祥、和谐与美好。

本作品将旋子彩画找头的旋花元素应用于砚台、胸针、镜子的设计中，融合了中国传统旋子彩画的艺术性与物品的实用性，不仅具有观赏价值，还具有一定的文化内涵。这些物品在具备实用功能的同时，也成为精美的艺术品。

文创作品：旋花砚台

文创作品：旋花胸针

文创作品：旋花化妆镜

文创作品：旋花化妆镜

学员姓名：贺一明

2016年毕业于昆明理工大学，获得建筑学硕士学位。现任职于南阳理工学院建筑学院，研究方向为建筑遗产保护与更新。

专业方向：遗产保护与更新

临摹内容：[清]故宫临溪亭玉堂富贵软天花彩画

一、彩画临摹

临摹作品：[清]故宫临溪亭玉堂富贵软天花彩画

故宫临溪亭天花彩画图案为写生花卉，以牡丹、玉兰、海棠为装饰题材，寓意“玉堂富贵”。此类彩画的工艺复杂，属写实性绘画中的作染绘法，临摹时按照原工艺进行绘制，先平涂底色，绘出造型，再经垫染、开线、分染、着色等一系列工序最终完成。

◆ 临摹步骤

1. 套拍谱子、刷大色

2. 垛色（铅白垛花朵、二绿垛叶子）

3. 刷胶矾水、垫染花朵

4. 勾线、分染花朵

5. 包黄胶、打金胶油

6. 贴金箔

宋《营造法式》“斗二十四”五彩平棊彩画线图

◆ 创意来源

“斗二十四”五彩平棊单元2.5尺（约0.83米）见方，共内外两层转道，宽约2寸（约6.67厘米）。转道之内用难子分隔为八边形和四个角蝉。八方内花子的造型有四种，即方形、菱形、云形与花叶形花子，各类花子绕平棊中心作旋转式分布，形成中心嵌套式构图。

◆ 复原成果

复原作品：宋《营造法式》“斗二十四”五彩平棊彩画效果图

◆ 设计分析

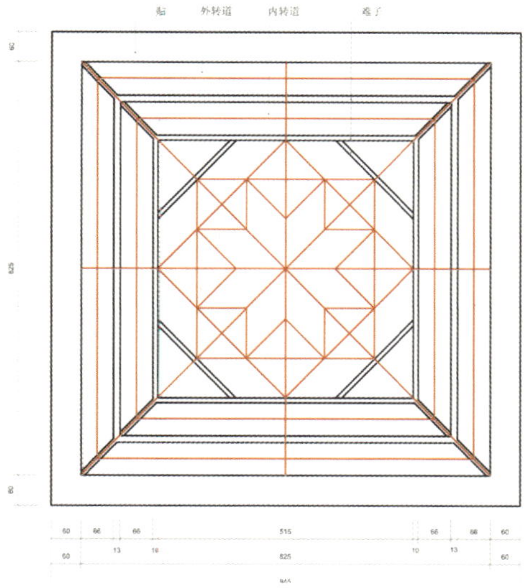

宋《营造法式》“斗二十四”五彩平棊彩画尺寸图

平棊彩画设色规律与色谱

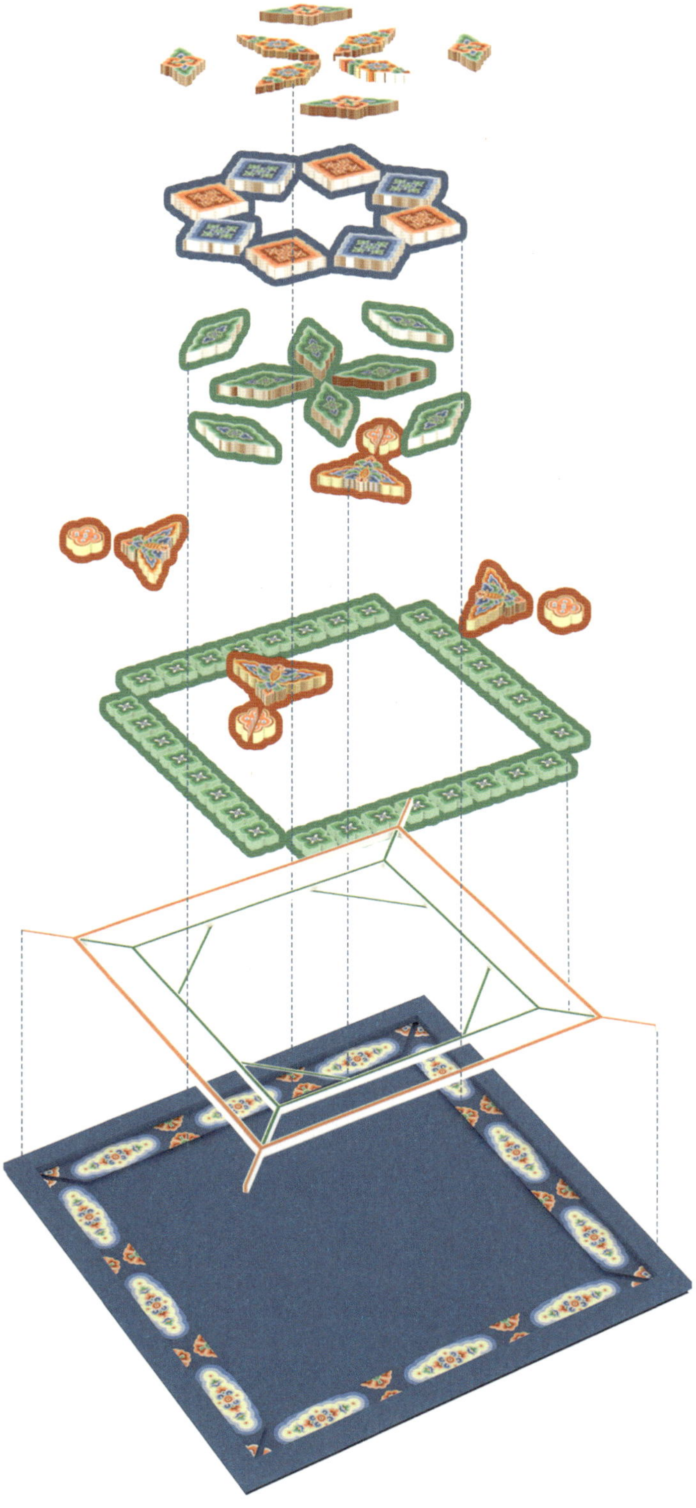

平棊彩画结构分析图

平棊彩画是中国传统建筑的一种天花装饰艺术，装饰手法中融合贴花与彩画两种形式，艺术效果华丽且能形成微妙的光影感。在复原设计中，通过对宋《营造法式》文献和现存实例进行研究，分析结构形制，推敲图案造型，解译色彩规律，以确保图案和色彩的准确性和历史性。同时，适当融入现代审美，使得复原设计既尊重传统，又适应现代社会，努力呈现“古雅而青春”的视觉效果。

二、创意设计

◆ 设计展示

文创设计：“斗二十四”平棊彩画拼装模型效果图

◆ 设计说明

宋《营造法式》“斗二十四”五彩平棊彩画复原模型（可拆装）。

模型由三部分组成：背板（94.5 cm × 94.5 cm × 1 cm）；
框架（94.5 cm × 94.5 cm × 1 cm）；
各类花子（均厚 1 cm）。

组合形式为：框架贴在背板上，各类花子贴在背板上，嵌入框架内，组合后模型整体尺寸为：94.5 cm × 94.5 cm × 2 cm。

各类花子做成可磁吸的独立构件，观众可按以上复原图案进行组合，或发挥创造力自由组合成新的图案。

◆ 学习感悟

感谢杨红老师团队组织了“中国官式彩画图案艺术设计创意人才培训”。通过系统理论学习和实践训练，我领会了官式彩画在中国传统建筑中所承载的诸多价值和文化寓意，深刻地理解了坚守传统的重要性，拓展了将传统文化元素融入现代艺术设计的思路。

在与前辈、学友们的学习交流中，我对在遗产保护工作中如何平衡传统与创新、保护与活化的关系有了更深的思考，并敦促我将所学所思应用于今后的研究与实践教学中，为继承和传播中华优秀传统文化贡献力量。

◆ 创意互动填色

“斗二十四”平棊彩画涂色线稿——涂色区

学员姓名：梁　磊

安徽建筑大学徽州雕刻工程技术研究中心科研助理、广告策划师，安徽省雕塑协会会员，主要从事博物馆文创设计工作。

专业方向：文创设计

临创内容：锦纹彩画

一、彩画临创

◆ 临创步骤

1. 绘底稿

2. 刷大色

3. 拶晕色

4. 够轮廓线，完成

琐纹锦源自“镂玉连环”，为四方连续图案。其几何韵律强，色彩清丽，始见于战国，北宋时多样，受伊斯兰艺术影响。琐纹锦装饰性强，自宋元延续至清代，成为彩画的重要装饰纹样。

临创作品：锦纹彩画

◆ 学习感悟

我有幸参加了故宫博物院主办的2024年国家艺术基金人才培训项目“中国官式彩画图案艺术设计创意人才培训”，这次经历无疑为我的艺术之旅增添了浓墨重彩的一笔。在培训期间，杨红老师作为引领者，携手38位业界顶尖的专家学者，为我们带来了一系列精彩纷呈且极具深度的课程。从对故宫彩画的细腻解读，到对官式建筑彩画历史的深度剖析，再到地方特色彩画独特形式的精彩呈现，这些内容如同璀璨星辰，在我心中构建起一座跨越时空的彩画知识宝库，为我的艺术创作奠定了坚实的基础。

在创作实践环节，王光宾、高业京等技术型专家的耐心指导，让我在实践中不断突破自我。而宋建明等老师在产品设计、营销及展示方面的独到见解，更是为我打开了全新的视角。尤为重要的是，项目负责人杨红老师的拼搏精神，成为我精神上的灯塔。她以身作则、踏实勤勉工作的态度，不仅让我深感敬佩，更激励我不断审视并提升自我，向更高的艺术境界迈进。

一、创意设计

系列作品“锦宫绮纹”滑板效果图

◆ 设计说明

滑板依据建福宫花园延春阁金线方心式苏画设计，构图及色彩以“金龙”“锦纹”“蝙蝠”为元素设计四款产品图案，材质含枫木板、玻璃纤维、铝合金等，青、绿、金配色和谐。

系列作品“锦宫绮纹”滑板效果图

◆ 设计思路

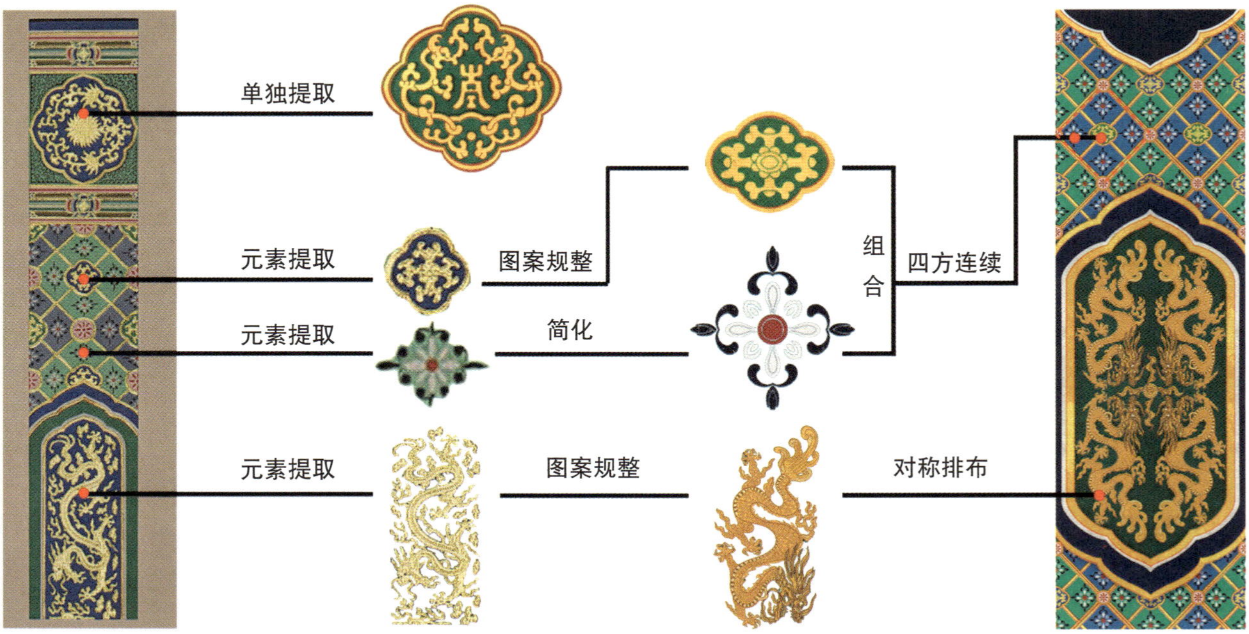

系列作品“锦宫绮纹”滑板设计过程说明图（彩画小样为故宫古建部藏，张德才、何文奎绘制）

• 款式一

• 款式二

• 款式三

系列作品“锦宫绮纹”腰包效果图

◆ 设计说明

腰包产品一共分为三款（见左图）。款式一、二、三分别依据建福宫花园延春阁方心式苏画、宁寿宫花园遂初堂垂花门彩画、宁寿宫花园玉粹轩彩画进行设计。该作品巧妙汲取建筑彩画图案元素，以彩画中的“锦纹”为基底进行图底关系处理，在规律中寻求变化，而后将其与“夔龙”“如意头”等元素进行重组，寻求形式的变化。产品整体采用皮质面料，色彩使用大青、大绿、土黄等建筑彩画色彩。在保留原始彩画韵味的基础上，塑造一款新型腰包。

◆ 设计思路

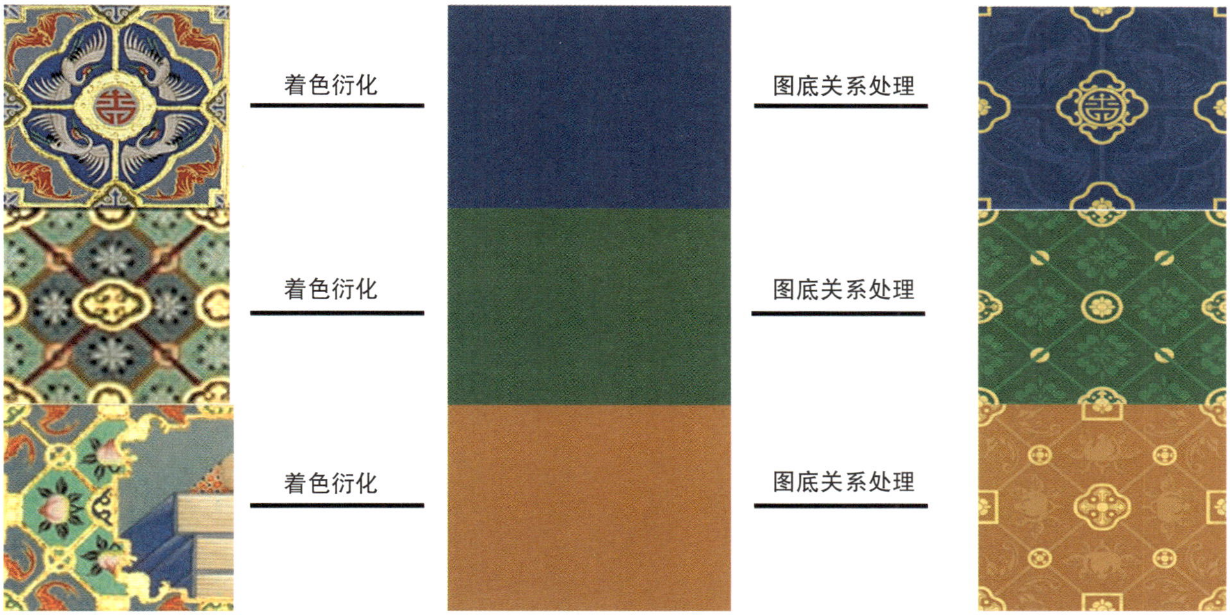

系列作品“锦宫绮纹”腰包设计过程说明（彩画小样为故宫古建部藏，张德才、何文奎绘制，上：建福宫花园延春阁方心式苏画；中：宁寿宫花园遂初堂垂花门彩画；下：宁寿宫花园玉粹轩彩画）

系列作品“锦宫绮纹”腰包拼接示意图

大漆类

学员姓名： 王　娇

古董漆艺修复师、国家级漆艺师技师、中国非物质文化遗产保护协会漆艺分会会员。

专业方向： 文创设计

临创内容： ［清］故宫长春宫游廊彩画掐池子万字纹

一、彩画临创

长春宫是故宫西六宫之一，清晚期慈禧太后曾居住于此。长春宫游廊苏式彩画装饰尤为精美，其垫板掐池子万字纹彩画是一种吉祥寓意图案，通常由多个“万”字纹饰四方连续组成，象征着吉祥和长寿，常用于装饰和建筑中，传达着帝后美好的祝愿。

◆ 彩画原型

故宫长春宫实景

故宫长春宫游廊实景

故宫长春宫游廊平板枋彩画掐池子万字纹

临创作品 [清] 掐池子万字纹包袱彩画

◆ **临摹步骤**

1. 起谱子

2. 拍谱子、刷绿色、沥粉

3. 套拍谱子、填色勾线

4. 刷青色、勾墨线

5. 包黄胶、拉白粉

6. 打金胶油、贴金箔

◆ **学习感悟**

学习官式彩画，仿佛开启了一场穿越时空的艺术之旅。官式彩画那丰富的色彩、精细的图案，无不展现着古人的智慧与审美。在学习过程中，我被其严谨的构图和精湛的工艺所震撼。每一笔线条都饱含着匠心，每一种色彩都有着特定的寓意。

通过学习，我不仅领略到了传统艺术的魅力，更深刻体会到保护和传承传统文化的重要性。我愿将这份热爱转化为行动，为传承官式彩画这一珍贵的文化遗产贡献自己的力量。

二、创意设计

万字锦

卍·大漆茶道具组合

◆ **设计说明**

万字锦彩画是苏式彩画的一种，有着画面题材丰富、形式多变、色彩艳丽的特点，常用于园林等休闲建筑。其题材的纹饰广泛应用于不同的装饰领域。

此套大漆茶道具组合作品以故宫长春宫游廊彩画垫板掐池子万字纹元素为创作主题，提取万字元素进行大漆茶道具设计，以多个万（卍）字连接在一起，形成一种四方连续的图案，意为“吉祥万德之所集”，连绵不断万事吉祥。

◆ **设计过程**

1. 描绘

2. 撒粉

3. 固粉

◆ 设计展示

茶则 茶则运用与盖置相同的表现手法，加大辅助色的运用，保证了整体的丰富性。

壶承 壶承完美运用了万字纹包袱锦元素搭配，是整套器具的亮点。

漆器作品 万字锦大漆茶道具组合成品展示

茶拨 茶拨是茶道中的一种工具，主要使用于茶道仪式中。同色系的茶拨能够融入套系整体。

盖置 盖置用于承放茶碗的盖子，辅助黄色搭配万字纹包袱图案，使其既不喧宾夺主，又和谐统一。

碗盖 碗盖上的图案用更加随意舒展的纹样元素绘制，以打破严肃的秩序，提升舒适感。

茶碗 茶碗仅用简单主色进行整体涂装，以保证全套茶具的完美统一。

贴金

5. 变涂

6. 磨显

（二）天花彩画·创意作品

学员姓名：冒　绮

上海工程技术大学副教授，硕士生导师，浙江大学访问学者。主要从事服装设计与理论方向的教学和科研工作。

专业方向：服装设计与理论

临摹内容：[清]故宫御花园四神祠西番莲卷草天花彩画

一、彩画临摹

临摹作品：[清]故宫御花园四神祠西番莲卷草天花彩画

二、创意设计

◆ 设计展示

设计灵感来源：［清］故宫重华宫崇敬殿跨空枋找头西番莲卷草

创意设计：西番莲主题彩画服装实物照片（组图）

服装设计：西番莲主题彩画服装设计效果图

服装设计：西番莲主题彩画服装图案设色设计图

◆ 设计说明

西番莲官式彩画服装设计作品选取故宫重华宫崇敬殿跨空枋找头西番莲纹彩画作为图案设计灵感来源，将中国传统旗袍和西式服装结合进行服装款式设计，运用盘、宕等中国传统服饰工艺，手工制作完成。

学员姓名： 杨丽娜

齐鲁工业大学艺术设计学院副教授、设计创新中心主任。

专业方向： 服装设计

临摹内容： [清] 中和殿坐龙天花彩画

一、彩画临摹

◆ 彩画原型

临摹作品：[清] 故宫中和殿坐龙天花彩画

◆ 彩画原型

故宫中和殿天花彩画实景（组图）

◆ **临摹步骤**

建筑彩画绘制过程精细复杂。先按原型起谱子，再扎谱子、拍谱子确定图案轮廓，接着沥粉勾勒出纹饰立体线条，随后上地色奠定基调，再包黄胶、打金胶油增强黏附力，之后退晕营造色彩渐变效果，最后贴金箔增添华丽质感，各步骤相辅相成，展现出建筑彩画独特的艺术魅力与文化价值。

1. 拍谱子、刷大色

2. 沥粉、抹小色、包黄胶

3. 拶晕色

4. 打金胶油、贴金箔

二、创意设计

◆ 设计展示

丝巾设计：“龙游肆意 云起龙骧”系列坐龙天花丝巾实物

◆ 学习感悟

参加此次官式建筑彩画培训班，于我这个服装设计专业出身的人而言，是一次奇妙跨界，收获颇丰。

“问渠那得清如许？为有源头活水来”。在名师专家指导下，我深入研习建筑彩画从汉晋到明清的发展脉络，领略不同时期风格特点与文化内涵，这为我的服装设计注入了全新灵感。

“变则通，通则久”。培训中领悟的守正创新理念，让我思考如何将建筑彩画元素与服装设计融合。比如，把彩画中的细腻线条、鲜明色彩运用到服装图案设计，传统与现代的碰撞，让作品绽放独特魅力。

这次培训，拓展了我的视野，更让我明白，艺术相通，不同领域知识相互借鉴，未来我会将所学融入服装设计，让服饰成为建筑彩画文化传承与创新的载体，为文化繁荣贡献力量。

丝巾设计："龙游肆意 云起龙骧"系列坐龙天花丝巾实物图

◆ 设计说明

"云起龙骧"丝巾文创设计旨在将传统的建筑彩画元素与现代服饰时尚审美相融合，以中和殿坐龙天花彩画图案这一独特的文化符号为核心，提取坐龙天花纹样与色彩，通过艺术手法将其转化为具有时尚感与文化深度的丝巾图案，使佩戴者能够展现出独特的品味与对文化的尊重与传承。

丝巾设计："龙游肆意 云起龙骧"系列坐龙天花丝巾其他配色展示

◆ 设计展示

服装设计："龙游肆意 云起龙骧"系列马面裙设计图

◆ 设计说明

"云起龙骧"马面裙设计灵感源于中和殿坐龙天花。设计坚持守正创新的理念，经局部提取、复原、优化和再设计等步骤，将图案与色彩精髓融入设计，确保图案呈现传统坐龙风貌并保留神韵。龙融入裙身象征勇往直前、势不可挡的精神，以"云起龙骧"为名，蕴含对美好生活的向往等积极寓意，是官式建筑彩画与服装设计的完美结合，对传承弘扬相关文化有积极推动作用，增进人们对传统艺术魅力的认知理解。

"龙游肆意 云起龙骧"系列马面裙中部纹样

"龙游肆意 云起龙骧"系列马面裙下摆纹样

"龙游肆意 云起龙骧"系列马面裙设计效果图

服装设计："龙游肆意 云起龙骧"系列马面裙实物图

学员姓名：吴　迪

陕西省西安市长安第三初级中学美术教师，西安市教学能手，陕西漫画研究会会员。

专业方向：文创设计

临摹内容：［清］故宫御花园四神祠西番莲卷草天花彩画

一、彩画临摹

清代西番莲卷草天花彩画是清代官式建筑彩画中的一种独特风格，本天花选自故宫御花园四神祠。设色方面，圆光和方光用青绿两色，配以金边。图案由圆鼓子心和岔角云组成。圆鼓心绘西番莲卷草纹饰，西番莲的表现形式有团花型、分散型、展开线型等，主题颜色为青、香、绿、紫，十分典雅柔和。

临摹作品：［清］故宫御花园四神祠西番莲卷草天花彩画

◆ 彩画原型

[清] 御花园四神祠井口天花彩画（组图）

◆ 临摹步骤

1. 拍谱子、沥粉、刷大色

2. 抹小色、勾白粉，圆鼓子心套拍谱子

3. 圆鼓子心西番莲纹饰垛地色

4. 包黄胶、打金胶油、贴金；西番莲行粉、开白线，打点成活

二、创意设计

◆ 设计展示

文创设计："翠莲绮梦"系列丝巾设计图

文创设计："翠莲绮梦"系列丝巾效果图

◆ 设计说明

本丝巾选取了"西番莲卷草天花"中的元素来进行设计，选取了绿色卷草元素，使其优雅地环绕于丝巾四周。西番莲的花瓣舒展而富有层次感，营造出如梦如幻般的美妙氛围。绿色卷草与红色西番莲的相互映衬，象征着生机与希望交织，活力与优雅共融，寓意着幸福与美满。

◆ 设计展示

文创设计：“碧莲映彩”系列丝巾效果图

文创设计：“碧莲映彩”系列丝巾设计图

◆ 设计说明

“碧莲映彩”丝巾的主体图案为缠枝西番莲，枝蔓蜿蜒缠绕，如岁月的脉络，寓意着福泽绵延不绝。在色彩的运用上，采用清新的青绿相间搭配，象征着盎然的生机与活力。丝巾在外形上采用了菱形设计，旨在为使用者提供更多样化的搭配选择，使其能轻松融入各种场合，展现独特的时尚品位。

◆ 设计展示

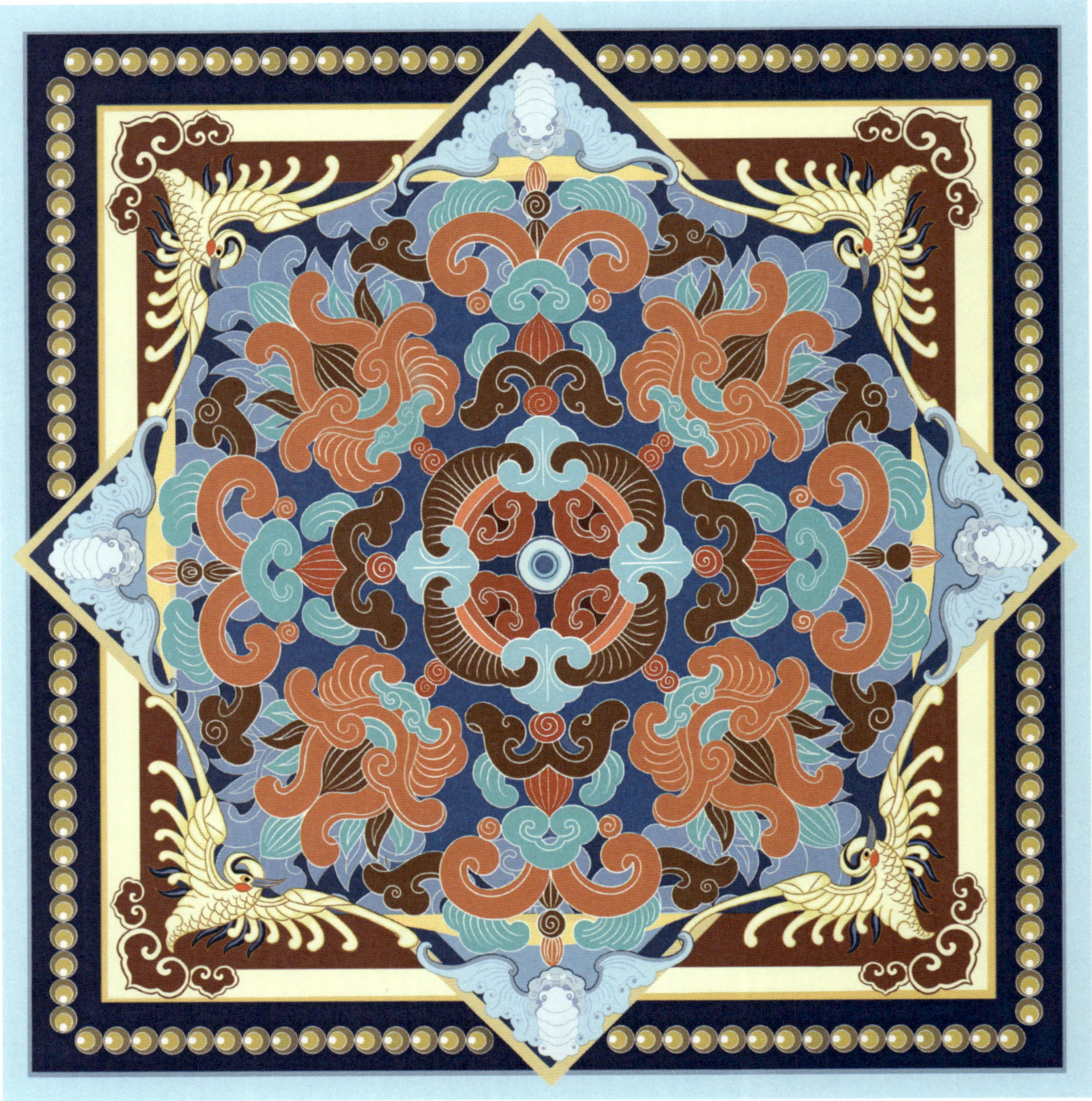

文创设计：“福寿莲莲”系列丝巾设计图

◆ 设计说明

“福寿莲莲”丝巾设计灵感源自传统彩画元素，将蝙蝠、仙鹤、西番莲、连珠纹以及如意纹巧妙融合，并通过精心的组合排列，呈现出特殊的艺术风貌。蝙蝠，作为“福”的象征，与寓意长寿的仙鹤相互呼应，传递着吉祥如意的美好祈愿。

本作品将西番莲纹与连珠纹灵动交织，再搭配上如意纹的祥瑞之形，不仅展现了东方美学的细腻韵味，更表达了福寿安康、福泽绵延的美好寓意。

文创设计“福寿莲莲”系列丝巾效果图

◆ **学习感悟**

随着培训学习的不断深入，彩画的魅力如同一股无形的力量，紧紧地吸引着我，使我逐渐沉醉其中并深深喜欢上了它。那些装点在建筑上色彩斑斓的图案，无论是和玺彩画中美好寓意的龙凤呈祥，还是苏式彩画里灵动鲜活的花鸟虫鱼，无一不蕴含着丰富深厚的文化内涵，让我不禁惊叹于古人那巧夺天工的精湛技艺，更为其跨越时空所散发的独特魅力所折服。

然而，学习古建筑彩绘绝非易事，这不仅要求我们熟悉掌握它的工艺流程，还需要深入探究古建筑的结构特点、风格类型以及背后的历史背景。尤其是在进行创意设计时，如何在坚守传统风格的基础上巧妙融入现代元素，实现彩画的守正创新，如何将传统元素自然地运用到现代设计当中，从而使这些承载着厚重历史与文化底蕴的古建筑重新焕发光彩，这无疑是我们年轻一代肩负的使命，需要我们不懈地传承与努力。

学员姓名：王梓婷

独立设计师，毕业于中国地质大学（北京）珠宝学院，从事珠宝设计多年。设计及作品多次在国内外珠宝大赛中荣获奖项，为多家知名珠宝公司提供过设计服务。

专业方向：文创设计

临摹内容：［清］文渊阁金莲水草天花彩画

一、彩画临摹

临摹作品：［清］文渊阁金莲水草天花彩画

二、创意设计

◆ 设计展示

珠宝设计：“金莲绮梦”系列首饰之项链、耳环、手链

◆ 设计说明

金莲水草天花主要装饰于明清皇宫城门、帝后陵寝及皇家藏书楼等建筑，如故宫文渊阁内多藏书，故用水生的莲花和水草绘制天花彩画，有以水制火的寓意，传达了古人对平安吉祥的美好期盼。

“金莲绮梦”系列珠宝首饰作品灵感源自故宫博物院文渊阁内独特的金莲水草天花，旨在通过现代珠宝工艺与古典文化元素的融合，展现中国传统文化的深邃与雅致，同时赋予佩戴者以古典韵味与现代风尚的双重魅力。

◆ 设计展示

珠宝设计：“和玺华彩”系列首饰之项链、耳环

◆ 设计说明

和玺彩画作为清代官式建筑中最高等级的彩画类型，其构图严谨、图案华丽、色彩绚丽、工艺精湛，是清代皇家建筑彩画艺术的经典之作，不仅展示了中国古代工匠的精湛技艺和卓越创造力，也体现了皇家建筑的尊贵与气派。

本系列以和玺彩画独特的布局方式为灵感来源，将其独特的框架大线“W”造型提取出来，通过金属线条的勾勒和宝石的镶嵌，再现出和玺彩画的精美与辉煌。

◆ 设计展示

珠宝设计：“聚锦兰心”系列首饰之项链、耳环

◆ 设计说明

“聚锦兰心”系列的设计灵感源于宁寿宫花园彩画中的聚锦苏式彩画。

宁寿宫花园是专门为乾隆皇帝退位后私人使用的帝王花园，其审美趣味既体现了皇室对精致华丽的追求，又融合了江南园林的艺术元素和吉祥寓意。

海棠盒造型的聚锦内绘制象征高洁的兰花，暖而柔和的金色光芒如同时间的使者，悄然穿越千年时光的缝隙，轻轻拂过建筑上的彩画，让它重新焕发出璀璨的光芒，将聚锦与兰花的美丽与优雅转化为永恒璀璨的珠宝艺术品。该系列每一件作品都充满了艺术气息和文化底蕴，既适合日常佩戴，也适合作为珍贵的收藏品。

◆ 设计展示

珠宝设计："冰梅"系列之手机链

◆ 设计说明

碧螺亭位于北京故宫宁寿宫花园符望阁前的叠山主峰之上，因其形制似梅花，构件亦以梅花纹装饰，又称碧螺梅花亭，建于清乾隆三十七年。

碧螺亭的彩画通过梅花的形象，传达出了一种积极向上的精神力量和美好寓意。冰梅手机链取碧螺亭的碧色和梅花造型展开创作，"碧梅"不仅象征着坚韧与高雅，更寓意着生命的活力与希望，更因谐音"避开霉运"，寓意着事事顺心、如意吉祥。结合吉祥寓意与现代审美，旨在为用户带来一份独特的幸运与祝福。

◆ 学习感悟

作为一名珠宝设计师，我有幸参与了故宫博物院主办的 2024 年国家艺术基金人才培训项目“中国官式彩画图案艺术设计创意人才培训”。这次经历不仅拓宽了我的艺术视野，更让我深刻体会到了传统艺术与现代设计的融合之美。

在培训期间，我深入学习了中国古代官式建筑彩画的历史背景、艺术特征以及制作工艺。通过实地考察故宫博物院、陕西历史博物馆等地，我亲眼见证了这些彩画的精湛技艺和深厚文化内涵。这些宝贵的经历为我提供了丰富的设计灵感，让我更加珍视和尊重传统文化。在学习过程中，我深刻感受到了传统艺术与现代设计的紧密联系。珠宝设计与官式彩画虽然属于不同的艺术领域，但在创意构思、色彩搭配和材质选择等方面却有着异曲同工之妙。我将官式彩画中的元素和技法巧妙地融入珠宝设计中，创造出既具有传统韵味又不失现代感的作品。此次培训也让我认识到了团队合作的重要性。与不同专业背景的学员们共同学习和创作，让我学会了倾听、分享和协作。我们相互启发、共同进步，形成了良好的学习氛围。

展望未来，我希望能够继续将传统艺术与现代设计相结合，创作出更多富有文化内涵和时代精神的珠宝作品。同时，我也期待有更多的机会参与类似的项目和培训，不断提升自己的设计水平和艺术素养。我相信，在不断的学习和探索中，我会在珠宝设计的道路上越走越远，为传承和弘扬传统文化贡献自己的力量。

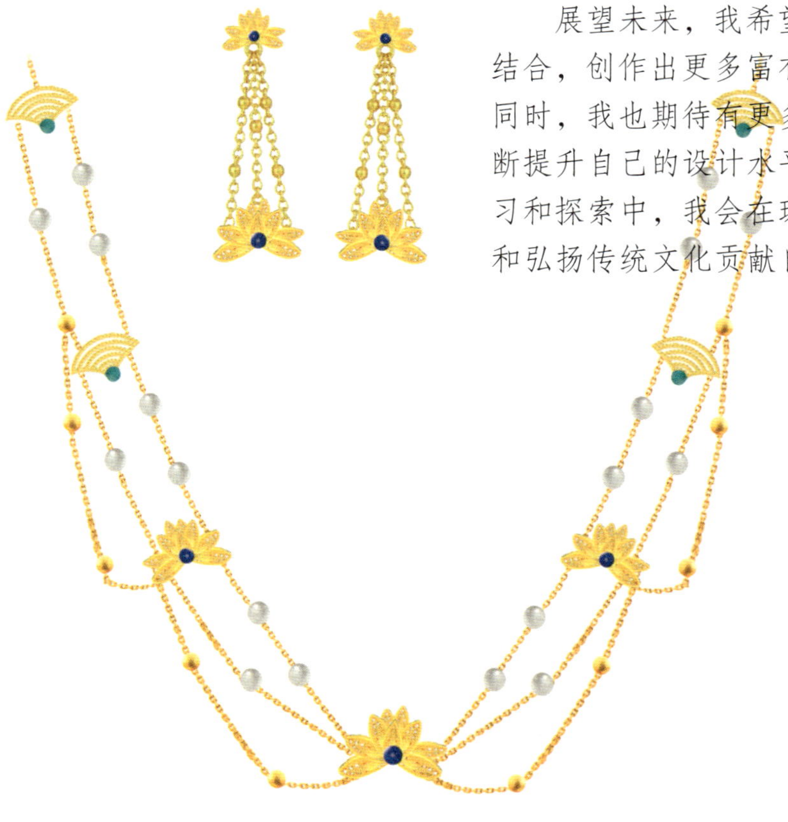

珠宝设计：“金莲绮梦”系列首饰之项链、耳环

学员姓名：贾　云

云南云匠园林古建筑有限公司总经理，高级彩画工艺师，一直从事文物建筑修缮及油饰彩画的保护工作。

专业方向：彩画、壁画、漆器文创设计

临摹内容：[明]故宫南薰殿沥粉贴金升降龙天花彩画

一、彩画临摹

◆ **材料说明**

1. 颜料：石青、石绿、石黄、朱砂、蛤粉、烟子等纯天然矿物传统颜料。
2. 贴金材料：含金量99%的库金箔。
3. 黏合剂胶类：骨胶。

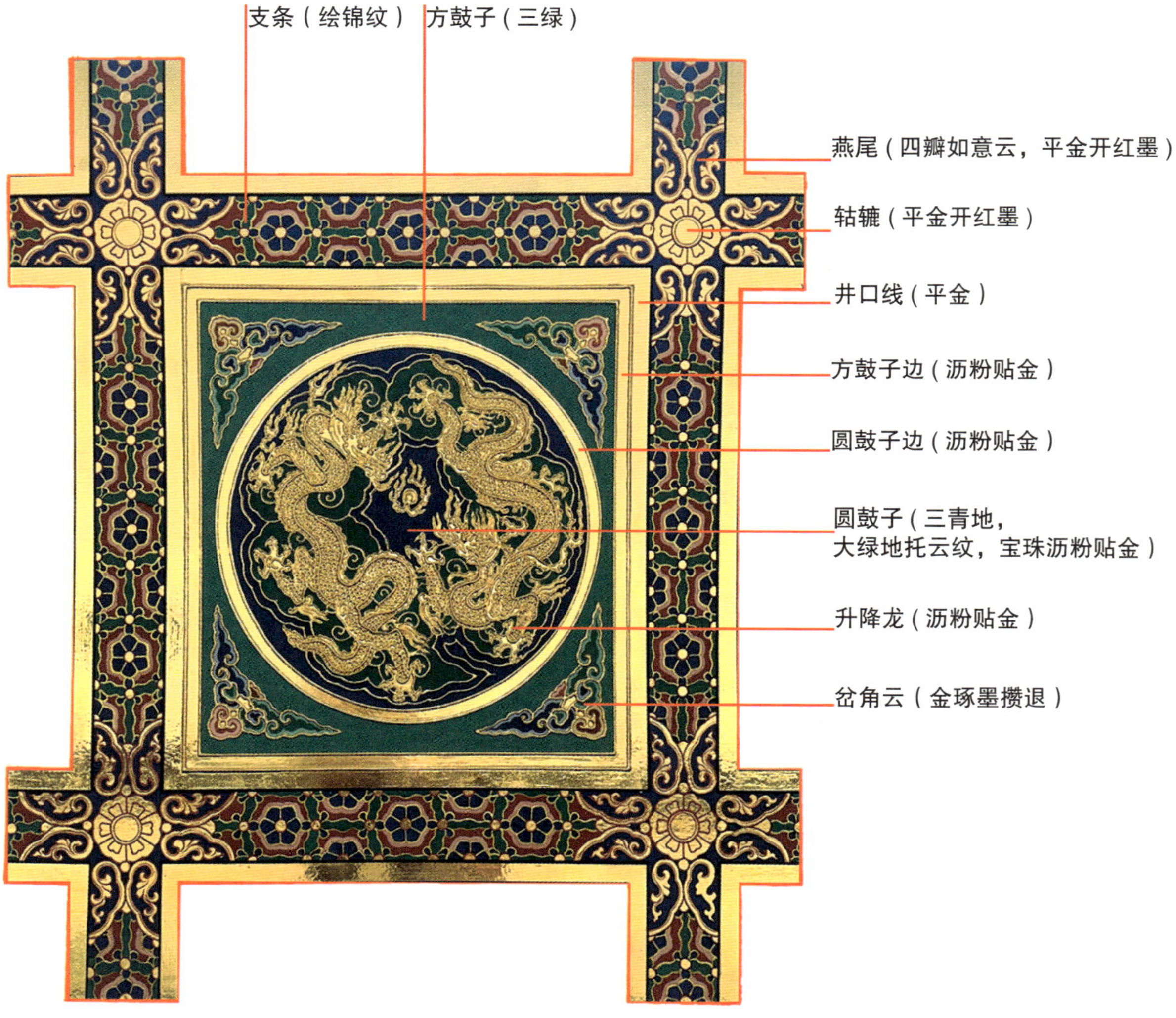

临摹作品：[明]南薰殿升降龙天花彩画

◆ **临摹步骤**

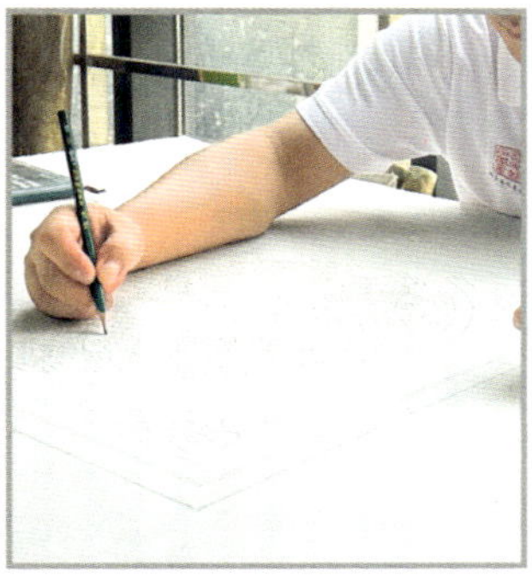

1. 起谱子

2. 拍谱子、沥粉

3. 包红胶

4. 矿物颜料调制

5. 刷青绿大色

6. 退晕

7. 打金胶油

8. 贴金箔

9. 平金开红墨

◆ **彩画原型**

南薰殿升降龙天花彩画现状

南薰殿天花支条彩画现状

南薰殿升降龙天花彩画复原

◆ 临摹说明

1. 山西省沁源县东王勇村元墓壁画：墓室门额枋彩画有明代风格，颜料以石青、石绿、朱砂、炭黑、铅白为主。彩画图案为三段式，由副箍头、盒子、箍头、找头、方心组成。

2. 成都潘家沟明蜀定王次妃墓壁画：墓室门石质额枋绘有彩画，颜料以石青、石绿、炭黑、铅白为主。彩画图案为三段式，方心头为三段外弧型，找头纹饰为一整两破如意纹，盒子为柿蒂纹，大部分彩画特征皆与地上明代建筑实物彩画相同。

3. 山西太原东山明代晋端王地下墓葬壁画：柱额部位绘有彩画，柱头图案元素由上箍头、盒子、下箍头三个组成部分；额枋彩画图案为三段式，由副箍头、找头、方心组成。颜料色彩以石青、石绿、炭黑、铅白为主。

◆ 材料说明

1. 颜料：采用纯天然矿物传统颜料石青、石绿、朱砂、蛤粉、烟子等。

2. 黏合剂：骨胶。

◆ 彩画原型

山西省沁源县东王勇村元墓壁画

四川成都潘家沟明蜀定王次妃墓壁画

山西太原东山明代晋端王地下墓葬壁画

◆ 临摹步骤

1. 起谱子、拍谱子

2. 刷大色

3. 压黑老

4. 行粉

临摹复原作品

二、创意设计

◆ **设计说明**

大漆：具有耐腐、耐磨、耐酸、耐溶剂、耐热、隔水和绝缘性好等特点，生漆，俗称“土漆”，又称“国漆”。

1. 图案提取素材：临创作品南薰殿天花升降龙纹饰。
2. 漆器木胎漆盘使用材料：纯天然生漆、木胎盘、朱砂调配生漆为朱漆。
3. 图案纹饰沥粉贴金升降龙纹材料：库金、生漆。

◆ **设计过程**

1. 木胎打磨做生漆固底

2. 上生漆灰打磨

3. 上生漆数道

4. 打磨

5. 罩面漆退光

6. 提取纹饰图案起稿及沥粉

7. 包红漆及大漆刷金胶

8. 贴金

9. 出底色朱漆

文创设计：南薰殿天花升降龙沥粉贴金大漆木胎漆盘

◆ **设计说明**

建水紫陶是云南建水的地方传统手工艺品，始于元末明初，盛于清朝末年。它以独特的阴刻阳填和无釉磨光工艺而闻名，是中国四大名陶之一，具有极高的艺术和实用价值。文创设计是提取明代故宫南薰殿的天花支条彩画元素，在建水紫陶茶具陶器胎体上用大漆金饰作法，尽显紫陶传统手工艺品独特魅力与大漆传统工艺完美结合的作品。

陶土质地细腻，可塑性强。经特殊工艺烧制后，茶具既具古朴之美，又有良好的透气性与吸水性。大漆作为天然环保材料，干燥后形成坚硬且富有光泽的漆膜，安全环保，图案色彩鲜艳、经久不褪。

◆ **材料说明**

紫陶泥含铁量高，成器后硬度和强度较高，表面有金属质感，叩击有石之声，经无釉打磨，粉工细磨抛光，质地细腻、光滑如镜。

文创设计：四季如春茶几套装

◆ **学习感悟**

作为一名来自云南的文物保护工作从业者，有幸参加了“中国官式彩画图案艺术设计创意人才培训”，得到了杨红老师及资深团队的授课与实操指导。此次培训让我深刻感受到了我国官式彩画的博大精深，它不仅有极高的艺术价值，更是一种文化的传承，其重要性和在传统文化里不可缺失的时代特征及意义，是创新型彩画的根脉。在官式彩画传统文化命脉的基础上，复原和创作结合新时代审美观，且具有时代象征意义和独特的新式构图、纹饰、设色等文化元素的创新型彩画和文创作品是我们的使命。在本次培训中，个人完成了故宫南薰殿天花彩画复原，并结合大漆的使用与官式彩画图案纹饰设计创作了文创作品。

学员姓名：王广正

敦煌研究院－甘肃莫高窟文化遗产保护设计咨询有限公司助理馆员。主要从事石窟寺、古建筑保护和基础研究、文物保护规划等工作。

专业方向：石窟艺术、文创设计

临摹内容：［唐］敦煌莫高窟盝顶帐形龛平棊团花、［宋］双支条海石榴花边饰、［清］故故宫重华宫崇敬殿跨空枋找头缠枝西番莲纹。

一、彩画临摹

本次临创作品分为三部分。

一部分是唐代团花图案，主要绘制敦煌莫高窟盝顶帐形龛平棊团花，包括莫高窟第197窟佛龛莲荷花平棊、莫高窟第112窟佛龛宝相花平棊、莫高窟第200窟佛龛宝相花平棊、莫高窟第159窟佛龛茶花平棊。

第二部分是宋《营造法式》双支条海石榴花边饰。

第三部分是清代故宫重华宫崇敬殿跨空枋找头缠枝西番莲纹。

◆ 成果展示

［唐］敦煌莫高窟盝顶帐形龛平棊团花

［宋］《营造法式》双支条海石榴花边饰

［清］故宫重华宫崇敬殿跨空枋找头缠枝西番莲纹

◆ 临摹步骤

1. 起稿、勾线

用朱砂或土朱勾勒出平棊团花图案外形。

2. 剔地

用矿物颜料绘制团花的地色。

3. 绘制细节

绘制团花纹样细节并退晕着色。

临摹作品：[唐] 高窟盝顶帐形龛平棊团花

1. 起稿、勾线

用朱砂或土朱勾勒出海石榴花的外形。

2. 剔地

用矿物颜料绘制海石榴花图案的地色。

3. 绘制细节

绘制海石榴花的纹样细节并退晕着色。

临摹作品：[宋] 双支条海石榴花边饰

1. 铺色、沥粉、刷大色

首先铺地色，晾干后在地色上拍谱子并沥粉，后刷大色。

2. 捞小色、包黄胶

捞小色，并用金线绘出西番莲卷草的纹理细节，后包黄胶，为贴金做准备。

3. 完善、贴金

绘制细节、贴金。

临摹作品：[清] 故宫重华宫崇敬殿跨空枋找头缠枝西番莲纹

二、创意设计

◆ 设计说明

纹章雅韵——“花间集雅”团花主题抱枕设计，以中唐时期莫高窟佛龛平棊图案为灵感。

本作品基于历代建筑彩画临摹，借鉴唐宋天花的构图、组合、用色、装饰效果及意蕴，提取其中代表吉祥、富贵和纯洁的莲花、宝相花、茶花等花卉元素，经过复原、拆分、重组等设计步骤，赋以唐宋建筑彩画中的纹饰色彩，将鲜明富丽的团花纹样与轻薄透气的亚麻材质抱枕搭配，整套作品用到 4 种团花组合方式，精致脱俗，具有美好的寓意。

◆ 灵感来源

作为盝顶帐形龛的龛顶装饰图案主要元素之一，棋格团花多呈现出四方连续纹的特征，即一组纹样向四面扩展伸延，团花呈一整四破方式，对角相同，相邻相异，转道绘一整二破团花，难子以纯色硬线勾勒，相交处采用小整团花图案相隔。

棋格式的骨架与圆形的花纹相结合，营造了平正、安定、稳固的视觉感受，是对典型建筑天花的模仿。

◆ 设计思路

◆ 设计展示

平棊团花纹样复原图

文创设计：抱枕纹样平面图

文创设计：抱枕设计效果图

学员姓名：魏　伟

李可染画院研究员，河北美术学院特聘教授，中国圆明园学会园林建筑分会理事，苏州昆山李可染画院壁画研究院副主任。

专业方向：彩绘壁画

临摹内容：［唐］大智禅师碑色彩复原临摹

一、彩画临摹

作品取材于西安碑林博物馆藏《唐大智禅师碑》侧碑。原碑石刻线描，内容有凤、菩萨、异兽、迦陵嫔迦和孩童、缠枝海石榴花卉等。临摹选取纸本重彩，参考日本正仓院藏唐代佛莲座实物，用天然矿物质攒退妆彩完成。

◆ 临摹步骤

1. 土红色勾勒轮廓线条

2. 章丹平涂底色

3. 蛤粉 + 西洋红至粉色及三青、三绿、章丹留白平涂

4. 用藤黄渲染三绿及章丹部分

5. 攒退三青、三绿色部分

6. 压老三青、三绿及粉红、章丹部分，点染海石榴、打点完成

填色体验区

临摹作品：[唐] 大智禅师碑色彩复原

临摹作品：[唐] 大智禅师碑线稿复原

二、创意设计

◆ 成果展示

[清]故宫承乾宫鸾凤天花 彩画

文创设计："鸾凤和鸣"小羊皮手包手绘草图

文创设计："鸾凤和鸣"小羊皮手包成品图

◆ 设计说明

鸾凤自古就有吉祥寓意，明清更是皇家专用图案，故宫承乾宫鸾凤天花彩画的美搭配法海寺水月观音的纱，同为宫廷出品、一脉相承，二者结合让鸾凤显现出更加轻盈的姿态。每个菱花纹均由48根金线组合而成，衬托其上两色金的鸾凤纹饰，让"鸾凤和鸣"尽显低奢华美、典雅高贵。

学员姓名：吴珊莉

泉州幼儿师范高等专科学校文创专业副主任。

专业方向：文创设计

临摹内容：[元] 永乐宫三清殿天花、

[清] 故宫雨花阁六字真言天花

一、彩画临摹

临摹作品：[元] 永乐宫三清殿天花

山西芮城永乐宫三清殿光芒纹天花，光芒纹又称“网目纹”“佛光纹”，是辽元建筑彩画的特有纹饰。绘制多采用勾线平涂的方法，此类纹饰多分布在梁的侧面，或藻井、佛像的背光等部位。

六字真言天花为故宫雨花阁室内天花。天花板圆鼓子心上绘兰扎体梵字“六字真言”，中心为阿弥陀佛种子字，中心以莲花瓣形组合构图，周围配四色火焰纹，是佛教建筑天花较普遍采用的装饰题材。

临摹作品：[清] 故宫雨花阁六字真言室内天花

◆ 临摹步骤

1. 起谱子

2. 刷大色

3. 拶小色

4. 贴金箔

二、创意设计

文创作品：光芒纹投影台灯实物图

文创作品：光芒纹投影台灯细部

◆ 设计说明

设计基于光芒纹原型进行临绘创新，以光影形式强化光芒纹的纹饰特征，将优秀传统文化以文创灯具的形态融入当下日常生活。产品设计有落地灯和床前小夜灯两种形式，灯罩上以多工艺形式饰有纹案，皆可组合拆分，由此又衍生出多主题的彩画纹饰替换片，可根据使用场景进行有机选择。

磁吸胸针套件

车载钥匙挂坠

种子字书签

字体手链

文创作品：六字真言茶杯垫

文创作品：六字真言氛围灯

文创作品：光芒纹茶杯垫

文创作品：字体印章与书签

◆ **学习感悟**

从彩画入门到现在，每到一处古建所在，目光不由自主地转向建筑梁枋和天花，尝试分析其年代和内容特点，思考其所以然，我认为这就是培训带来的最直观的学习成果和体现。

字体书签

南薰殿透明漆书签

投影落地氛围灯

插片小夜灯

学员姓名： 张爱君

山西画院壁画研究所研究员，从事民间寺观建筑彩绘、壁画、墙绘画师工作。

专业方向： 彩画、文创设计

临摹内容： [辽] 辽宁义县奉国寺大殿梁枋佛光纹彩画、[清] 故宫承乾宫鸾凤软天花

临创内容： 金地四象八卦暗八仙天花

一、彩画临创

◆ 临摹成果

临摹作品：[清] 故宫承乾宫鸾凤软天花

临创作品：金地四象八卦暗八仙天花彩画

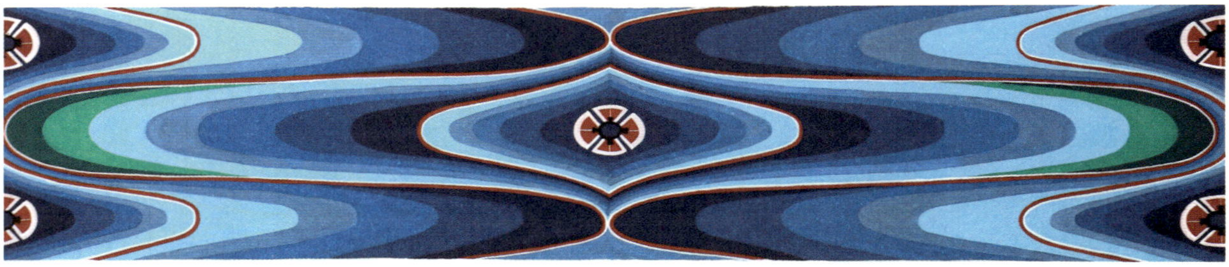

临摹作品：[辽] 辽宁义县奉国寺大殿梁枋佛光纹彩画

我国古代建筑彩画形式、种类丰富，是中国装饰艺术中的璀璨明珠，蕴含着丰富而深邃的文化、艺术和历史价值。然而，随着时间的推移，这些珍贵的彩绘面临着自然风化、人为破坏等威胁。对其进行保护、修复和研究，是当代文化遗产保护工作的重要任务。通过科学的手段和精心的呵护，让这些古老的艺术瑰宝得以传承下去，继续向后人诉说中华文明的辉煌与灿烂。

◆ 彩画原型

[元] 山西芮城永乐宫纯阳殿外立面

永乐宫纯阳殿明间藻井佛光纹彩画

◆ 临摹步骤

1. 起稿、沥粉

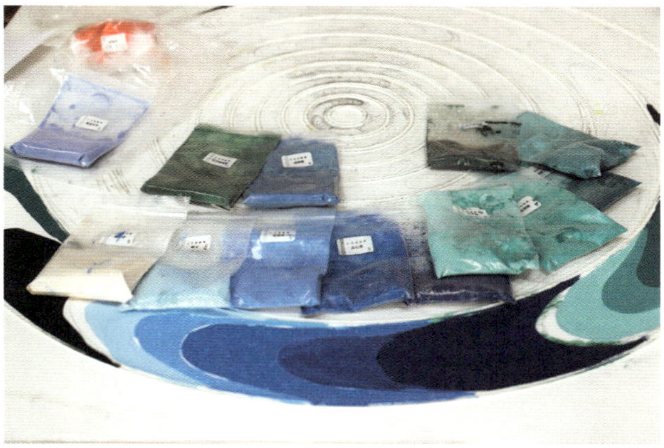

2. 矿物色进行捞退

3. 包黄胶、打金胶油

4. 贴金完成作品

二、创意设计

◆ 元素提取

◆ 设计说明

本款冰箱贴的原型是与中国道家文化相关联的太极四象八卦天花，此冰箱贴为三层分体设计，太极鱼与八卦莲花纹均可以单独旋转，底盘配以朔火环绕，寓意团圆旋转生生不息，是传统彩画纹饰的活化利用。

文创设计：四象八卦冰箱贴

◆ 设计说明

本款晴雨伞同样出自太极四象八卦天花彩画图案，伞为三折，小巧便于收纳，设计在最大程度上体现了中国传统道家文化，将文化内涵与实用功能相结合，伞面以黄绿色为主色调，四周环绕朔火纹饰，形成一种简约风格，伞底为中国传统道教天花纹饰，为出行者带来好运与祝福。

◆ 设计展示

文创设计：四象八卦伞

◆ **设计展示**

文创设计：南薰殿彩绘主题雨伞

◆ **设计说明**

南薰殿建筑彩绘中的元素往往具有特定的象征意义，如龙纹象征皇权和吉祥，将这些元素运用到雨伞设计中，赋予雨伞祥瑞、庇佑的寓意，给使用者带来心理上的美好感受。

故宫博物院明代南薰殿建筑彩绘主题雨伞的设计理念是将传统文化的魅力与现代设计的实用性相结合，打造出既美观又实用，同时具有文化内涵和独特个性的产品。

◆ **学习感悟**

通过亲手实践绘制，我更深刻地体会到官式彩绘的魅力与挑战。每一笔、每一抹色彩都需要极致的专注和耐心，稍有偏差就可能影响整体的效果。然而，正是在这种不断尝试与修正的过程中，我感受到了自己的成长与进步。

此外，与同学们的交流与合作也给我带来了许多启发。大家来自不同的单位，却都怀揣着对官式彩绘艺术的热爱，在思想的碰撞中激发出创新的火花。

这次学习不仅提升了我的专业技能，更拓宽了我的艺术视野，让我深刻领悟到传统文化的博大精深和保护传承的重要性。官式彩绘艺术是中华民族的文化瑰宝，我们有责任将其发扬光大，让更多的人了解和欣赏它的美。

学员姓名：张东辉

任职于敦煌研究院麦积山石窟艺术研究所。中国吐鲁番敦煌学会、中国工艺美术学会、中国博物馆协会会员。主持敦煌研究院院级课题，参与国家艺术基金传播交流推广项目、甘肃省哲学社会科学规划项目等。

专业方向：文创设计

临创内容：［清］坐龙天花

一、彩画临创

临创作品：［清］坐龙天花

◆ 临创步骤

临创作品清代坐龙天花的纹饰造型源于故宫中和殿的坐龙天花，其颜色及工艺技法则源于故宫大高玄殿坤贞宇的坐龙天花，与中和殿不同之处是方鼓子岔角云与圆鼓子内云纹均为拶退做法，是两种天花结合的临创作品。

在绘制的过程中采用了起谱子、拍谱子、沥粉、刷大色、包黄胶、拶深色、行白粉、贴金等技法。深入挖掘文物所蕴含的文化、历史、艺术价值。

1. 沥粉

2. 刷大色

3. 包黄胶

4. 拶深色

5. 行白粉

6. 贴金箔

◆ 灵感来源

[清] 大高玄殿坤贞宇坐龙天花

[清] 中和殿坐龙天花

二、创意设计

◆ 设计展示

文创设计 “坐龙纹样”系列日常用具

手机壳设计图

纸胶带设计图

钥匙扣设计图

◆ 设计说明

故宫官式彩画中坐龙（正面龙）是等级最高的龙纹造型，体现了最高等级彩画的威严与正统。

本设计提取故宫太和殿清代坐龙天花中最为典型的“坐龙”元素，以清乾隆龙戏珠纹笺为底纹，精心设计坐龙系列文创产品，包括手机壳、纸胶带、钥匙扣、手提包、抱枕、鼠标垫等。

◆ 设计展示

手提包设计图

抱枕设计图

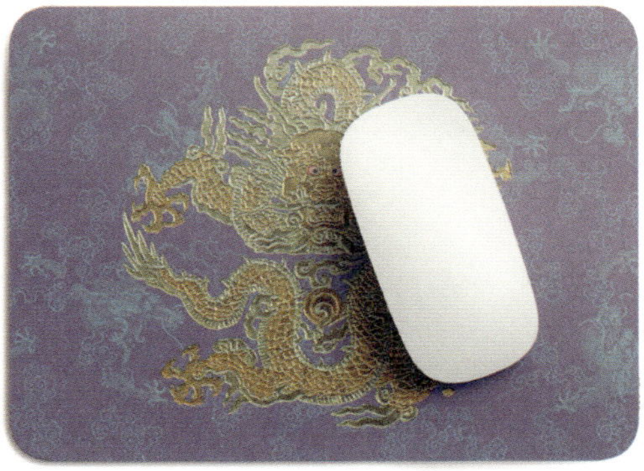

鼠标垫设计图

学员姓名：张煦雯

北京故宫文化发展有限公司产品部职员，硕士研究生，毕业于内蒙古农业大学风景园林专业，从事多年故宫文创设计工作。

专业方向：文创设计

临摹内容：[清] 保和殿坐龙天花

一、彩画临摹

临摹作品：[清] 保和殿坐龙天花彩画

◆ 彩画原型

[清] 保和殿坐龙天花彩画

◆ 临摹步骤

1. 拍谱子、沥粉

2. 刷大色、包黄胶

3. 打金胶油、贴双色金

◆ 临摹步骤

1. 线稿

2. 铺色

3. 压一遍色

4. 完成

◆ 彩画原型

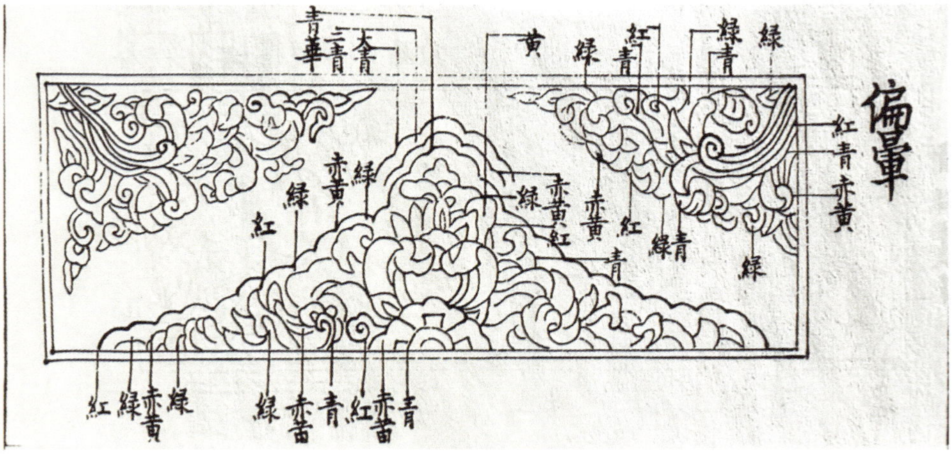

故宫博物院藏宋《营造法式》彩画作偏暈

二、创意设计

◆ 设计说明

本产品分别以坐龙天花、漱芳斋蝠磬纹彩画、倦勤斋夔龙纹彩画以及宋《营造法式》彩画作偏晕（五彩装）为元素设计制作。

产品采用纯铜材质，打造金色光感，十字轴芯，适用于各种主流机械键盘，精密的加工工艺确保键帽与键盘完美契合。

◆ 设计展示

文创作品：彩画纹样铜键帽实物图

学员姓名：裴　姗

中学美术教师，硕士研究生，毕业于首都师范大学美术学院。主持和参与全国、市、区教育科学规划课题。近年来，一直从事非物质文化遗产保护和传承工作。

专业方向：美术学专业油画技法与教学研究方向

临摹内容：［清］故宫景福门天花彩画

一、彩画临摹

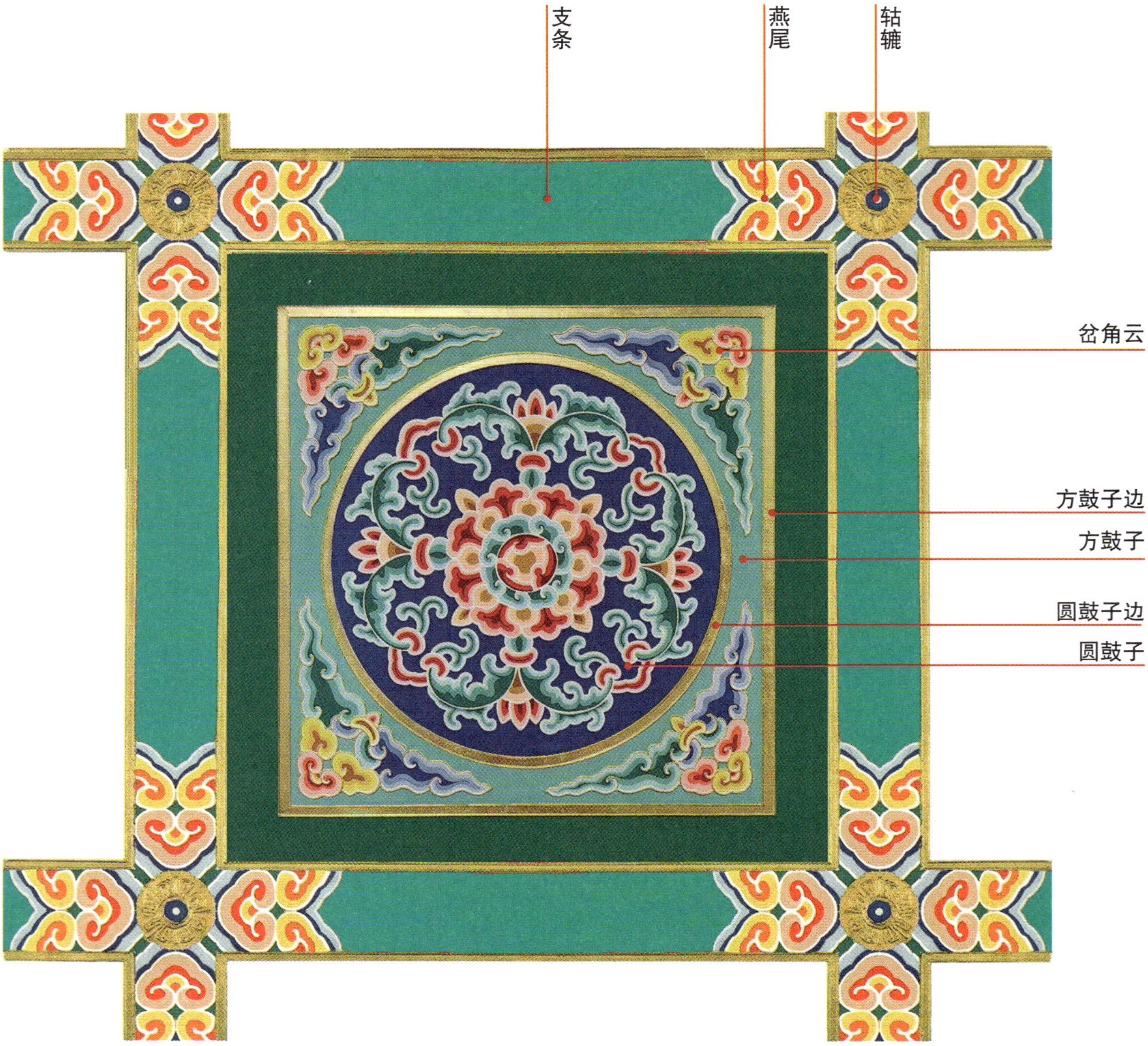

临摹作品：［清］景福门天花彩画复原图

◆ 彩画原型

景福门天花现状

景福门现状

◆ 临摹步骤

1. 起谱子、沥粉、刷大色

2. 拶小色 1

3. 拶小色 2

4. 拶小色 3

5. 打金胶油

6. 贴金箔

◆ 学习感悟

彩画的绘制过程往往需要极大的耐心和细心。每一个细节都可能影响到整体的效果。在学习过程中，我学会了如何放慢节奏，专注于每一个细节的处理。这种耐心不仅体现在绘画上，也让我在生活中更加从容，学会了欣赏每一个小的进步和变化。

在学习彩画的过程中，我意识到创新是艺术创作的重要组成部分。虽然传统技法是基础，但我也鼓励自己在创作中大胆尝试新的风格和技法。通过不断地实验，我发现了许多意想不到的效果，这不仅丰富了我的创作，也让我在艺术的道路上更加自由。

◆ 设计展示

创意作品：百子漆画系列作品 1

二、创意设计

◆ 灵感来源

丽景轩脊领彩画 1

◆ 设计说明

作品以故宫丽景轩脊领上的清晚期彩画为代表，选取其中典型的百子图元素为创作主题。“百”含有大或者无穷的意思，因此把祝福、恭贺的良好愿望发挥到了一种极致的状态。百子图鲜明且写实地记录了古代民间风俗活动。

◆ 设计过程

1. 木屑做底

2. 绘制线稿

3. 剔地

◆ 设计展示

创意作品：百子漆画系列作品 2

◆ 设计说明

画中人物部分，每人的服饰皆有不同的样式，展现了各种风貌，甚至细如头发、眉目神情，无一不经过细致刻画，变化极为丰富。作品创作以漆画艺术为载体,将彩画百子图艺术魅力展现出来。

◆ 灵感来源

丽景轩脊领彩画 2

4. 贴金箔

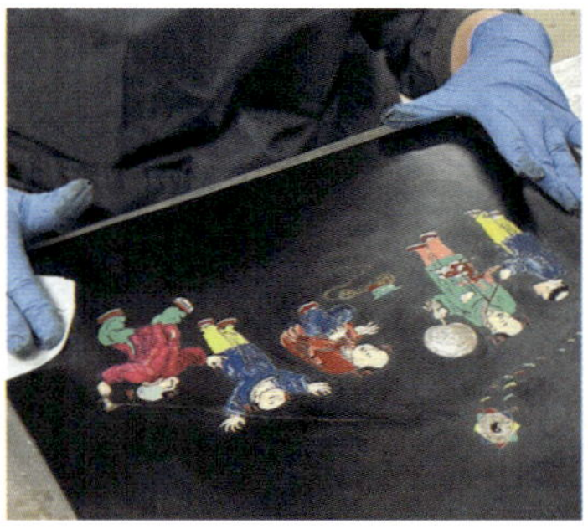

5. 揩青

6. 作品完成

◆ **学习感悟**

参加本次国家艺术基金培训项目让我受益匪浅。

在这里，我积累了丰富的彩画相关知识，拓展了自己的视野，也结交了许多志同道合的朋友。在彩画临创过程中，我想到了在20年前我在北京市工艺美术学校师从任梦龙先生学习工笔人物线描的场景，这次我也把之前学习的线描的技法运用到彩画的图案绘制中。并把自己所掌握的工艺美术创作的技法，在彩画的世界中进行施展。我深深体会到“一起一落走笔尖，一瞥一扬自悠然。起谱落墨之际，彩画跃然于木”的真正内涵。通过参与实践活动、听取讲座、艺术考察等方式，我对中国官式彩画图案艺术设计创意有了更深入的理解。

我相信在未来的创作道路中我会更加注重中国传统线描技法在绘画中的应用，把自己的绘画能力充分展现在彩画的复原绘制中，这些都会让我在未来的艺术创作中更好地表达中国官式彩画的艺术理念。

参加本次培训是我人生中的一段宝贵经历，让我深知中国官式彩画的守正创新具有重要意义，让我更加明白自己身上的使命，那就是“使中国官式彩画成为文化繁荣的重要力量，推动中华民族的伟大复兴”。

◆ **创意互动**

填色体验区

（三）其他类别彩画·创意作品

学员姓名：李　冬

陕西理工大学工业设计专业副教授，中国流行色协会城市色彩委员会委员，汉中市美术家协会漆画艺委会秘书长。主要从事色彩设计，产品文创设计及开发等方面的研究。

专业方向：文创设计

临摹内容：［清］龙凤天花彩画

一、彩画临摹

临摹作品：［清］慈宁宫龙凤天花彩画

天花彩画是清代建筑彩画中重要的组成部分。故宫博物院慈宁宫的天花彩画采用龙凤纹，是清代官式高等级建筑彩画中的主要纹饰，其风格和主题体现了皇家的威严与尊贵，是当时较为突出的代表。

龙凤在中国传统文化中象征着吉祥、权力和高贵。将龙凤图案绘制于天花之上，既增添了宫殿的华丽感，又承载着特定的文化寓意和皇家的精神寄托。

◆ 临摹步骤

1. 拍谱子

2. 沥粉

3. 打金胶油

4. 贴金

5. 捞深色

6. 行大粉

彩画工艺流程包括：起谱子、扎谱子、拍谱子、沥粉、刷大色、包黄胶、打金胶油、贴金、套拍谱子、拘黑、捞深色、压老色、行大粉等多道工序。

豹脚合晕

玛瑙地

圈头盒子

四入瓣

受故宫博物院陈彤老师《营造法式》复原图的相关启发，学习研究了宋代彩画原有的图案构成、纹饰细节，选取锦纹图案中的团纹、玛瑙地纹等进行临创设计。设计使用传统大漆的材料和工艺，通过髹涂、描绘、堆漆、研磨等技法层层处理，营造出丰富的层次感和立体感，使彩画图案更加生动。

临摹作品：《营造法式》复原图大漆图

二、创意设计

◆ 设计说明

设计灵感源自故宫博物院慈宁宫的龙凤天花彩画和午门吉祥草彩画，经过图案提取设计应用于清代绣墩之上，将中国传统文化与现代生活需求完美结合。

坐墩主体部分选用环保的青藤材料，坐墩坐面在用竹条编织的同时采用故宫天花彩画进行装饰。坐墩下方设有猫窝孔，人坐在上面时猫咪可以窝在主人身下的坐墩里。设计既适合人体坐姿，又为猫咪提供了舒适的空间，增加了宠物与人的乐趣。

◆ 灵感来源

[清] 故宫博物院午门吉祥草彩画

[清] 慈宁宫龙凤天花吉祥草彩画

复原作品：

[清] 故宫博物院午门吉祥草

复原作品：

[清] 慈宁宫龙凤天花吉祥草

◆ 成果展示

创意设计：吉祥草宫猫坐墩

◆ 设计说明

五彩团窠灯具系列文创，灵感来自《营造法式》复原图彩画中的“方胜合罗”“豹脚合晕”“玛瑙地”等彩画图式。这些彩画承载着事事如意、团圆美好的深刻寓意，传递出浓厚的中华优秀传统文化美感。

在设计上，采用传统纹样进行装饰，并结合现代金属及大漆材料来进行设计，灯光透过带有精美传统纹样的灯罩，兼具实用与艺术、文化价值。

◆ 成果展示

文创作品：锦纹图案系列台灯效果图

方胜合罗台灯 1

方胜合罗台灯 2

豹脚合晕台灯

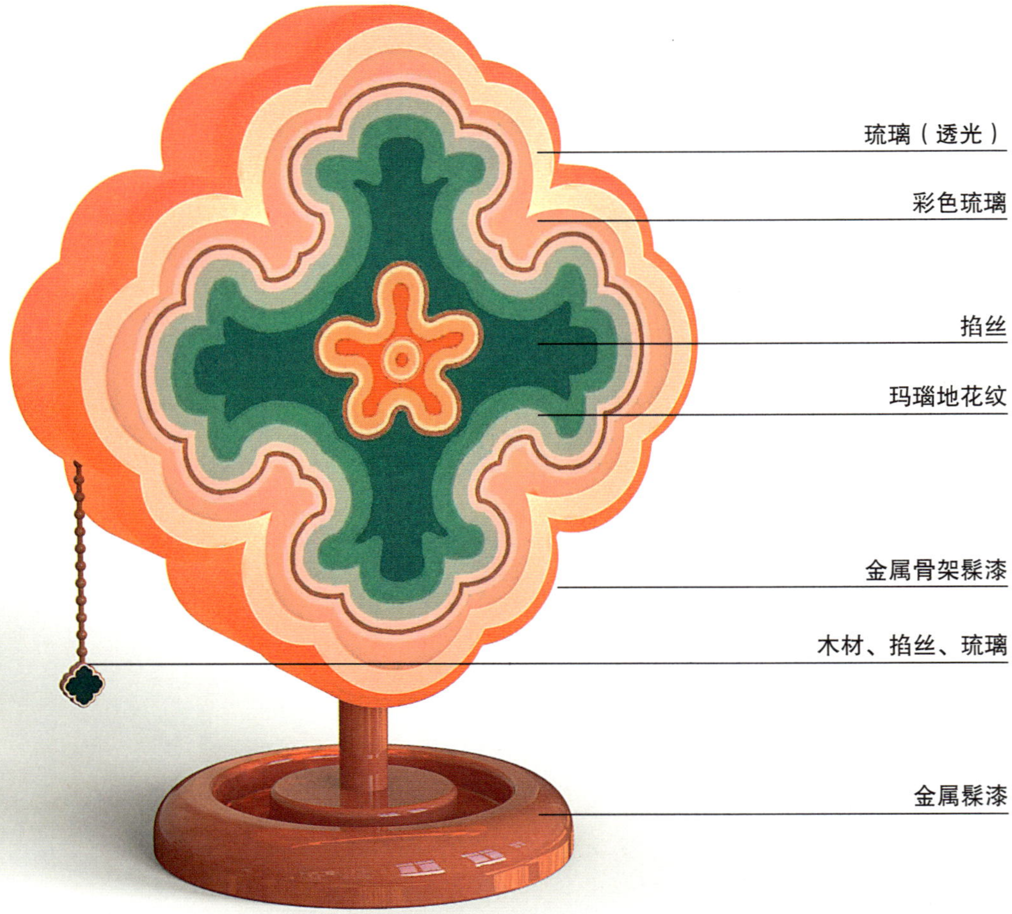

玛瑙地台灯

◆ 成果展示

文创作品：锦纹图案系列数据线

曲水锦数据线

罗地龟纹数据线

圈头盒子数据线

玛瑙地数据线

◆ 设计说明

本系列数据线从《营造法式》中“圈头盒子”“玛瑙地”“罗地龟纹”中汲取灵感，将传统美学融入现代产品。主体采用铜制工艺，质地坚实耐用，表面以大漆工艺装饰，大漆天然环保，经多道工序，使传统纹样生动呈现，兼具艺术感与保护性。

功能上，它配备三个不同接口，能满足多种机型同时充电，适配各类电子设备。线身有 30—120 cm 拉伸，便于收纳与不同场景使用，便携又实用，实现了传统文化与现代需求的完美结合。

◆ 学习感悟

此次培训让我深度领略了中国官式彩画图案的魅力，和玺、旋子、苏式彩画等都承载着传统文化，凝聚着匠人的非凡智慧。老师们深入浅出的讲解，让我对官式彩画的构图、色彩、绘制工艺有了全新认知。在实践环节，临摹经典图案，让我切实体会到传统技艺的精妙，也激发了我对中国传统文化更深的热爱。

此次学习对于我的教学工作意义深远，我会将所学融入教学课程，通过案例、实践项目，引导学生继续挖掘传统彩画艺术，培养其文化自信与创新能力，探索传统艺术在现代工业设计中的应用，为传承传统文化贡献力量。

学员姓名：周亦光

中央美术学院雕塑专业硕士毕业，中国城市雕塑家协会会员。现任职于故宫博物院，参与多个文创相关课题和项目，具有10年以上博物馆文创工作经验。

专业方向：雕塑

临摹内容：［清］中和殿坐龙天花

［清］慈宁宫围房夔龙纹彩画

一、彩画临摹

临摹作品：［清］中和殿坐龙天花

◆ **临摹步骤**

1. 拍谱子

2. 沥粉

3. 刷大色、拶小色

4. 包黄胶

临摹作品：[清] 慈宁宫围房夔龙纹彩画

◆ **学习感悟**

在学习彩画绘制的过程中，我深刻体会到了这门艺术的魅力与挑战。彩画不仅仅是简单的涂抹颜料，它需要艺术家的创造力和技巧的结合。

在学习过程中，我意识到手中的每一笔都承载着情感和思想。通过不断的练习，我逐渐掌握了不同的绘画技巧，比如如何退晕、如何贴金等。这让我对作品的表现力有了更深的理解。

同时，我深入研究了彩画的历史、风格和技法，了解了它在不同历史时期的演变。这让我更加珍视传统文化，也激发了我探索传统与现代结合的欲望。我希望在自己的作品中融入更多的传统元素，同时又不失个人风格。

二、创意设计

文创作品：四时锦瑟百宝盒设计图

◆ **设计说明**

这组储物盒灵感源自宋《营造法式》彩画复原图中的“罗纹叠胜”图案。该图案结构独特，大量罗纹状菱格整齐有序，每个菱格内包含的四朵柿蒂花外轮廓相似却细节各异。

这组储物盒采用手绘方式，选取不同柿蒂花形，以多种组合方式在立体空间中展现图案丰富多变之美，于严谨规律中探寻变化的魅力，将传统与现代融合，既实用又具艺术感。

文创作品：四时锦瑟百宝盒实物图

学员姓名： 何　欣

中国国家博物馆展陈设计师，有多年主持设计文博类展览的经验。

专业方向： 展陈设计

临摹内容： [清] 故宫英华殿天花彩画

◆ 临摹步骤

1. 沥粉勾线

2. 上底色

3. 上深色

4. 打黄胶金胶油

5. 贴金

临摹作品：[清] 故宫英华殿天花彩画

本作业临摹于故宫英华殿片金西番莲天花彩画。我在老师的指导下遵循传统彩画工艺、步骤进行绘制。通过临摹学习，我进一步体会到中国官式彩画的精湛技艺、工匠们的匠心巧思，他们付出的心血和努力值得我们不断学习。

二、创意设计

◆ 设计思路

1. 实地考察现场空间尺度

2. 实地考察现场空间细部

3. 提取蓝天黄瓦红墙主题色带

4. 初步形成空间设计概念草图

◆ 空间设计

这是一个关于官式彩画图案创意设计的展览。

为突出彩画的“守正创新”，我借助展览空间中的落地玻璃窗结构，在玻璃上赋色。玻璃幕墙中间承重横梁承载“青绿色带”的喷绘彩画，模拟内檐塑造一个与展陈内容呼应的环境，让古老的彩画在现代建筑空间散发魅力。为增加展厅竖向的可看度，创造一个“整体”的空间氛围，利用楼梯结构悬挂大型海报，将上部空间融入展厅，减少空间“割裂感”。

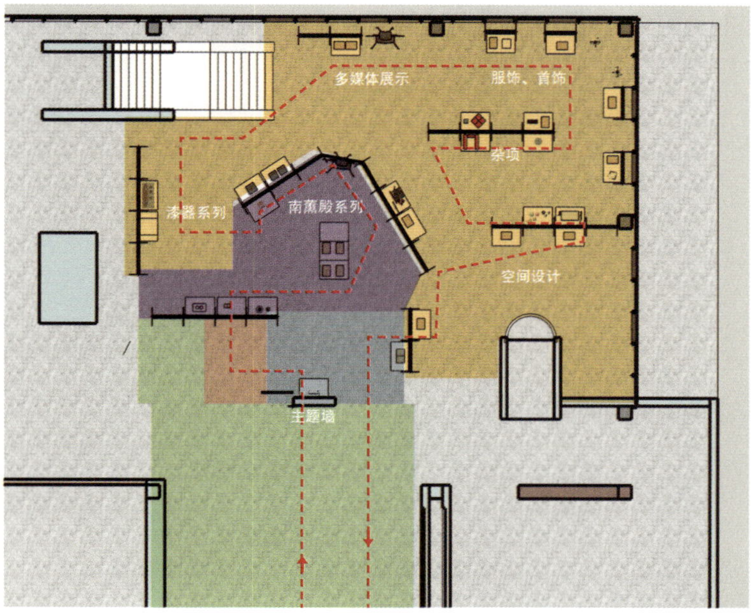

序厅
唐代作品临摹及创作
宋代作品临摹及创作
元代、明代作品临摹及创作
清代作品临摹及创作
参观动线设计

展陈设计作品：平面设计图

◆ **平面设计**

官式彩画发展千年，如何在一张海报上得以体现是我设计中的最大挑战。

在老师的帮助下，我选取了唐宋元明清五个朝代的彩画“印象色”，用以奠定大致的色彩基础，在此基础上采用具有时代特色的彩画图案作为主要的视觉形象。彩画的发展和建筑密不可分，因此在图案中我补充了五个朝代的代表性建筑，给观众以更全面的印象和更丰富的视觉效果。

从主入口看主题墙，完全是一个逆光环境，因为现场不具备补光条件。让主题墙“透光”是设计的重点。综合考虑下选用了展墙一半实体一半纱帘的形式，一半固定在实体墙面，一半由纱帘透光反衬出来，不仅能吸引观众，也能引导观众往纱帘的方向进展厅。

展陈设计作品：展厅效果图 1

展陈设计作品：展厅效果图 2

各个时代的“主观印象色”

唐　宋　元　明　清

◆ **海报设计**

在主题海报设计过程中，我基于老师的指导选取了唐宋元明清各个朝代彩绘最具代表性的颜色作为视觉基础，辅助以代表图案和建筑，以呼应“彩画千年”的主题。

◆ **主题墙设计**

借助纱帘的透光性增加光影效果和空间层次感，解决现场无照明、主题墙整体逆光的问题。

学员姓名： 柳筱娴

扬州中国大运河博物馆大运河文化研究部职员，从事文化遗产保护相关工作。参与《江苏省苏州宝带桥石塔保护设计方案》《六朝石刻现状调查》（书籍）的编写。

专业方向： 建筑学、文化遗产保护

临创内容： [清] 苏式彩画

一、彩画临创

苏式彩画是中国官式彩画中的一种，独具江南特色。江南的匠人将当地的建筑风格、技法带到了北方，促进了建筑文化的南北融合。包袱式苏画常将江南景致绘在包袱心内，聚锦通常绘于苏画中的找头部位或包袱两侧，造型有几何形、器物形、花果形；题材有景物、人物等，画法有硬抹实开、落墨搭色等。子母聚锦是清中期花果聚锦的特殊画法，以写生与写意结合、一大一小相随的形式表达花果的实际形态，生动可爱。

◆ 灵感来源

包袱心内绘苑囿

香橼子母聚锦内绘风景人物

扬州中国大运河博物馆

扬州何园花窗

瓦花窗

簇四球纹（榆林窟第 10 窟）

临创作品：又见江南

◆ 临创步骤

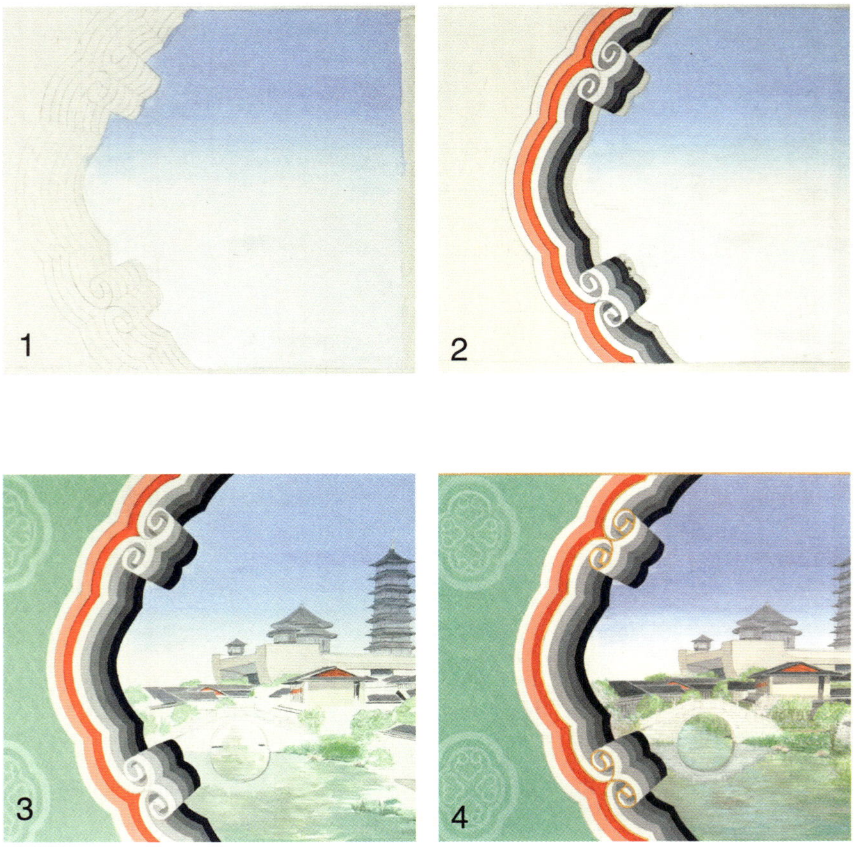

1. 接天地

清晚期包袱心图案背景的画法。一般用定粉、毛蓝混合天蓝色，中间刷蓝白两色相接润合，称作“接天地”。

2. 退烟云

苏画包袱的边框、方心及池子岔口等部位，纹饰的色彩同一色相由外至里，由浅至深退晕。

3. 洋抹

用光线的明暗表现物体的一种画法，吸收了西洋水粉画的精髓，多用来画山水、花卉、金鱼、博古，盛行于清代晚期。

4. 沥粉贴金箔

包袱心、聚锦等部位轮廓线采用沥粉贴金的做法，称作金线苏画。

◆ 临创步骤

1. 上底色

2. 墨线起稿

3. 图案上色（扇形内图案采用漫画画法）

4. 完善轮廓

《又见江南》是作者将传统彩画形式与现代风景、事物相结合的创新彩画作品，意在表达对当代生活的记录与祝愿。将当代的江南美景——扬州中国大运河博物馆与三湾公园、在陕师大学习期间所见所闻及课堂之中的有趣片段绘成包袱心、聚锦中的新画面；簇四球纹与花窗、四季繁花结合，寓意时代虽然转变，但四季景致依旧，对美好生活的祈盼古今相通。

创意设计灵感来源照片

◆ 学习感悟

经过两个月充实的学习，我对官式彩画图案有了一定的了解，主要有以下几点心得。一是学习与研究方法：彩画图案不仅存在于建筑上，还存在于壁画、石刻、碑刻、陶瓷、书画、织物等很多地方。学习与研究官式彩画图案不能局限于彩画本身，了解历史、政治、经济、科技背景，才能全面理解。二是创新创意不能盲目：想要弘扬中华传统文化，应当在正确理解文化内涵、认识“美之正确”之后，再做传承与发展，“根正”才能“苗红”。三是保持热爱与责任心，在授课期间看得到老师们对文物保护、文化传承的责任心，看得到每个人对专业的热情与坚持，只有保持热爱才能有稳定的内驱力，让自己不断进取。

最后，感谢各位授课老师的指导，尤其感谢故宫杨红老师、纪立芳老师、陈彤老师前期精心的规划，授课期间全程的支持，感谢各位学员的友爱互助，感谢工作人员的付出，希望在今后的生活与工作中能够学以致用。

二、创意设计

◆ 设计说明

聚锦系列便利贴是将官式苏式彩画中的聚锦图案与便利贴相结合的文创产品。本设计选取了瓜果形的聚锦图案作为便利贴的外形与色彩基础，搭配故宫馆藏书画《花果卷》([明]孙克弘)局部图案，呈现瓜果的不同表现形式，形成丰富的视觉效果；在增加便利贴装饰性与趣味性的同时将传统文化元素融入生活中，让使用者在当代生活的日常使用中体会到传统的生活美学。

◆ 灵感来源

[清]乾隆花园苏式彩画元素——瓜果形聚锦：香橼形、桃形、葫芦形

[明]故宫博物院藏孙克弘《花果卷》局部

◆ 设计展示

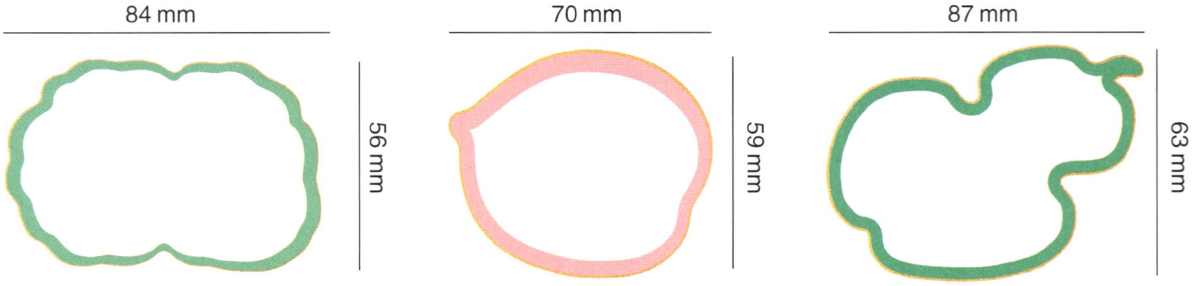

文创设计："聚锦"系列便利贴尺寸图

◆ 设计展示

“聚锦”系列便利贴——福寿
数量：大小各40枚
底卡尺寸：135 mm×90 mm

“聚锦”系列便利贴——福禄
数量：大小各40枚
底卡尺寸：135 mm×90 mm

“聚锦”系列便利贴——福缘
数量：大小各40枚
底卡尺寸：135 mm×90 mm

◆ 设计说明

本设计为“彩画千年”展览的衍生设计，以扬州大运河博物馆负一层公共空间为展览地点，采用中国官式彩画中的红、蓝、绿三色及彩画的退晕作为展陈空间的主视觉，将故宫官式彩画、各年代彩画、各学员作品串联在一起，结合影音、互动装置多角度地展示彩画的历史、发展与传承。展厅中的空间隔断、展墙纹理、展品说明等选择了具有代表性的彩画元素（如锦纹、万字纹、盒子），配合学员的文创作品以现代设计与空间演绎共同呈现传统彩画图案的新生之美，让更多的观众通过丰富的空间体验欣赏彩画，感知传统文化之美。

◆ 设计展示

展厅主入口效果图

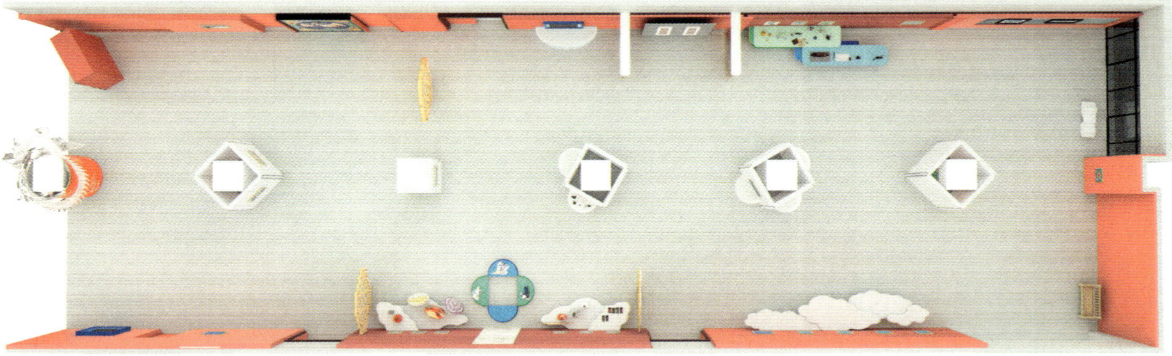

展厅平面图

展墙效果图

墙面肌理元素——万字纹

墙面肌理元素——簇四球纹

展台效果图

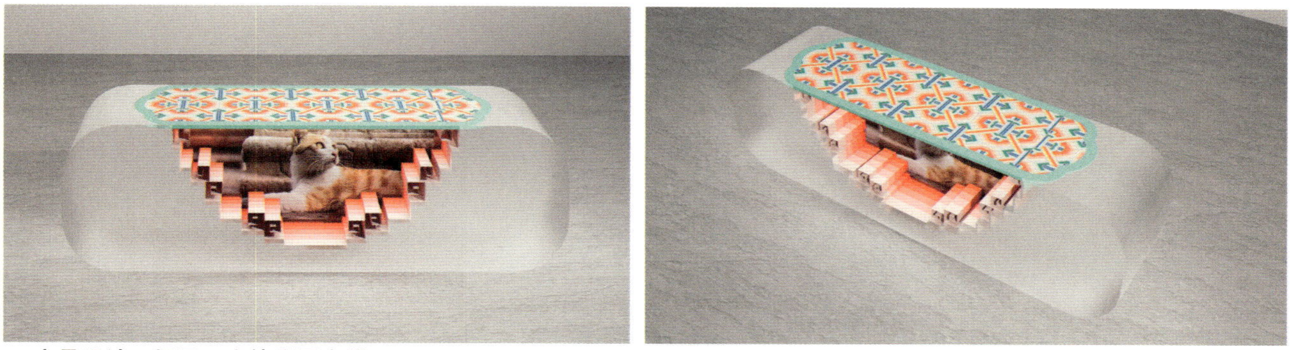

家具设计：烟云 · 宋锦彩画坐凳

展厅效果图

学员姓名：陈麒麟

故宫博物院数字与信息部馆员，负责故宫博物院古建大修、活动、会议影像资料的采集、整理、加工、利用等工作。

专业方向：摄影、摄像

临创内容：“彩画千年—中国官式彩画传承与创新”纪录片

一、摄影摄像

拍摄作品 1：中国工艺美术馆观摩学习现场

拍摄作品 2：学员魏伟正在绘制彩画作品

“中国官式彩画图案艺术设计创意人才培训”纪录片策划方案，以课程模块设置为框架，分为千年传承、技艺精髓、艺术价值及应用、传承与创新四个部分。

让观众通过纪录片展示的课程学习内容，鉴赏历代彩画艺术特征，了解彩画的制作过程、理解彩画的艺术魅力，看到彩画的传承和希望。

整部影片紧扣“守正创新”的理念，突出本次培训实现故宫学术成果转化，为培训满足艺术事业发展需要的创新性艺术人才做出贡献，积极尝试实现传统建筑彩画图案在新时代的创造性转化和创新性发展的主题。

整部影片的目的在于让更多的人关注、了解和欣赏中国官式彩画的魅力，使中国官式建筑彩画艺术成为文化繁荣的重要力量，助推中华民族伟大复兴。

◆ 学习感悟

参加本次“中国官式彩画图案艺术设计创意人才培训”，收获颇丰。两个月的学习紧张又充实，既有收获的喜悦，也有挑战的艰辛，更有对未来的无限憧憬。

在彩画界顶级师资的带领下，我通过千年传承课程，了解了中国官式彩画的起源和历史背景，以及它在各个朝代的发展情况。在技艺精髓课程模块，老师们深入剖析了中国官式彩画的技艺特点，包括颜料的选择、绘制技法、图案设计等。在艺术价值及应用课程中，学习了中国官式彩画的艺术价值和文化内涵，以及它在现代社会的意义。通过已有的衍生品、文化创意、数字化文创及展览设计等应用，我更加深入地理解了彩画的艺术魅力。老师们不仅传授给我们技艺，更教会了我们如何用心去感受和领悟官式彩画的精髓。

通过这次培训，我不仅学到了很多实用的知识和技能，更重要的是，我学会了如何学习，如何面对挑战，如何与人合作。这些宝贵的经验和教训，将会伴随我走过未来的每一段路程，成为我人生中最宝贵的财富。

工作照片 1：现场视频录制

工作照片 2：视频后期整理剪辑

拍摄作品 3：老师示范绘制作品

本章为学员集中培训后在陕西师范大学的阶段成果展，简要总结了学员们在两个月培训中的彩画理论学习、彩画实地观摩、临摹和临创彩画、阶段彩画创意设计的过程和成果。

四 学员作品阶段成果展

（西安）

| 国家艺术基金 2024 年人才培训资助项目 “中国官式彩画图案艺术设计创意人才培训” 学员作品阶段成果展 |

阶段成果展概述

2024 年 9 月 5 日上午，国家艺术基金 2024 年人才培训资助项目“中国官式彩画图案艺术设计创意人才培训”学员作品阶段成果展于陕西师范大学教育博物馆隆重开幕。该项目由故宫博物院主办、陕西师范大学协办，项目负责人为故宫博物院古建部副主任、研究馆员杨红。开幕仪式由古建部副主任赵鹏主持。

故宫博物院副院长朱鸿文、陕西师范大学副校长杨祖培、科技处副处长曹晓仪、博物馆馆长惠刚、材料科学与工程学院党委书记郑鹏、历史文化遗产保护教育部工程研究中心主任李玉虎、材料科学与工程学院副院长刘治科、美术学院院长韦兵、美术学院原院长胡玉康、美术学院副院长王晓燕、中华文物交流协会秘书长杨晓波、故宫博物院文创事业部副主任石皓月、天津大学出版社原副社长韩振平、项目授课教师代表纪立芳等嘉宾以及培训班 30 名学员和陕西师范大学的学生共 200 余人参加了本次展览开幕仪式。

仪式伊始，项目负责人杨红对国家艺术基金、故宫博物院、陕西师范大学的积极支持与协助表示衷心的感谢，同时，也为学员们通过努力学习、积极创作而收获今天的阶段性成果，送上由衷的祝贺。其次，介绍了本次项目集中培训 60 天的全部课程内容，从专家授课、采风调研、临创作品、创意设计、成果展示五个方面给大家介绍了项目实施的过程、成果和下一步计划。（图 1）

故宫博物院副院长朱鸿文致辞时，向 30 位学员在短时间内创作出众多内容丰富、创意突出的优秀作品表示热烈祝贺，感谢国家艺术基金对项目的大力支持以及陕西师范大学的积极协助，感谢国家文物局在故宫文物保护与活化利用方面给予的指导。她认为，“中国官式彩画图案艺术设计创意人才培训”项目意义重大，很高兴看到 30 位优秀青年学员们通过刻苦的集中学习，对中国官式彩画图案艺术的认识和理解上升了一个新的高度。希望大家再接再厉，在未来的 4 个月内继续创作出既具有传统底蕴又富有时代精神的好作品，并在明年故宫博物院举办的“彩画千年”展览中有更加精彩的呈现。（图 2）

陕西师范大学副校长杨祖培在致辞中谈到，陕西师范大学对此次“中国官式彩画图案艺术设计创意人才培训”项目高度重视，通过精心组织和用心保障，圆满协助完成了集中

图 1：项目负责人杨红发言

图 2：朱鸿文副院长发言

培训工作，以实际行动践行习近平总书记对全面提升文物保护利用和文化遗产保护传承水平的要求。期待各位专家、学者以此次培训为契机，加强与陕西师范大学的合作力度，以科技、艺术创新支撑文物保护事业高质量发展，共同传承中华民族优秀传统文化。

故宫博物院正高级工程师纪立芳作为教师代表发言：首先，感谢杨红老师下定决心，成功举办了此次培训班。相信它将在中国官式彩画创意人才培训方面具有里程碑式的意义。其次，感谢全体学员的坚持与配合，通过两个月的不懈努力，为大家呈现官式彩画图案艺术阶段性创意作品。期待学员们在后续四个月中创作出更有价值的文创产品，也期望学员们在未来的工作与学习中勇于交流与尝试，掌握技法，修炼心法，拥有自己的彩画人生。

北京邮电大学数字媒体与设计艺术学院副教授盛卿作为学员代表发言，他说此番学习是一次传统彩画的固本浚源。古代匠师的创造力和表现力震撼人心，一雕一琢镌刻信仰，一笔一画描绘深情。更重要的是，此次学习是“以古人之规矩，开自己之生面”，这应该就是所谓的“守正创新”。作为一名教师，使命就是将恩师们教授的彩画知识、创意技能以及彩画的精气神传递给学生。

开幕仪式圆满结束，各位领导嘉宾与 30 名学员集体合影留念。（图 3）

图 3：领导嘉宾与 30 名学员集体合影留念

开幕仪式结束后，项目负责人杨红老师给故宫及陕师大领导介绍学员展览成果(图4)。整个展厅按照“唐辽宋－元明清”的年代秩序进行展板和展台的布置陈设，内容主要包括学员彩画临创作品、彩画速写作品及相关创意作品构思与部分文创产品，重点突出了以故宫南薰殿明代彩画为主题的复原、三维动画以及创意产品。嘉宾与学员们的交流与互动让现场气氛十分热烈。（图5）

图4：杨红老师给故宫及陕师大领导介绍学员展览成果

图5：嘉宾与学员们在展览现场交流互动（组图）

展览现场观展后，故宫博物院古建部副主任赵鹏继续主持了师生座谈会。中华文物交流协会秘书长杨晓波、故宫博物院文创事业部副主任石皓月、天津大学出版社原副社长韩振平、陕西师范大学历史文化遗产保护教育部工程研究中心主任李玉虎及学员们参加了座谈。（图6）

杨晓波秘书长对本次学员阶段展览给予了高度评价，短短两个月时间，学员们的学习成果显著，超过了的她预期和想象。并认为此次培训班严格按照国家艺术基金管理中心的要求执行，具有以下特点：一是项目负责人认真负责，管理规范；二是师资力量雄厚，教学内容全面且集中；三是学员非常优秀，作品种类丰富，特别是将彩画元素提取并应用到数字传媒作品及文创产品中，贴近了广大人民群众。

故宫文创事业部副主任石皓月对本次培训班取得的阶段性成果表示祝贺。本次培训班师资力量雄厚、学员专业基础较强、学员们来自不同行业，培训班具备专业教学与行业交流平台的特色。学员阶段性作品展从展览形式到作品内容，既表现了传统技法，又表现了创意设计，是对官式彩画主题文化创意设计的有力表达。希望学员们进一步完善设计作品，更好的传递中国官式彩画图案之美。

图 6：师生座谈会现场（组图）

接下来，学员们纷纷进行发言，对来自故宫及陕西师范大学的三位班主任老师的悉心指导表示衷心的感谢。大家认为此次培训是一次传统彩画的固本浚源，在顶尖名师的倾囊相授下，研习了从汉唐到明清的历代官式彩画、相关艺术形式及部分地方彩画，了解了它们的文化内涵、形态特征以及材料工艺。此外，还借故宫和西安的地利，考察了诸多珍贵的建筑彩画、墓室壁画及器物纹饰，从而帮助学员们更好地提取彩画元素进行创意作品设计。大家表示在接下来几个月里继续完善创意作品。

李玉虎教授和韩振平社长也都表达会继续关注和支持学员们的成果展现。

座谈会的最后，赵鹏主任进行了总结，并提出三点要求：一、接下来的几个月时间里，项目主办方要汇集每一位学员创意作品出版，其作品集本身也要成为一个创意产品；二、希望大家努力完善作品，优秀作品会被挑选出来在明年的“彩画千年”展览上展示；三、主办方要对所有教师的授课视频资料进行剪辑，整理出一套完整的授课资料，给社会留下可以表现彩画“守正创新”主题的宝贵资源。

项目集中培训回顾

1. 专家授课

本项目培训师资力量雄厚，聘请业内来自故宫、高校、研究机构、古建公司等单位37位顶级专家学者、非遗传承人形成师资团队。培训班课程分为六大板块：故宫开班仪式及采风鉴赏、中国古代建筑装饰艺术概论、历代彩画艺术特征与创新应用示范、中国官式彩画图案艺术现代应用、创新设计实践课、西安采风调研艺术鉴赏。

王旭东院长为学员作“践行习近平文化思想，担当新的文化使命”主题党课，指出“守正创新”的重要性，嘱咐学员们应该具有担当精神，把自己的工作置于民族复兴的高度。建议学员们设计作品要注重体现文化内涵与时代精神，经得起历史的检验。

集中授课之初，来自故宫博物院、清华大学、天津大学的五位老师（杨红、刘畅、陈彤、李路珂、丁垚）从汉晋隋唐五代、辽宋、元明清历代官式建筑彩画图案艺术特征进行了系统性授课，还有多位老师介绍了山西、陕西等地域彩画，对官式彩画知识进行拓展与补充，让学员们打好理论基础。

在系统学习历代彩画知识后，便进行创意设计的理论学习，特别是中国文物交流中心原副主任杨晓波老师，以故宫博物院为例，给学员们讲述“故宫博物院如何研发文创产品”“文化创意产品的设计理念”，探讨了故宫在文化创意产业及产品的开发设计中应遵循的法则，提示学员在创意设计中要把握好故宫对文化创意产业、产品的发展定位。集中授课后期，多位老师从敦煌边饰、环境艺术、文创设计、漆器设计制作等方向进行实践课程指导，实现了循序渐进的教学实践预期，保证了学员按时高质量完成设计作品。

2. 采风观摩

培训班设置了北京4天、西安5天的现场采风观摩。（图10）

在北京期间，组织学员现场参观与解读故宫雨花阁、承乾宫等处官式彩画、故宫展览设计、故宫文创设计以及中国工艺美术馆，使学员们亲身感受到中国官式彩画图案艺术设计创意人才培训不仅致力于传授学问，还展现了故宫彩画无与伦比的美学价值，彩画装饰的作用、意义及携带丰富的历史信息和文化内涵，并强烈唤起了学员们对古建筑保护刻不容缓的责任意识，强调了对这份历史馈赠、文化遗产持续守护与弘扬的必要性。同时，学员们体悟到了常沙娜先生作品里所蕴含的深厚艺术底蕴与创新精神。那些精妙绝伦的临摹

图 10：北京及陕西现场观摩师生留影（组图）

壁画，彰显出敦煌艺术的神秘色彩与绚烂风姿。栩栩如生的花卉写生，传递出自然之美以及生命的蓬勃活力；别出心裁的建筑装饰图案设计，融合了传统与现代的审美观念。学员们在体会常沙娜先生的艺术成就的同时，也在内心深处埋下了艺术传承与创新的种子，期望在后面的创作历程中绽放出属于自身的绚烂光芒。

陕西这片古老而厚重的土地，承载着华夏文明的璀璨记忆。在参观陕西历史博物馆、乾陵等墓葬壁画、西安城墙、东岳庙时，仿佛穿越了时空的长河，与千年前的历史对话。西安建筑科技大学林源老师告诉学员们，东岳庙大殿内檐的彩画可以称得上是陕西地区建筑彩画的代表。各唐宋墓的壁画是观摩学习最为震撼的看点，这些壁画色彩斑斓、线条流畅，每一笔、每一画都蕴含着深厚的文化内涵。它们描绘了古代社会的方方面面，从宫廷的奢华生活到民间的风俗百态：有身着华丽服饰的贵族们载歌载舞的宫廷宴乐，有外交场合中与各国使节的交流互动，也有皇家狩猎、打马球的威严神骏和意气风发；从宗教的庄严肃穆到艺术的灵动飞扬：佛像庄严神圣，菩萨慈悲为怀，飞天灵动飘逸。画面中的人物形象栩栩如生、神态各异，生动地展现了那个时代的风貌。仿佛能看到古代工匠们在昏黄的灯光下，手持画笔，一丝不苟地在墙壁上勾勒出一幅幅绝美的画卷。通过在西安的观摩学习，学员们深刻地体会到了中国古代文化的博大精深和源远流长。在当今这个快速发展的时代，我们更应该珍惜和保护这些珍贵的文化遗产，积极学习和研究，从中汲取智慧和力量，让这些古老的文化在新时代焕发出新的生机与活力，努力为传承和弘扬中华民族的优秀传统文化贡献自己的一份力量。

3. 临创作品

在彩画非遗传承人王光宾、张志国、高业京三位老师的指导下，每位学员至少完成了一件彩画临创作品，如对唐代大智禅师碑侧碑纹饰、宋《营造法式》海石榴花、各类锦纹、辽代佛光纹、元代墓葬彩画、故宫南薰殿明代彩画、北京智化寺彩画；清代和玺、旋子、苏式彩画以及中和殿正面龙天花、西番莲卷草天花、六字真言天花等进行临创，在绘制过程中不仅学习掌握了不同年代、不同类型彩画的工艺流程和关键技法，也对自己所绘图案进行一定的创作，较高质量地完成了临创作品，为下一步创意设计中提取彩画元素奠定了基础。

4. 创意设计

培训班课程设置宗旨是让学员们在学习传统建筑彩画艺术精髓的基础上，积极提取中国官式彩画图案元素进行创意设计，充分挖掘其中富含当代价值的文化基因，“以古人之规矩，开自己之生面”。

通过理论学习、采风观摩、临创作品三个板块的学习，学员们在创意设计课上充分发挥各自的设计优势，采用不同的设计理念和设计手段，应用不同的材料和工艺，创作出各具特色又富有当代文化内涵和时代精神的设计作品。每个学员完成了一套或以上的以“中国官式彩画图案艺术”为主题的相关创意设计作品。

学员作品类型非常丰富，主要归纳为五个设计方向。

（1）展览展示：以整个培训班集中授课环节为素材进行创作的纪录片，以陕西师范大学教育博物馆及大运河博物馆为创作空间的展陈设计。

（2）南薰殿主题：彩画复原、数字交互板、玉石香插、漆器、文具套装创意产品。

（3）服饰类：以故宫中和殿、重华宫彩画为主题的马面裙与旗袍设计，以和玺彩画、苏式彩画吉祥图案为主题的首饰、丝巾类设计。

（4）博物馆文创类：以敦煌边饰、历代龙纹、宋代锦纹、天花、海石榴花、苏画为主题的书籍、首饰盒、团扇、灯具、瓷器、葫芦、家居用品、键帽套装、冰箱贴、套色印章、雨伞等文创设计。

（5）漆画类：以苏画万字纹、百子图为元素的漆器设计。

后 记

天地大美而不言，古人师法自然，古代建筑的色彩装饰常以“木衣绨绣”称之。天然矿物色，于斑斓中见天地；起谱落墨间，在匠心中藏乾坤。从唐之雍容、宋之清雅、元之繁丽、明之端肃到清之华章，官式建筑彩画始终以天然之色绘就东方神韵，每一道纹样都是“天人合一”的哲学智慧。

本书作为2024年国家艺术基金“中国官式彩画图案艺术设计创意人才培训”项目结项的核心成果，将培训开班仪式、课堂授业、采风观摩、阶段展览悉数编织成册。从彩画理论研习到工艺实操，从纹样解析到数字活化，每一页皆凝聚着学员的探索与师者的心血。编纂过程中，既要保证彩画规制、传统技艺的专业严谨与可操作性，又要体现学员文创作品在彩画传承中的创新与实用性。这背后离不开天津大学出版社编辑团队的日夜耕耘、北京盛通印刷股份有限公司印制的精益求精；尤为感怀培训期间诸位授课老师们以文献考据为基，以刀笔丹青为引；还有排版设计团队的全程配合与努力。正是集众方之长才令此书不负匠心。

“聚是一团火，散如满天星”。30位学员从事不同领域，却因彩画结缘，共续彩画千年之薪火。结业并非终点——有人重返敦煌临摹窟檐，有人投身故宫修缮工程，有人将彩画元素融入各类设计。此般“星火”之志，恰是传统工艺活态传承的缩影。

2025年5月27日，“彩画千年——中国官式彩画传承与创新展”将定于故宫永寿宫开幕。展览以“守正”溯本源，精选43件代表性作品贯穿隋唐至明清历代彩画。展览首次将敦煌莫高窟壁画（彩画）与故宫明清彩画串联，打通历史演变相承的脉络，连缀成一部无声史诗；梁思成、林徽因先生手稿的亮相，更添彩画学术的厚重。“创新”板块聚焦于优秀学员作品：传统纹样与当代设计交织出全新的视觉盛宴，虚拟光影与现实殿堂交相辉映，传统彩画艺术的精髓得以在数字时代焕发出新的光彩。

彩画千年，薪火相传。愿此书成为一扇窗，让世人看见官式建筑彩画的深邃与瑰丽；亦愿它化作一座桥，连接过往的智慧与未来的可能。最后，谨以《考工记》之言寄望后来者：“天有时，地有气，材有美，工有巧，合此四者，然后可以为良。”传统彩画艺术的当代新生，正需这般天时、地利、匠心与创新的交融。

由于时间仓促，编者能力有限，文中疏漏之处在所难免，在此恳请各界专家和领导批评指正！

《彩画千年——中国官式彩画图案艺术传承与创新》编委会
2025年5月

图书在版编目（CIP）数据

彩画千年：中国官式彩画图案艺术传承与创新 / 故宫博物院编；杨红编著 . -- 天津：天津大学出版社，2025. 6. -- ISBN 978-7-5618-8001-2

Ⅰ. TU238

中国国家版本馆 CIP 数据核字第 2025TX1636 号

CAIHUA QIANNIAN——ZHONGGUO GUANSHI CAIHUA TU'AN YISHU CHUANCHENG YU CHUANGXIN

编辑团队：韩振平工作室

策划编辑：韩振平 刘 焱

责任编辑：刘 焱

装帧设计：纪立芳 彭 凯 石 婧 陈婧怡 王之奕

封面题字：胡玉康

出版发行 天津大学出版社

地　　址 天津市卫津路 92 号天津大学内（邮编：300072）

电　　话 发行部：022-27403647

网　　址 www.tjupress.com.cn

印　　刷 北京盛通印刷股份有限公司

经　　销 全国各地新华书店

开　　本 889mm×1194mm 1/16

印　　张 26

页　　数 600 千

版　　次 2025 年 6 月第 1 版

印　　次 2025 年 6 月第 1 次

定　　价 269.00 元